高等职业教育酿酒技术专业系列教材

麦汁制备技术

黄杰涛　主编

刘光成　副主编

中国轻工业出版社

图书在版编目（CIP）数据

麦汁制备技术/黄杰涛主编. —北京：中国轻工业出版社，2024. 1

高等职业教育酿酒技术专业系列教材

ISBN 978-7-5019-9172-3

Ⅰ. ①麦… Ⅱ. ①黄… Ⅲ. ①啤酒酿造－高等职业教育－教材 Ⅳ. ①TS262. 5

中国版本图书馆 CIP 数据核字（2013）第 033166 号

责任编辑：江　娟　贺　娜

策划编辑：江　娟　李亦兵　　责任终审：劳国强　　封面设计：锋尚设计

版式设计：宋振全　　责任校对：晋　洁　　责任监印：张　可

出版发行：中国轻工业出版社（北京鲁谷东街 5 号，邮编：100040）

印　　刷：北京君升印刷有限公司

经　　销：各地新华书店

版　　次：2024 年 1 月第 1 版第 4 次印刷

开　　本：720×1000　1/16　　印张：13. 25

字　　数：262 千字

书　　号：ISBN 978-7-5019-9172-3　　定价：30. 00 元

邮购电话：010-85119873

发行电话：010-85119832　010-85119912

网　　址：http://www. chlip. com. cn

Email：club@ chlip. com. cn

240263J2C104ZBW

高等职业教育酿酒技术专业（啤酒类）系列教材
编　委　会

主　任　刘少清

副主任　杜波涛

委　员(按姓氏笔画排序)

万　莉、刘光成、吴长春、张祖莲、杨　颖、周　亮、索　江、高　欣、唐　谦、崔汉斌、黄杰涛、程汉生、程　康、谢恩润、熊志刚

序

随着中国啤酒工业的不断发展，企业在激烈的市场竞争中，一直致力于不断提高产品质量，降低生产成本。为此，企业的生产设备在不断更新，自动化程度在不断提升。因此，企业对技能型人才的需求越来越多，要求也越来越高。这样，企业迫切希望高等职业院校能够培养大量符合企业需要的技能型人才。

目前，我国职业教育正处在发展时期，人们还在积极探索职业院校的人才培养模式和教学模式，积极寻求与之相配套的教材建设方向。中德合作的湖北轻工职业技术学院中德啤酒学院，积极借鉴德国成功的职业教育经验，努力探索适合中国国情的职业教育模式，积极深化教学改革，在企业员工培训、学生实习、学生就业、课程建设和教材建设等方面，不断加强与企业的合作，积极推进专业课程体系和教材的有机衔接。此次该院组织编写的高等职业教育酿酒技术专业（啤酒类）系列教材（即《啤酒生产原料》、《麦芽制备技术》、《麦汁制备技术》、《啤酒发酵技术》、《啤酒过滤技术》、《啤酒包装技术》、《啤酒生产理化检测技术》和《啤酒生产微生物检测技术》），是该院在认真总结了二十多年办学成功经验的基础上，收集了大量的国内外教学资料和行业信息，在青岛啤酒股份有限公司等国内大型啤酒集团的大力支持和协作下，校企合作开发的专业教材。该教材图文并茂，将理论和实践有机地融合起来，注重专业与产业对接、教学内容与职业标准对接，教学过程与生产过程对接，突出强调了专业的知识目标，特别是技能目标，为学生的专业学习和教师的授课指明了方向。

这套专业系列教材，适合我国高等职业院校酿酒技术专业学生使用，也适合啤酒生产企业在员工培训中作为辅助学习资料使用。我相信，这套酿酒技术专业系列教材的出版发行，对提高我国高等职业院校相应专业学生的学习效果，提高企业员工的培训质量，提高技能型人才的培养质量都能起到相当大的作用，对中国啤酒工业的发展将发挥积极的作用。

青岛啤酒股份有限公司副总裁兼制造中心总裁

樊　伟

二零一二年五月

前　言

本书是专门针对高等职业教育酿酒技术专业（啤酒酿造方向）编写的系列教材之一。在编写过程中，参考《啤酒酿造工国家职业标准》中技师的工作要求确定内容选材范围，以麦汁制备流程为主线，以生产环节为提纲进行教材的编写。本书内容涵盖原料粉碎、糖化、麦汁过滤、麦汁煮沸及麦汁处理等领域的新技术和新设备，简明实用，通俗易懂，除了作为高职高专酿酒技术专业教学用书以外，还可以作为高职高专发酵工程等同类专业和其他类型院校相关专业的师生以及啤酒生产企业员工培训的参考用书。

本书第一章、第二章由湖北轻工职业技术学院刘光成编写，第三章、第四章、第五章、第六章由湖北轻工职业技术学院黄杰涛负责编写。全书由黄杰涛担任主编，刘光成担任副主编。

由于我们水平有限，编写中难免有缺点、错误，恳请读者惠予批评指正。

编　者

目　　录

第五章　麦汁处理

第六章　麦汁制备中的要求

第一章 原料粉碎

知识目标

1. 掌握原料粉碎的目的及要求。
2. 掌握原料质量对粉碎效果的影响。
3. 掌握粉碎的原理、方法。
4. 掌握粉碎物的质量评价。
5. 掌握粉碎设备的类型和特点。

技能目标

1. 能根据原料质量对粉碎进行调整。
2. 能进行简单的粉碎操作。
3. 能对粉碎物进行质量评价。
4. 能对粉碎设备进行简单的调整和维护。

第一节 粉碎的基础知识

原料粉碎是酿造原料进行溶解过程的前提，是酿造啤酒的第一道工序。粉碎虽然是一个机械破碎过程，但是它对于后面糖化过程中的化学-生物转化，对于麦汁的质量和组成，对于麦汁过滤速度以及糖化收得率的高低都具有很重要的意义。

一、原料粉碎的目的

1. 增加原料在糖化中与水的接触面积

由于粉碎前整粒的表面积小，并且麦芽胚乳外围被不溶于水并且几乎不被任何酶分解的纤维素所组成的麦皮所包裹，造成淀粉颗粒吸收水分极其困难。粉碎后的原料粉碎物，增加了与水的接触面积，原料内容物能很快吸收水分，并开始软化、膨胀以至溶解。

2. 促进难溶物质在糖化中的溶解

发芽后的麦芽和没发芽的辅助原料中含有大量难以溶解的高分子物质，这些不溶性的物质，粉碎前很难溶解；粉碎后，浸泡在水中，增加了与水的接触面积，通过酶的相互作用，使原料的内容物由难溶变成易溶的物质而被溶解出来。同时，大麦经过发芽后，部分淀粉、蛋白质分解成可溶性的物质，这些物质必须经过粉碎后，才能溶解出来。另外，麦芽中的各种无机盐类（其中主要是磷酸盐）、有机盐类及发芽过程中所产生的有机酸类，这些物质同样必须经过粉碎后，才能溶解出来。

3. 促进麦芽中所含酶在糖化中的溶出及活化

制麦过程中激活、形成和积累的一系列水解酶，如淀粉酶、蛋白酶、半纤维素酶等被储存在麦芽中；通过粉碎，麦芽中的内容物质和水的接触面积增大了，酶的游离速度加快，酶的活力不断增强，为接下来的糖化溶解提供了良好的前提条件。

二、麦芽粉碎物的组成、特点及原料粉碎度的控制

1. 麦芽粉碎物的组成

麦芽粉碎物主要分为麦皮、麦粒（粗粒、细粒）、麦粉（粗粉、细粉及粉末）。

2. 麦芽粉碎物的特点

一般情况下未粉碎麦芽的麦皮所占比例为7% ~10%，粉碎后的麦皮上往往粘附着少量胚乳。

粗粒属于麦芽粉碎物中颗粒最大的胚乳组分，来自溶解差、酶活力低的麦粒的顶端及中央。粗粒以及在麦皮上附着的胚乳与水的接触面积小，所含有的酶少，胚乳溶解性能差，会影响糖化时的分解；同时，在麦汁过滤时发生后糊化的程度大，导致麦汁碘值高，影响麦汁组成，影响麦汁、啤酒的可滤性，影响啤酒质量。

麦粒中溶解较好的部分，胚乳较疏松，在粉碎时因不产生较大的阻力，粉碎后很容易形成细粒及粗粉。麦粒中溶解充分的部分，胚乳极疏松，粉碎后形成细粉及粉末。细粒、粗粉、细粉及粉末与水的接触面积大，含有的酶也丰富些，在糖化时很容易溶出，水解所需的时间短，水解也彻底些，提供的浸出物多，形成的可发酵性糖多，麦汁最终发酵度高。在麦糟中残留的可分解的浸出物少，有利于糖化收得率的提高，在麦汁过滤时发生后糊化的程度小，麦汁的碘值低。

3. 原料粉碎度的控制

麦芽的粉碎度取决于麦芽的溶解情况。溶解良好的麦芽，内容物很脆、很疏松，粉碎时对粉碎机辊筒的阻力小，其粉碎物中细粒、细粉的比例很大，这些组分可以很好地与酶接触并被分解；溶解差的麦芽，内容物很硬且不易粉碎，表现为粉碎物中的粗粒比例高，由于它们在麦粒内部物质转化时未被转化，所以需要更加强烈的酶促分解。因此，麦芽溶解越差，越需要加强细粉碎。

粉碎度会影响麦糟体积和麦糟的过滤能力。对于现在普遍使用的麦汁过滤槽来讲，麦芽粉碎越细，麦糟体积就越小，麦糟层的渗透性就越差，麦糟吸紧速度就越快，过滤时间也就越长。因此，在使用麦汁过滤槽时，麦芽不能粉碎过细，应尽可能保护麦皮的完整性。若使用麦汁压滤机来过滤，则可以对麦芽进行细粉碎，以获得较高的糖化收得率。

100kg 麦芽的体积大约为 170L，经过粉碎后，适用于麦汁过滤槽的粉碎物体积约为 270L，麦糟为 200L；适用于麦汁压滤机的粉碎物体积约为 220L，麦糟为 120 ~ 140L。

三、原料粉碎的要求（针对麦汁过滤槽）

1. 对麦皮的要求

麦皮破而不碎，保持其完整性，麦皮和胚乳应尽可能地彻底分离。

由于麦汁过滤时（针对麦汁过滤槽）需要使用麦皮，因此麦芽粉碎时要尽可能地使麦皮不破碎；如果麦皮被粉碎得太碎，会导致麦皮中所含有的有害物质（鞣质物质、单宁等多酚物质）大量浸出，从而对麦汁颜色和口味产生不利影响。粉碎时，麦皮上附着的胚乳颗粒越多，糖化时内容物质的损失就越大，糖化收得率就越低。

2. 对胚乳的要求

在保证投料不结团及不影响麦汁过滤的前提下，胚乳应尽可能地被粉碎，应粉碎成为细粒、细粉，少量的粗粒和粉末。

较小的胚乳颗粒在浸渍过程中能被水很快地浸出，酶能同时很快地得到活化，且一些物质（如淀粉、蛋白质等）能很快地被分解，从而获得更多的浸出物。

3. 对辅助原料的要求

辅料应加强细粉碎。

辅料中含有大量的淀粉，可以替代部分麦芽作为“浸出物”的主要来源。将辅料进行细粉碎，可以形成大量的细粉，增加了和水的接触面积，有利于提高糖化收得率。

四、麦芽粉碎的意义

1．影响糖化时的物质分解

在使用相同的麦芽并在保证投料不结团及不影响麦汁过滤的前提下，胚乳粉碎得越碎，麦芽及辅助原料中的内容物质和水、酶的接触面积越大，胚乳吸水越快、越彻底，同时酶的分解速度也越快、越彻底。

2．影响麦汁（啤酒）质量

麦皮中含有某些易浸出的色素物质、多酚物质及鞣质物质。如果麦皮被粉碎得太碎，在糖化时与水的接触面积大，在麦汁过滤时导致麦汁过滤时间长，从而使麦皮中浸出的有害物质多，这些都会直接影响啤酒口味、色度、苦味质量、非生物稳定性和风味稳定性等。

3．影响麦汁过滤

对于采用过滤槽的麦汁过滤来说，麦皮是真正的过滤介质，麦皮的完整程度直接影响到由麦皮形成滤层的厚度、渗透性能，在这种情况下要求麦皮尽可能保持完整，破而不碎。保持完整的麦皮是获得清亮麦汁，快速、顺利过滤的前提。如果麦皮被粉碎得过细，导致较小的麦糟体积、较低的滤层高度、较差的滤层渗透性，必须采取更细致的耕糟和洗糟过程，否则导致麦汁过滤时间长，洗糟不彻底，设备利用率低，糖化收得率低，并且也难以获得清亮的头道麦汁和洗糟麦汁。

4．影响糖化收得率

胚乳应尽可能地细粉碎，这是保证糖化收得率高的前提，同时也有利于麦芽中酶的游离和活化。胚乳被粉碎得越细，糖化时淀粉、蛋白质和半纤维素的分解就越快速、越彻底，获得的浸出物也就越多。但是，对于采用过滤槽的麦汁生产而言，过细的胚乳粉碎，在投料时很容易产生结块，也会造成麦糟层的渗透性较差，从而使糖化收得率低；如果麦皮被粉碎得过细，导致洗糟不彻底，糖化收得率低。

对于采用压滤机的麦汁过滤来说，过滤介质一般是采用滤布，在粉碎时麦皮不需要保持完整，可以粉碎得比较细，以便有较小的粉碎物体积，但至少要保证容纳醪液的滤框被充满，确保洗糟的效果。较小的胚乳颗粒在浸渍过程中能被水很快地浸出，酶能同时很快地得到活化，且一些物质（如淀粉、蛋白质等）能很快地被分解，从而获得更多的浸出物。

五、粉碎目标的矛盾及解决办法

1．粉碎目标的矛盾

原料粉碎得越碎，糖化时的物质分解速度越快、越彻底，糖化收得率越高；但是原料粉碎得越碎，麦皮也被粉碎得越碎，会影响麦汁过滤及麦汁（啤酒）质量。

2. 解决办法

（1）通过联合多次粉碎（五辊、六辊）。

（2）通过增湿粉碎。

（3）通过湿法粉碎和增湿湿法粉碎。

第二节 原料的预处理

一、原料的除尘和除铁

麦芽加工前要进行除尘处理，最好使用能够同时除掉灰尘的除石机。虽然麦芽在麦芽厂已经进行过清选的处理，但是仍然会有麦粒大小的石子进入成品麦芽中。一旦这些杂质进入粉碎设备中，就会磨坏粉碎辊筒上面的拉丝，降低粉碎效果，缩短辊筒的使用寿命。麦芽粉碎时形成的麦芽粉尘量很多，每100kg麦芽粉碎时会产生0.4～1.4kg的麦芽粉尘。粉尘必须定期去除，否则达到一定浓度后，碰到火花容易发生“粉尘爆炸”。对此，很多啤酒厂采用袋式过滤器进行除尘；由于粉尘中也含有浸出物，所以人们也将麦芽粉尘收集后再次加入到投料中，以提高收得率。

使用磁铁除去麦芽中所含有的铁块等杂质是另一道必需的工序。磁铁一般安装在粉碎机之前，以避免这些杂质进入粉碎设备而产生危险。

二、称　　重

每锅糖化的投料量必须准确记录，这一点对于企业的内部管理而言很有必要。目前，用于原料称重的计量装置主要有以下两种。

1. 倾翻式计量秤

倾翻式计量秤是常用的自动等重计量装置（图1－1），由于其坚固性和操作可靠性，几十年来一直广泛应用于啤酒厂和麦芽厂。

这种计量秤根据等臂杠杆原理制造，间歇式工作，秤杆的一侧装有可调重的秤砣，另一侧是一个装载有麦芽的倾翻盆，它的名字也由此而来。计量开始后，麦芽通过已打开的下料口流入倾翻盆中，盆因此缓慢下沉，杠杆传输力使下料口逐渐关闭，主要工作步骤如下（图1－2）。

（1）麦芽从下料口快速流出，并很快将盆装满。

（2）当下料量接近满量时，下料口的闸板开始逐渐关闭，下料速度变慢，直至满量。

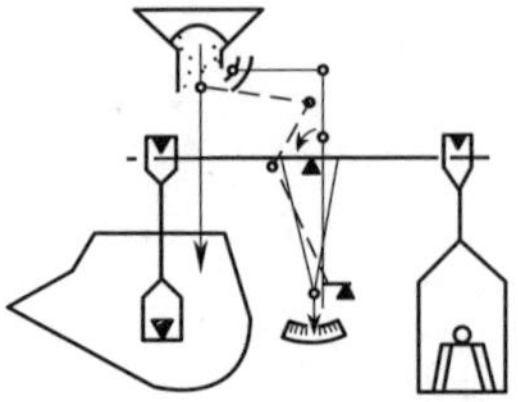

图1－1　倾翻式计量秤

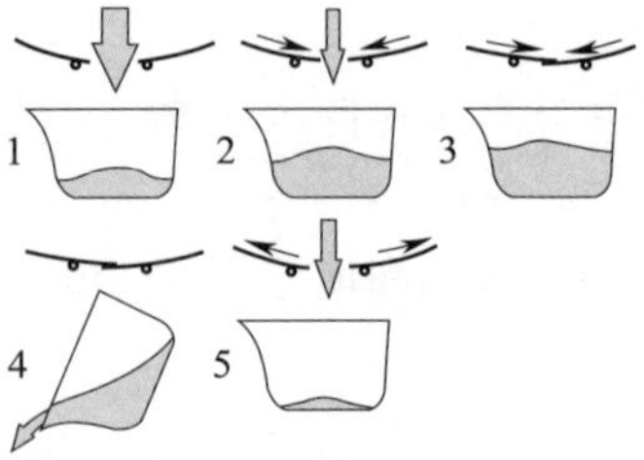

图1－2　倾翻式计量秤的工作方式

1—麦芽进入　2—下料口开始关闭　3—已关闭的下料口

4—倾翻及盆的排空　5—恢复，下料口打开

(3) 在刚好达到满量时，下料口完全关闭。

(4) 盆下降、倾翻、排空。

(5) 盆的开口向上转动，又开始新一轮的下料过程。

这种计量秤的一次倾翻量有5kg、10kg、20kg和25kg，在大型的啤酒厂中还有50kg和100kg。计量秤箱子上装有两个计数器，一个用来调节每锅投料倾翻量，一个用来记录总流量。

举例：某啤酒厂一次粉碎量为5000kg，计量秤的每次倾翻量为100kg，问需要设定多少次倾翻次数？

5000kg ÷ 100kg/次 = 50次

答：需要设定倾翻50次。

2. 电子计量秤

电子计量秤由三个上下安装、底部可以倾翻并同时相互连接着的容器组成，由于外观像一个管道，人们也将其称为管道式计量秤，其工作原理如下（图1－3）。

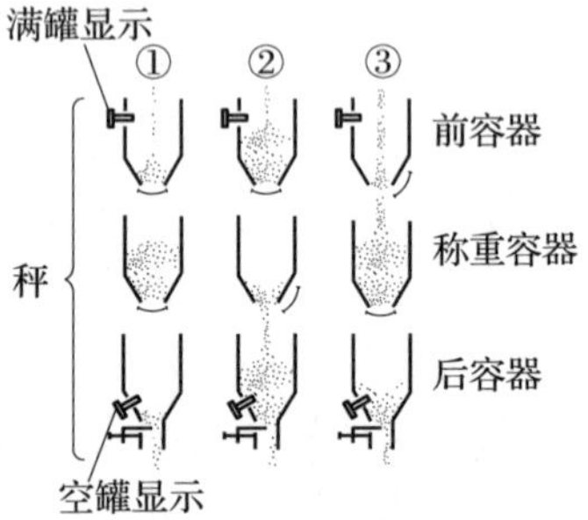

图1－3　管道式电子计量秤的工作过程

在称重容器称重和排空期间，前容器必须连续不断地接收麦芽，当称重容器的皮重已被称量记录后，称重容器的进口便会打开，麦芽从前容器落入称重容器中（③），达到给定重量后，前容器的出口关闭，进入的麦芽继续由前容器收集（①和②）；待称重容器稳定后，称重过程开始。容器装满后的总重量减去容器皮重即为容器中麦芽的重量，对此计量秤需要两次稳定时间，即装满之后和容器排空后及新一轮进料前；称重结束后，称重容器的出口打开，麦芽进入相对较大的后容器暂存，随时准备进行粉碎处理。

第三节　原料粉碎的方法、设备及操作

对于采用麦汁过滤槽的过滤系统来说，麦芽粉碎的方法分为干法粉碎、增湿粉碎、湿法粉碎及增湿湿法粉碎。

一、干 法 粉 碎

（一）干法粉碎简介

干法粉碎是一种传统的、很常见的粉碎方法，设备简单，易于操作。此方法不需要对麦芽进行任何的处理，直接将预处理过的麦芽送入粉碎设备进行粉碎，易于操作，粉碎度主要取决于粉碎设备辊间距的调整。

干法粉碎的粉碎效果和麦芽的水含量以及粉碎设备有很大的关系，一般要求麦芽的水含量保持在6%～8%；当麦芽的水含量高于8%时，麦芽不易破碎，易压成薄片，糖化效果不理想；水含量小于6%时，麦皮容易破碎，在采用麦汁过滤槽过滤时，不能形成良好的过滤层，对麦汁过滤不利。

（二）干法粉碎设备

啤酒厂多采用辊筒粉碎机粉碎原料（图1－4）。辊筒粉碎机采用一对或多对光面或带有沟槽的铬镍或铸铁辊筒（图1－5），以相同或不同的速度相向转动，在挤压力、摩擦力和剪切力的作用下，将原料破碎，使内容物质得到不同程度的粉碎。为进料均匀，两辊筒上有一个进料辊。根据辊筒数可以分为三种：一次粉碎的二（对）辊粉碎机；二次粉碎的四辊粉碎机；三次粉碎的五辊、六辊粉碎机。

图1－4　辊筒粉碎机

图1－5　粉碎辊筒

1. 二（对）辊粉碎机

它是最简单的粉碎设备，只有在产量很小的糖化车间或啤酒屋（啤酒作坊）才能见到。二（对）辊粉碎机的工作构件是两个直径相同的圆柱形辊筒（直径通常为250mm，辊筒有平面和带有沟槽两种）相向旋转，产生挤压力和剪切力将物料粉碎，由下部排出。

当要求产品较细时，可以提高辊筒表面的线速度达8～10m/s，也可使两辊筒间存在有15%～20%的转速差，这样可增加粉碎度。

二（对）辊粉碎机的一个辊筒固定在轴承上，另一个安装在一个可以滑动且装有弹簧的轴承上。因此，当谷物中混有较大块硬物（如铁块）时，滑动轴承可稍稍移开一些，以免损伤辊筒表面。

由于对辊粉碎机只有一对辊筒进行粉碎，不能分别处理粉碎物，所以粉碎效果较差，糖化收得率也不够理想。这种粉碎机所能达到的粉碎度在很大程度上取决于原料的质量和辊间距的调整，只有溶解良好的麦芽才能达到令人满意的过滤速度和糖化收得率。对于辊间距的调整，在粉碎麦芽时，一般为0.7～0.8mm，在粉碎辅料时（如大米），一般为小于0.2mm。

2. 四辊粉碎机

在中等大小的啤酒厂中常可以看见四辊粉碎机，机中上下安装着两对辊筒，第一对辊筒（预磨辊，辊间距为1.3～1.5mm；转速大约200r/min）起预磨作用，预磨后的粉碎物采用两种方式分离：在两对辊筒之间的振动筛上进行分离；通过打散辊将细粉碎物分离出去。

经过分离后的粉碎物进入第二对辊筒（麦皮辊，辊间距为0.4～0.6mm；转速240～260r/min），进行进一步地粉碎。

在图1－6所示的四辊粉碎机中，麦芽首先通过分配辊1或进料辊进入预磨辊3进行粗粉碎，得到的粗粉碎物进入设备中间的振动筛5，通过振动分离出细粒和细粉，并使它们进入粉碎物暂存箱，没有被分离出去的麦皮进入到麦皮辊4，经过粉碎将麦皮与麦皮上附着的粗粒分开，然后得到各种不同的粉碎物。

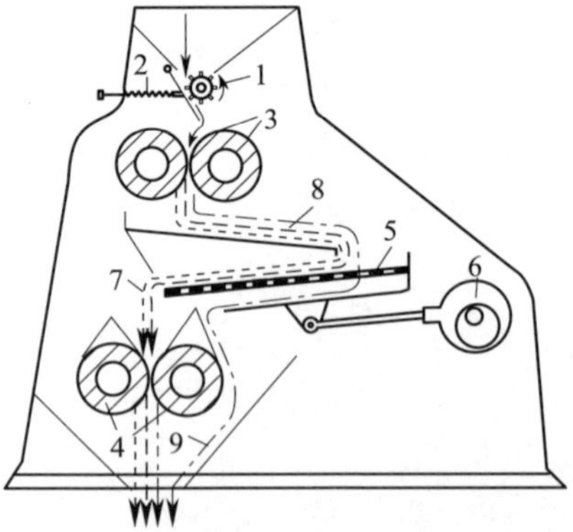

图1－6 四辊粉碎机工作原理图

1—分配辊 2—进料调节 3—预磨辊 4—麦皮辊 5—振动筛 6—偏心驱动装置 7—带有粗粒的麦皮 8—预磨粉碎物 9—细粉

3. 六辊粉碎机

六辊粉碎机（图1－7）是最好的、最常见的干法粉碎机，它的三对辊筒被称为：预磨辊2（辊间距为1.3～1.5mm）、麦皮辊3（辊间距为0.7～0.9mm）和粗粒辊4（辊间距为0.2～0.4mm）；三对辊筒之间分别装有筛孔大小不同的上振动筛5和下振动筛6，装在机内两对辊筒之间的部位，利用偏心轴转动，使之保持摇晃运动。筛子进料太猛，倾角太小，摇晃运动不够强烈，都会影响筛选效果。在运转过程中，筛选面不应堵塞，为此装有橡皮弹性球，可将堵孔的料抖落。每道筛选装置都有两层筛网。这些振动筛将预磨辊的粉碎物分为三种：含有粗粒的麦皮7、粗粒8和细粒及细粉9，由于细粉不需要再粉碎，直接穿过筛孔进入粉碎物暂存箱；麦皮辊3在尽可能保护麦皮的情况下对粗粉碎物进行二次粉碎，粗粒辊4则对粗粒再次进行粉碎。另外还有供料系统、辊隙调整装置、偏心驱动装置、传动机构及封闭壳体。在机身下部有采样器，取出麦皮、细粒、粗粉、细粉，了解各部分占比例与粗细程度，随时调节辊间距，改进粉碎质量。

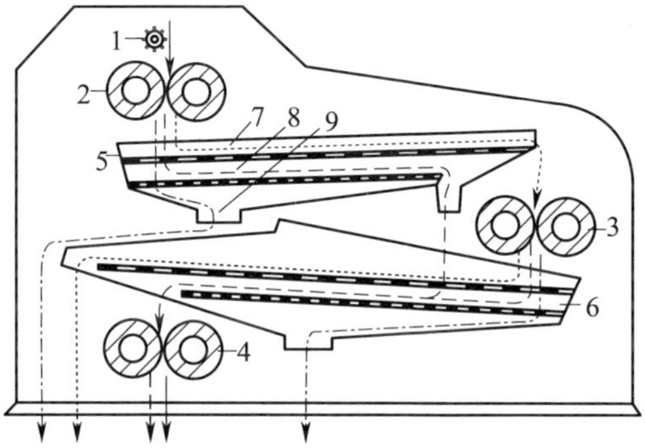

图1－7　六辊粉碎机工作原理图

1—分配辊　2—预磨辊　3—麦皮辊　4—粗粒辊　5—上振动筛
6—下振动筛　7—含有粗粒的麦皮　8—粗粒　9—细粒及细粉

现代化的六辊粉碎机在辊筒位置上发生了很多变化，振动筛的筛选面积也增大了很多，比较典型的就是Maltomat六辊粉碎机。

对于使用过滤槽的粗粉碎而言，六辊粉碎机的粉碎能力可以达到14t/h。评价六辊粉碎机粉碎物质量的原则如下。

（1）经预磨辊粉碎后，所有的麦芽颗粒应破裂，不能有整粒或稍压破的麦粒存在。

（2）经麦皮辊粉碎后，附着在麦皮上的粗粒应尽可能全部地从麦皮上脱离出来，但不能破坏麦皮的完整性。

（3）经粗粒辊粉碎后，应使粗粒粉碎得尽可能细，以便获得最大收得率；尽可能避免形成太多粉末，以免影响麦汁过滤过程。

最佳状态的六辊粉碎机在麦芽增湿的条件下，各个粉碎过程所得到的粉碎物和总粉碎物的筛分结果见表1－1。

表 1－1　六辊粉碎机的各粉碎过程的粉碎物分级

组分	预磨辊	麦皮辊	粗粒辊	总粉碎物
麦皮/%	60	55	0	18
粗粒/%	9	11	10	8
细粒/%	12	16	46	38
粗粉/%	8	8	22	17
细粉/%	1	1	5	5
粉末/%	10	9	17	14

注：各样品均在其进入振动筛之前取出。

4. 五辊粉碎机

五辊粉碎机的工作原理和六辊粉碎机相同，只不过其中一个辊筒起着两种作用（图 1－8），第二个粉碎辊筒既和第一个粉碎辊筒一起构成预磨辊，又和第三个粉碎辊筒构成麦皮辊。当粉碎机调节适当时，利用六辊粉碎机和五辊粉碎机都可以得到合适的麦芽粉碎物。

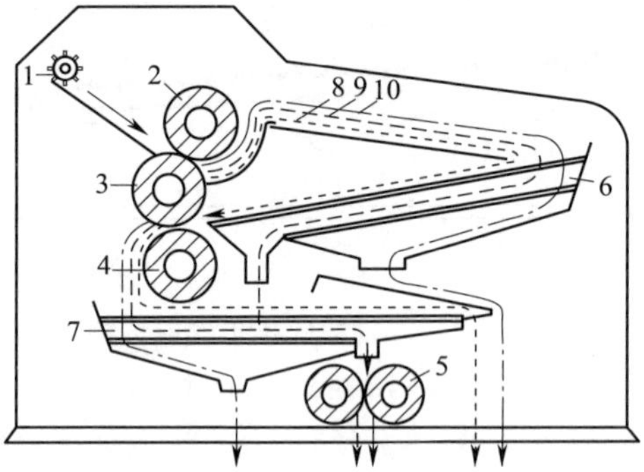

图 1－8　五辊粉碎机工作原理图

1—分配辊　2—预磨辊　3—预磨和麦皮辊　4—麦皮辊　5—粗粒辊
6—上振动筛　7—下振动筛　8—带有粗粒的麦皮　9—粗粒　10—细粉

目前，五辊粉碎机不再生产。

（三）辊式粉碎机的技术要求

1. 粉碎机的安装

对于粉碎机的安装，应该注意两点：稳固和水平。粉碎机的出口必须置于粉碎物暂存箱的上部并具有一定的自由空间，以避免粉碎物在此淤塞。

2. 粉碎机的功率

如今，粉碎机的功率可高达 14t/h，基本上能够保证在 1h 内粉碎完一锅料。在动力消耗方面，现代化的六辊粉碎机若用于过滤槽粉碎，一般为 2.3～2.5kW；若用于麦汁压滤机，则为 3.3～3.8kW。

3. 粉碎机辊筒的要求

硬度高、耐磨性能好、防蚀、防锈、经久耐用；辊体的外层用高铬、镍、钼等合金，内层采用优质球磨铸铁。

4. 粉碎机辊筒的转速

粉碎机辊筒的转速主要取决于粉碎机的结构、粉碎能力和粉碎形式。随着粉碎机粉碎能力的提高，粉碎机辊筒的转速比过去也有所提高。现在，各组粉碎辊筒的转速一般为：预磨辊 400 ~ 420r/min；麦皮辊 400r/min；粗粒辊 380 ~ 440r/min。

5. 粉碎机辊筒的拉丝处理

为了确保粉碎机的辊筒表面能够达到必须的硬度，辊筒一般采用离心灌铸工艺加工而成，其直径多为 250mm，直径不应太小，否则麦粒容纳角度太小，粉碎功率下降。

粉碎机的辊筒一般分为光面辊和拉丝辊，对于使用过滤槽的麦芽粉碎系统来说，第一对及第二对辊大多为平面辊，其他的辊开有沟槽或拉丝。拉丝辊开槽数有 600 ~ 900 个，开槽与辊轴一般不平行，有一定的边缘倾斜（图 1 – 9），由此可以加强滚动直至产生剪切效应（图 1 – 10）。两个辊筒的斜拉度相同，约 4% ~ 14%，相应的斜拉槽有四种不同的组合形式（图 1 – 11），粗粒辊总是采用（1）方式。对于拉丝辊筒来说，一对辊筒中的两个辊筒转速比大约为 1∶2.5，称为差速运转；平面辊中两辊差速运转大约为 1∶1.25。差速运转通常为 1∶（1、1.2、1.25、2.5、3），运转的差速越大，产生的剪切力越大；辊筒表面的斜拉槽会随着粉碎机使用时间的延长而出现磨损，所以要定期检查辊筒的表面，若磨损太大，需要重新进行拉丝处理。

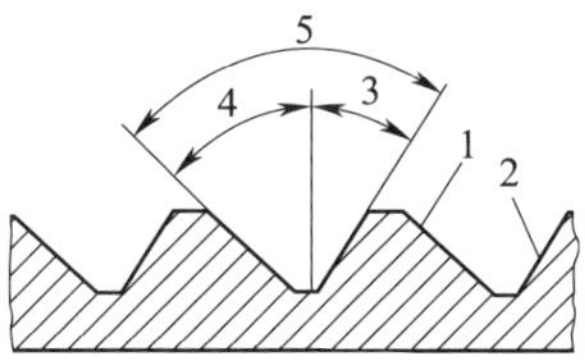

图 1 – 9　斜拉槽

1—刃部　2—背部　3—刃角　4—背角　5—槽角

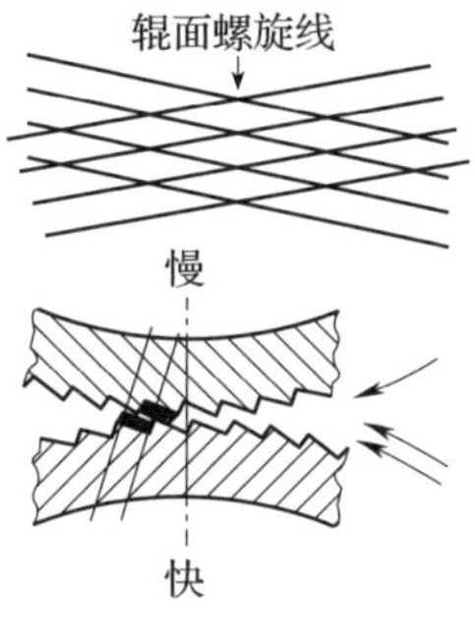

图 1 – 10　拉丝辊的剪切效应

6. 粉碎机辊筒平行度的检查

粉碎机运转若干时间后需复校一次。根据维修说明书检查辊筒的平行度，如平行度欠佳，则应对此进行校准。对辊的平行度是保证粉碎质量良好的前提条件。对辊的平行度误差太大，会使麦芽粉碎不匀，或使辊筒局部磨损。

校正平行度时，先将操纵杆调至 0 位，然后转动调节轴，直至调到一张薄纸随辊筒转动而匀称地带过为止。若仍然不平行，应请设备维修工用专用工具校准。在对粉碎机进行调节时，通过插入一卡片，一般用不同厚度的塞尺（又称厚薄规，由 0.01 ~1mm钢片组成，可折成“折扇形”）来检查辊筒的平行度，卡片必须被竖直插入粉碎机中。

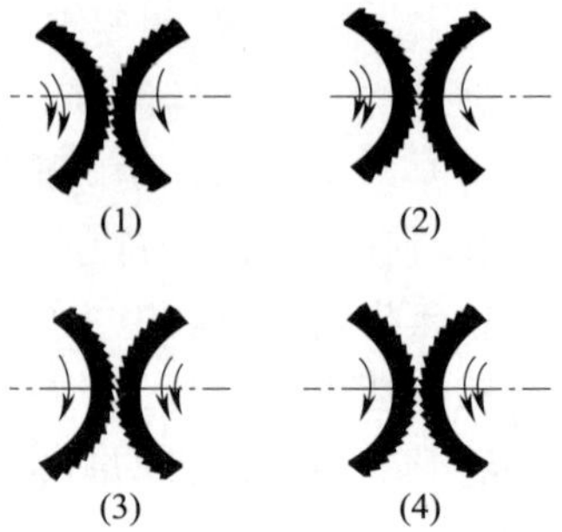

图 1-11　斜拉槽的组合形式
（1）刃对刃　（2）刃对背
（3）背对背　（4）背对刃

7．辊筒间距的调节

辊筒的间距根据麦芽粉碎度的要求进行调节，对此没有普遍适用的规定。麦芽的粉碎度，应根据麦芽的质量具体确定。通常预磨辊距的调整应使所有麦粒均被破碎并使胚乳从麦皮中分离出来，不能有整粒或稍压破的麦粒存在。对于粗粒辊距的确定应能产生尽可能多的细粒。麦皮辊则必须使麦皮中所附着的颗粒脱离。对辊间距是否恰当，要在运行若干时间后，通过糖化、过滤等方面的情况才能做出正确判断。另外，若麦芽的水分、颗粒的大小或溶解度出现了明显变化，也必须马上对辊筒间距做相应调整。

8．粉碎机辊筒的驱动

辊筒在安装时，其中一个作为主动辊，由电动机通过皮带提供动力；另一个作为从动辊，被固定安装在弹簧上，以降低有硬物出现时所带来的损伤。现代粉碎机中有些装配有单独驱动的辊筒，主动辊由一对齿轮驱动，齿轮大多由无须润滑的合成材料制成。

（四）干法粉碎的操作要点

（1）严格按照工艺配方进行备料，不得使用发霉、变质原料，并根据原辅料、在制品的分析结果，判断备料是否合理。

（2）麦芽粉碎机的辊筒间距应根据不同的麦汁过滤系统和麦芽性质而做相应的调整。

（3）定期检查和校正辊筒的平行度和间距。

（4）操作过程通常是将开关依次打开，这样，粉碎机作为第一机组首先启动，先空转，看运行是否正常，有无强烈振动。然后由后至前，依次打开其他的输送装置和机器。停机时，由前至后依次关闭机器。遇到故障时，首先关闭进料输送装置。

（5）要检查进料分配辊进料的均匀度，麦芽的供给必须少量，要分布均匀，不要集中在一处进料。

（6）在粉碎过程中，每隔 10min 检查麦芽粉碎度是否达到要求，取样时应在对辊下部取样。若麦皮已成碎片，就将麦皮辊的间距放宽；如果有粗粒含量过高，就将粗粒辊的间距调小。

(7) 粉碎完毕，检查振动筛有无堵塞和弹簧有无折断现象，并及时整理。

(8) 要经常检查粉碎机辊轴的转速及筛子传动部分的转速。

(9) 从麦芽粉碎机排出的物料，不应残留或堵塞在出口处以免残留的麦芽粉变质。

(10) 麦芽粉碎物的储存时间小于8h。

(11) 整个设备要定期进行清洁工作（防止粉尘爆炸）。

(五) 辊筒粉碎机的维护和保养

(1) 应保持设备的外观清洁。

(2) 发现问题应及时请设备维修工处理。

(3) 不能随意按与操作无关的按钮。

(4) 不能随意拆卸设备。

(5) 保护电器、仪表不受水浸、受潮和腐蚀。

(6) 不能随意修改设备或仪表的调节参数。

(7) 经常检查设备传动部位的润滑保养情况，发现问题应及时请设备维修工处理。

(8) 经常检查设备传动部位是否有绳子缠绕。

(9) 定时清除除尘器的粉尘仓。

二、增湿粉碎

(一) 增湿粉碎简介

成品麦芽的水含量一般为6%～8%，这使得麦皮比较干燥，粉碎时容易破碎，而麦汁过滤时又需要麦皮作为过滤介质，为了保护麦皮的完整性，人们通常会在干法粉碎之前对麦芽进行增湿处理（图1－12）。增湿粉碎也称为“回潮粉碎”，粉碎前利用蒸汽或水对麦芽进行处理，使麦芽表面增加水分，从而使麦皮具有弹性不易破碎，而胚乳水含量上升不大仍然保持易碎的效果，然后用一般的粉碎机进行粉碎。

(二) 增湿粉碎的方法及设备

麦芽的增湿粉碎设备包括麦芽增湿器和粉碎机。蒸汽增湿器为一个2～3m长的、具有夹套的螺旋输送器，用0.05MPa的饱和蒸汽对麦芽进行30～40s的处理；水雾增湿器为一个密闭式螺旋输送器。在增湿器上方或两侧设有喷雾蒸汽管或水管，当麦芽送入后开动喷雾装置，通过水或者蒸汽对麦芽进行增湿，麦皮提高水分1%～2%，使其弹性增强，再用粉碎机将增湿后的麦芽粉碎。粉碎机同干法粉碎。

麦芽的增湿在增湿设备中进行，在此以螺旋增湿设备Condimat（图1－13）为例说明。

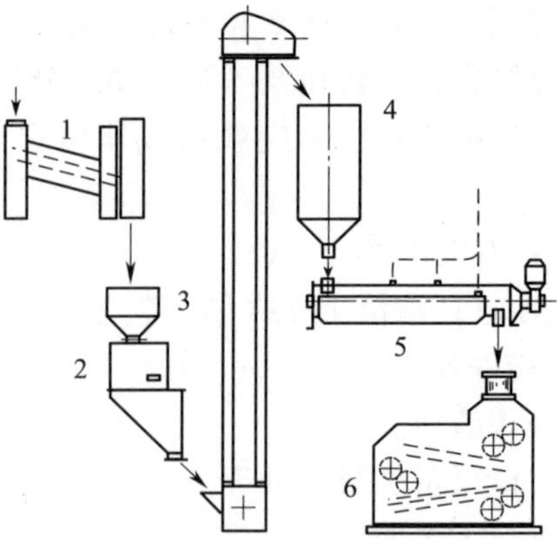

图1－12　增湿粉碎流程

1—清选机　2—计量秤　3—斗式提升机

4—麦芽暂存箱　5—增湿绞龙　6—六辊粉碎机

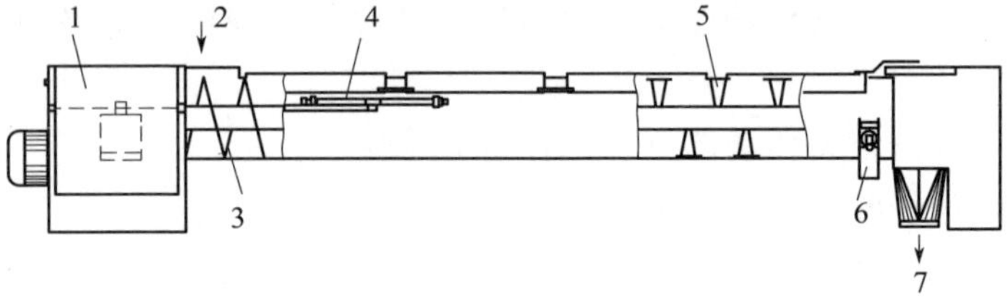

图1－13　麦芽增湿器 Condimat

1—带有开关箱的水计量器　2—麦芽进入　3—螺旋输送绞龙

4—喷嘴　5—混合桨　6—取样器　7—出口

这一麦芽增湿设备由一个槽构成，麦芽在槽中通过绞龙3运动，运动过程中喷嘴4喷出30～35℃的水与麦芽接触，混合桨5使水分均匀分配，喷水1～2min后，麦皮即可具备粉碎所期望的韧性，接着麦芽被粉碎，而麦皮则受到保护。

（三）增湿粉碎的操作要点

（1）对麦芽进行增湿处理之前，应直接检查蒸汽温度及其压力，并确认是否确实是饱和蒸汽，蒸汽的压力应低于0.05MPa。

（2）在用蒸汽进行增湿时，蒸汽通入量以不隔热的外罩温度保持与手指温度一致为宜。

（3）在用蒸汽进行增湿处理后应测量麦芽温度，将蒸汽通入量调到使麦芽温度大约为40℃。用蒸汽对麦芽进行增湿处理时，停留时间是不必要的。

（4）用热水对麦芽进行增湿处理时只要麦芽温度不超过40℃，如果麦芽温度超过40℃，要么减小增湿用水，要么降低水温，优先考虑后者。

（四）增湿粉碎的优缺点

1. 优点

（1）麦皮的弹性增加，粉碎时可以很好地保持其完整性，麦皮中有害物质的浸出减少，对啤酒的口味和色泽有利。

（2）粉碎后，麦皮的体积会增加10%～20%，过滤层更加疏松，过滤速度得到提高。

（3）胚乳的粉碎程度会得到加强，糖化时效果更好，碘检合格更快，收得率更高。

2. 缺点

（1）需要增加增湿设备，设备投入增加。

（2）需要定期对粉碎机和增湿设备进行保养和清洗，以避免残留物发酸、变质。

三、湿法粉碎

（一）湿法粉碎简介

麦芽进行干法粉碎时，即使采取了保护性措施（增湿处理），麦皮也会不同程度地受到破坏，从而限制了其作为过滤介质的作用。如果在麦芽粉碎前，对麦芽进行浸泡处理，那么麦皮以及麦芽内容物就会吸收水分，变得有弹性，麦芽内容物可以从麦皮中被分离出来并被粉碎，而麦皮几乎没有损伤，其过滤能力得到改善，同时粉碎得很细的麦芽内容物能更好地被分解。

（二）湿法粉碎的设备

目前，采用湿法粉碎的粉碎设备主要是湿法粉碎机，由麦芽浸渍槽和对辊（或四辊）粉碎机组成。浸渍槽用不锈钢板制成，槽内设有环形喷水管、压缩空气吹入管，使麦芽能均匀吸收水分。浸渍槽下有进料辊，使麦芽均匀地送入粉碎机。铬镍钢制的空心辊筒带有沟槽，以增加粉碎时的摩擦力，其辊径约为400mm，辊间距为0.35～0.4mm，并具有相同的转速（400r/min）。粉碎后的麦芽落到下面旋转的分散板上，一面粉碎，一面加水调浆，料浆用泵打入糖化锅。

（三）湿法粉碎的操作要点

湿法粉碎机的工作步骤见图1－14。

1. 浸泡

已经自动称重的麦芽被输送至粉碎机上面的麦芽暂存仓1，并在此用30～50℃的水浸泡，醪浆泵将水从下面循环泵入麦芽暂存仓中，以确保麦芽浸泡均匀，此过程持续15～30min。通过浸泡，麦芽的水含量增加至28%～30%，水分的吸收也使麦芽的体积增加35%～40%，麦芽中的酶也慢慢活化。

2. 泵出浸泡水

浸泡结束后，通过醪浆泵将浸渍水从浸渍槽中排入糖化锅作为投料用水，但此浸渍水含有麦皮中的有害物质，影响麦汁的色泽和风味，也可弃之不用，但会损失浸出物0.3%～1.0%，也可用活性炭处理后再使用。此段时间为5～10min。

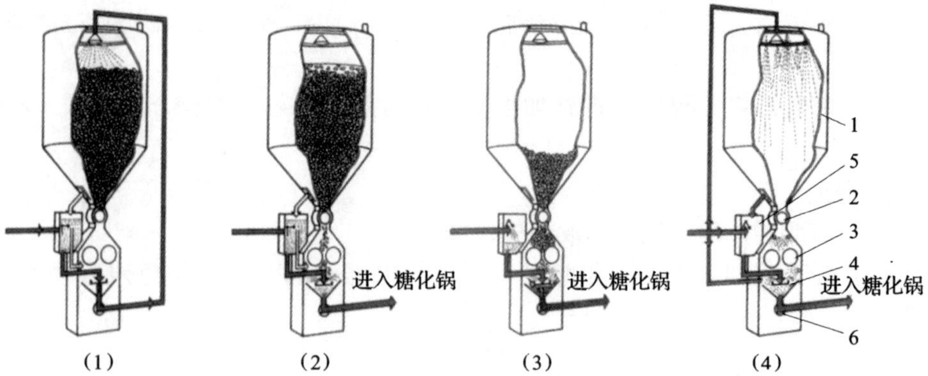

图 1－14　湿法粉碎机的工作步骤

1—麦芽暂存仓　2—进料辊　3—粉碎辊

4—带有喷嘴的醪液混合箱　5—进水调节　6—醪液泵

3．粉碎及糖化下料

浸泡水被泵出后，麦芽通过进料辊 2 进入辊间距 0.2 ~ 0.4mm 的粉碎辊 3，麦皮几乎没有损伤，而麦粒内容物则从麦皮中被平滑地挤压出来，边粉碎，边加水调浆，并用泵打入糖化锅。调浆水温略高于糖化投料温度。湿法粉碎的麦糟看起来就像堆在一起的麦粒。唯一的问题是，未被粉碎的麦粒不能分解，而是毫无变化地进入醪液混合箱，因此粉碎时应多循环一些时间。粉碎出来的粉碎物呈浆状，然后通过专门的输送泵将其送至糖化设备。根据投料量的大小和粉碎机的功率，此过程需 25 ~ 40min。

4．冲洗

粉碎和糖化下料结束后，通过安装在粉碎机内部的喷嘴强烈地冲洗粉碎机中与麦芽接触的所有地方，此过程需 5 ~ 10min。

（四）湿法粉碎的优缺点

1．优点

（1）麦皮可以很好地保持其完整性，麦汁过滤时间在采用过滤槽时可以缩短约 20%。

（2）由于麦芽在浸泡时就已经开始了酶的活化，所以糖化效果得到了提高，糖化时间有所缩短。

（3）粉碎时没有粉尘产生，浸出物损失较少，糖化收得率较高。

（4）容易实现自动化控制，生产过程可以做到无缝衔接。

2．缺点

（1）对粉碎机的动力要求较高，往往需要 2 ~ 3 台粉碎机同时工作，设备先期投入较大。

（2）麦芽浸泡的同时也会导致麦皮中有害物质的浸出，对麦汁的色泽和口感不利。

（3）若清洗不及时，容易出现微生物污染，对麦芽纯净度要求较高。

四、增湿湿法粉碎（浸渍增湿粉碎）

（一）增湿湿法粉碎简介

增湿湿法粉碎是对老式湿法粉碎的改良，介于湿法粉碎与增湿粉碎之间，是在麦芽仓与粉碎机之间增加了一个喷水增湿器。干麦芽在进入粉碎机的途中，按照每100kg麦芽60L热水的比例，经增湿器被热水增湿约60s，水温一般为60～70℃，在这么短的时间内，只有麦皮能够吸水（15L/100kg），其水含量会上升至18%～22%，从而变得富有弹性，然后进入粉碎机湿法粉碎。相当于边增湿、边粉碎、边投料泵入糖化锅，最后冲洗粉碎机，调整好投料水的数量、投料温度。

（二）增湿湿法粉碎的工作原理

增湿湿法粉碎机见图1－15。已经称重好的麦芽进入麦芽暂存仓1中，并连续通过增湿段2，用热水3增湿约60s，水温60～70℃，这一过程必须控制麦芽吸水的速度并通过进料辊4来实现调节。在粉碎辊5（辊筒间距0.35～0.4mm）的特殊沟槽中，潮湿的麦皮可以很好地保持完好，而麦芽内容物却得以粉碎。通过喷嘴6使适合糖化下料温度的水与粉碎物进行混合，并借助麦浆泵8把醪液从底部泵入糖化锅中，相当于“边增湿、边粉碎、边投料泵入糖化锅”，最后通过清洗喷嘴7对粉碎机进行冲洗，调整好投料水的数量和温度。

（三）增湿湿法粉碎的操作要点

1. 粉碎操作前的准备工作

粉碎操作前应检查麦芽暂存仓是否有足够的麦芽；各个水箱的液位及温度是否达到设备运行要求。按糖化工艺要求设定浸麦水、调浆水的用量及温度范围。

2. 粉碎操作

按程序开动机器，进行麦芽粉碎。粉碎后的麦芽粉用温水喷雾调浆，最后泵入糖化锅。在粉碎过程中应随时观察粉碎机内情况，如出现堵塞，应立即关进料辊、调浆泵。但不得停粉碎辊和水泵，同时观察机内情况，机内粉浆液位下降后，开冲洗或调浆5～10s，再观察机内液位，若下降后，再开冲洗或调浆5～10s，直至正常后方能开进料辊继续粉碎。

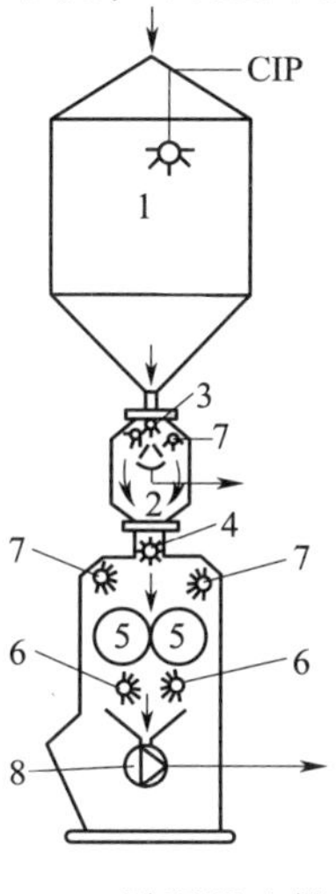

图1－15　增湿湿法粉碎机

1—麦芽暂存仓　2—增湿段

3—热水　4—进料辊

5—粉碎辊　6—冲洗喷嘴

7—清洗喷嘴　8—麦浆泵

3. 补水

粉碎完毕后，需打开补水阀进行补水直至到达工艺规定要求的料水比。在补水时，一定要将粉碎机的下料阀关闭。

4. 结束

当一切工作结束后，要关闭出料阀和水泵时，一定要先关出料阀再关水泵，以免产生自压，形成倒流。

5. 特殊情况处理

粉碎中途如遇停电，需先开调浆按钮和正转按钮，再开出料阀和水泵，以免产生自压，形成倒流。

连续生产 3d 时或停产 24h 以上时，粉碎机必须进行清洗及杀菌。

(四) 增湿湿法粉碎的优缺点

1. 增湿湿法粉碎的优点

(1) 在整个粉碎过程中，能保证所有的麦芽具有确定的一致的浸泡时间和水含量（麦皮的水含量为 18% ~22%）；麦芽粉碎均匀，粉碎效果稳定。

(2) 麦皮吸水多，粉碎时保持麦皮非常完整，有利于麦汁过滤，适合高比例辅料的麦汁生产。

(3) 在保证麦皮完整的前提下，胚乳吸水少且保持疏松，有利于胚乳粉碎，降低粉碎时能耗，良好的胚乳粉碎，有利于糖化时淀粉水解，提高糖化收得率。

(4) 边增湿、边粉碎，无浸泡水产生，也省去麦芽浸泡过程，节约时间。

(5) 料仓能保持干的状态，无粉尘产生。

(6) 可同时输送麦芽和进行粉碎。

2. 增湿湿法粉碎的缺点

(1) 麦芽粉碎过程一般应在 30 ~40min 完成，否则会造成过长的不可控制的酶分解过程。

(2) 要求粉碎机的能力大，用电峰值高，耗能大。

(3) 不可能进行麦皮分离糖化。

(4) 粉碎物评价困难。

尽管存在以上缺陷，但目前我国有许多的啤酒厂都乐意采用增湿湿法粉碎机。

五、采用压滤机的原料粉碎

随着麦汁压滤机的使用，麦皮的完整性已经不重要了，人们需要得到的是高的糖化收得率，麦芽可以粉碎得很细。通常采用锤式粉碎机、Meura 盘式粉碎机和 Dispergier 分散式粉碎机等方法。

(一) 锤式粉碎机

在锤式粉碎机（图 1－16、图 1－17）内部，通过高速旋转的、可以更换的钢锤以 60～100m/s 的转速围绕转子旋转，与麦芽接触时产生很大的剪切力和摩擦力，使麦芽得到粉碎，达到粉碎度的麦芽通过 0.5～1mm 筛子而筛出，直到粉碎的颗粒全部穿过粉碎筛的筛孔为止。

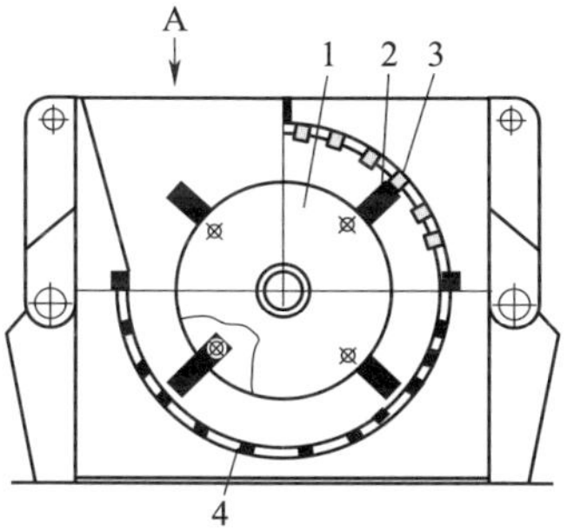

图 1－16 锤式粉碎机

A—麦芽进口 1—电机 2—转锤 3—碾磨导轨 4—出口筛筒

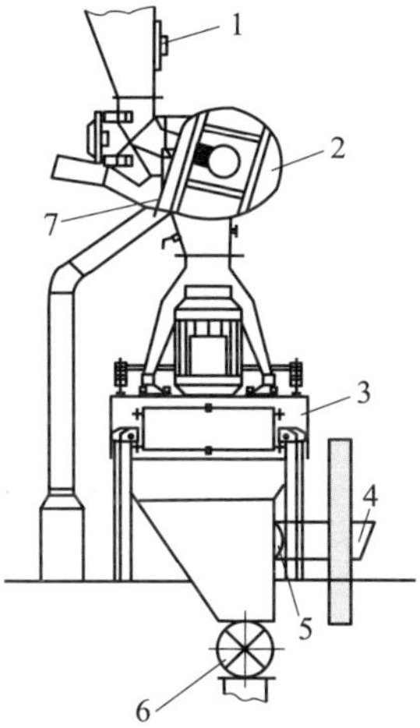

图 1－17 粉碎辊筒

1—麦芽流入口 2—鼓风机 3—粉碎室 4—导入管 5—爆破板 6—出料口 7—可吸取杂质的进料装置

麦粉粉碎后，其细粉比例应该有 95%～99%，70% 颗粒应该小于 150μm，而小于 50μm 的颗粒含量应该很少（易结团）。

用这种方式将会得到很细的粉碎颗粒，它们刚好能穿过筛孔，筛孔的大小决定着粉碎程度和粉碎机的功率。为了避免堵塞，必须很好地控制进料速度；麦芽必须彻底清选去除石头、灰尘和铁块（防止磨损和粉尘爆炸）；同时，粉碎时也会产生很多粉尘，为了避免出现“粉尘爆炸”，粉碎机也要安装专门的防爆破板。另外，锤式粉碎机具有耗能大、筛子易磨损等缺陷。

(二) Meura 盘式粉碎机

Meura 盘式粉碎机由一个固定盘和一个线速度为 40m/s 的旋转盘组成（图 1－18），在旋转盘中心，一对固定的锤子确保麦芽平均分配，麦芽先经过一行刀片，然后经过三个细齿环，在固定盘和一个线速度为 40m/s 的旋转盘之间完成粉碎，调整固定在轴的旋转盘与固定盘之间的距离，控制粉碎度。这种湿法“旋转磨”能保证原料粉碎得很细，既避免吸氧过多，又考虑到设备安全性，糖化收得率高。适合日糖化锅次高的麦汁生产，有利于啤酒的色度、苦味质量、苦味稳定性。

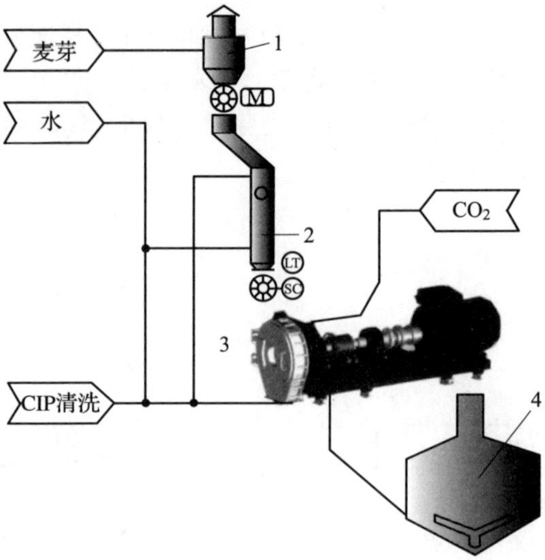

图 1－18　Meura 盘式粉碎机

1—旋风分离器　2—缓冲增湿区间　3—旋转盘式磨　4—糖化锅

Meura 盘式粉碎机的工作流程如下。

（1）麦芽在旋风分离器中借助气流对麦芽除杂，并进入到缓冲增湿区间。

（2）在缓冲增湿区间对麦芽进行预浸泡，且要求彻底排气。

（3）通过 CO_2 和利用进口处多余的投料用水使缓冲区间保持恒压，减少氧化过程。

（4）麦芽进入调频“旋转盘式磨”装置中进行粉碎。

（5）粉碎后的麦芽与水混合后进入液位恒定的缓冲罐，并将醪液打入糖化锅。

（三）Dispergier 分散式粉碎机

Dispergier 分散式粉碎机可用于大麦、麦芽、小麦和辅料的粉碎，其结构特点（图 1－19，图 1－20，图 1－21）：“插销齿”式粉碎机；多室系统；同心旋转（转数 21m/s）、不旋转的盘上安装了一系列的“插销齿”；水平进料，径向排料。

水和麦芽同时进入到转子和定子之间的缝隙中，颗粒不断受到推力和剪切力被粉碎。能达到很细的粉碎效果、均匀度。其中 70% 颗粒小于 0.15mm，与锤式粉碎机相比耗能少：锤式粉碎机 10～12kW · h/t，Dispergier 分散式粉碎机，1.4～1.5kW · h/t。

影响粉碎的因素包括转子和定子对数、插销固定的方式和数量、转数和体积流量。

Dispergier 分散式粉碎机的优点如下。

（1）原料可边粉碎、边混合、边投料。

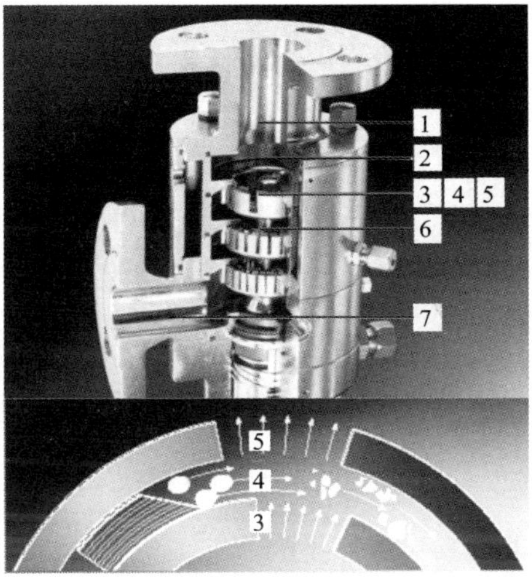

图 1－19　Dispergier 分散式粉碎机结构

1—原料（水和麦芽）进入　2—混合物加速，线速度≥21m/s
3—混合物进入转子和定子之间　4—通过在齿间碰撞粉碎原料
5—混合物转出齿间缝隙　6—进入下一级别粉碎　7—粉碎机出口

图 1－20　Dispergier 分散式粉碎机外形

（2）几乎无氧接触。

（3）省出投料泵，能将醪液持续、无结块、底部进入糖化锅。

（4）在同一批次粉碎原料中原料的颗粒大小不均匀对粉碎几乎没有影响。

（5）无需调整，可将麦芽和辅料同时进行粉碎。

（6）设备不需要校准，泵部分几乎不用维护，控制、维修简单。

（7）能进行 CIP 清洗。

（8）占地面积小，占用空间和一个普通泵相同。

（9）与辊筒式粉碎机相比不需要传送带装置部件和料粉暂存箱。

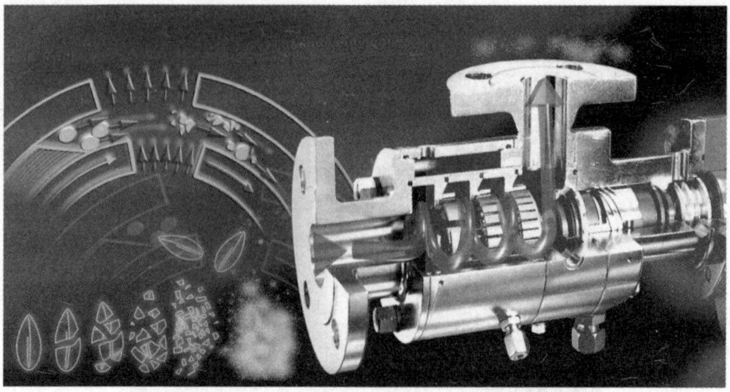

图 1－21　Dispergier 分散式粉碎机工作原理

（10）不需要除尘和防粉尘爆炸系统。

（11）糖化收得率明显提高，缩短糖化时间。

（12）生产能力可达 40t/h。

（13）更优的自动化控制。

六、辅助原料的粉碎

辅助原料有大米、玉米、大麦等，常用的粉碎设备有对辊粉碎机、四辊粉碎机、锤式粉碎机等，也可使用湿法粉碎机。

大米粉碎多采用对辊粉碎机、四辊粉碎机。粉碎度的要求是偏细，但也不可以过细，因过细的粉末，尤其在糖化效果较差、糖化不完全的情况下，易形成淤泥状而堵塞麦汁过滤的滤径，或是通过过滤层进入麦汁，使麦汁中有较多颗粒悬浮物而使啤酒产生淀粉浑浊。

玉米粉碎前应脱胚去皮。脱胚去皮的玉米颗粒较硬，粉碎时可采用对辊粉碎机或四辊粉碎机。大麦、燕麦作为谷物辅助原料也是比较理想的。粉碎设备同麦芽粉碎设备。

辅助原料粉碎的操作同干法粉碎。

第四节　粉碎物的评价

粉碎时，要经常检查粉碎物的质量并给出相应的评价，但是这种检查仅适用于干法粉碎和增湿粉碎，湿法粉碎只能采用感官评价。为了能够精确取样，干法粉碎机的每一对辊筒下面都安装着一个取样器，粉碎机的出口处有一个可取 150～200g最终粉碎物的特殊取样装置，为了避免评价结果出现误差，总粉碎物量不允许改变。

一、粉碎物的取样

保证粉碎质量进行准确无误检查的前提是取样均匀、有代表性，样品必须在粉碎过程中借助取样器从粉碎机下进行取样，而不能在粉碎结束后从粉料箱中直接取出，因为麦芽粉碎物易离析，极易改变原来各组分的比例。为了达到准确的结果，可以多次进行平行取样。但每次取样的数量不应超过 150～200g。不仅要对总麦芽粉碎物进行取样检查，而且有必要对粉碎的各个阶段进行取样检查。只有通过这样的粉碎物评价，才能分析出粉碎好坏的原因，作为调整粉碎机的重要依据。在大多数粉碎机出口有一个可取 150～200g 最终粉碎物的特殊取样装置，粉碎机的每一对辊筒下面都安装有一个取样器，取样时不应使取样器外溢，否则造成粉碎物评价的结果不准确。另外，通过对粉碎机辊筒底部不同部位的取样可以推断辊筒的间距是否均匀。对粉碎物进行取样检查应作为每天的常规检查。

二、粉碎物的感官评价

粉碎物的感官评价不仅要在各个粉碎阶段中进行，还要对总粉碎物进行检查，这应成为每天的常规检查。对于干法粉碎、增湿粉碎的麦芽粉碎物进行感官检查时，一般要用肉眼、手对取样的整个粉碎物进行外观判断，首先检查粉碎物中是否有整粒或稍压破的麦粒，其次观察麦皮是否保持完整，是否有麦皮屑以及麦皮屑的多少，再看一看麦皮上粘附胚乳的多少，粗粒比例、粉末比例是否适当。只有这样才能对粉碎物进行比较全面的感官检查。

通过对粉碎机辊筒底部不同部位的取样可以推断辊筒的间距是否均匀。

对于湿法的麦芽粉碎物来说，感官检查通常是唯一可行的粉碎物评价方法，主要应注意其中是否有整粒、胚乳的粗细粉碎度、麦皮的完整程度等。

由于辅助原料一般没有谷皮作为过滤介质，所以从有利于糖化的角度来说，辅助原料原则上要求应越细越好，从感官上看，既不允许有整粒和半粒、过多的粗粒，也不能有过多的粉末，否则也会导致总粉碎物中的粉末过多，影响麦汁过滤。大米粉碎的经验要求是 75% 的大米粉能通过 120 目筛网、整粒数量小于 0.8% 。

由于感官评价的准确性和评价者的经验有很大的关系，所以仅能得出关于粉碎的粗略情况，只有通过分级的方法才能得出客观的评价。

三、粉碎物的分级

经验式的粉碎物感官评价会出现较大误差，准确的评价必须在实验室采用分级筛进行。在此所使用的分级筛为普氏平板分级筛（EBC 标准分级筛）。这是一个小型平板筛，其中有 5 层筛子和一个筛底。均匀取样 200g，在每层筛网上放几粒橡皮球（块），将样品加到筛子的上层，装好普氏筛，普氏筛以 300r/min 转速振动，调节振动时间为 5min；振动结束后，将粉碎物样品分为 6 个等级；依次称量每层筛网上的组分，得到每个等级所占样品比例；根据称量结果，对麦芽粉碎物做出评价（表 1 –2）。

表 1 –2　粉碎物各组分一览表

筛号	组分	筛子厚度/mm	筛孔宽度/mm
1	麦皮	0. 31	1. 27
2	粗粒	0. 26	1. 01
3	细粒	0. 15	0. 547
4	粗粉	0. 07	0. 253
5	细粉	0. 04	0. 152
筛底	粉末	—	—

由于麦汁过滤设备的不同，对粉碎物各组分比例的要求也不一样。过滤槽和压滤机粉碎物的正常分级值见表 1 –3。

表 1 –3　过滤槽和压滤机粉碎物的正常分级值

筛号	组分	过滤槽粉碎物/%	压滤机粉碎物/%
1	麦皮	18	1
2	粗粒	10	2
3	细粒	38	15
4	粗粉	17	29
5	细粉	5	24
筛底	粉末	12	29

筛 1 上所占比例的多少，首先反映麦皮上可能粘附的胚乳数量，由于纯麦皮所占比例为 7% ~10%，所以当筛 1 上所占的比例超过 10%，且超过得越多，就意味着麦皮上粘附的胚乳数量就越多，有必要观察筛 1 上是否有整粒，这些都不利于糖化时淀粉彻底水解，反之筛 1 上所占的比例较少，说明麦皮上粘附的胚乳数量少，但麦皮不一定保持不完整，所以在这种情况下可通过观察筛 1 上麦皮的状态、筛 2 粗粒中、筛 3 细粒中麦皮屑的多少，反映麦皮是否保持完整，最好测一测麦皮的体积，才能正确反映麦皮的状态。如果筛 1 上所占的比例太低，小于 7%，一般也能说明麦皮保持不完整，伴随着胚乳也粉碎得细。对于过滤

槽而言，筛 1 上所占比例一般为 16% ~18% 。

粗粒比例一定要小于 10% ，否则不利于糖化时淀粉的彻底水解。

对于采用过滤槽的过滤来说，不仅粉末的比例不要高于 12% ，而且粗粒的比例也不能过低，否则导致麦糟层上的粗、细糊粉状物比例发生变化，使黏稠的细糊粉状物过早地进入糟层中，堵塞麦糟层，引起麦汁过滤困难。为了更加精确地调节粉碎机，除了利用分级筛的结果进行评价外，还可以通过麦糟可洗出浸出物含量和可分解浸出物含量来进行评价。

四、粉碎物的体积

100g 未粉碎的麦芽体积约为 180mL，将 100g 的麦芽进行不同程度的粉碎，分别得到粗粉碎物的体积约为 280mL、细粉碎物的体积约为 210mL、粉末粉碎物的体积约为 200mL（图 1 –22）。这说明麦芽粉碎物的体积大小能反映麦芽粉碎度。麦芽粉碎得越细，则麦芽粉碎物的体积就越小，麦汁过滤时形成的麦糟体积小，麦糟层的厚度也伴随着降低，麦汁过滤时的阻力会越大，过滤时间长。但是通过粉碎物体积的评价很难准确定性、定量地评价麦皮、胚乳在粉碎后是何种程度的粉碎。

五、麦 皮 体 积

麦皮体积是指 100g 麦皮的体积，能较好地反映麦皮完整程度。麦皮体积越大，说明麦皮保持得越完整，反之麦皮的破碎程度越大。

要求：最好麦皮体积大于 650mL/100g 麦皮（过滤槽）。

干法五、六辊粉碎麦芽的麦皮体积一般为：450 ~550mL/100g 麦皮。

增湿粉碎的麦皮体积一般为：800 ~1000mL/100g 麦皮。

测麦皮体积的“量筒”见图 1 –23。

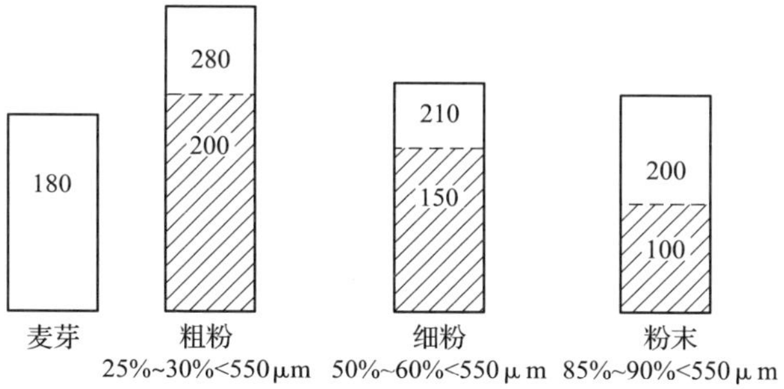

图 1 –22　相同质量不同粉碎的麦芽粉碎物及麦糟体积

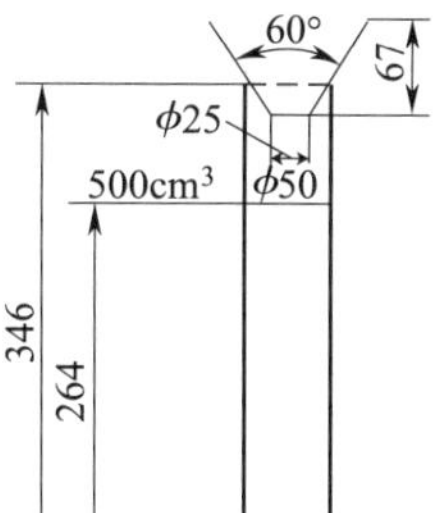

图 1 –23　测麦皮体积的“量筒”

第五节　影响原料粉碎质量的因素

原料的粉碎质量在很大程度上会影响糖化工艺的制定、糖化效果的好坏、麦汁过滤时间的长短以及糖化收得率的高低等方面，那么，哪些因素会影响到粉碎质量呢？

一、麦芽的质量

1. 溶解度

在粉碎设备、辊间距、麦芽水含量、颗粒大小相同的情况下，溶解差的麦芽胚乳硬，与溶解好的麦芽相比粉碎难度大，产生的粗粒多，特别是麦皮上的胚乳多，在加强麦芽胚乳粉碎的同时，可能导致麦皮破碎程度增加（表1－4）。

麦芽溶解得越好，麦皮的完整性就越好，胚乳内容物的粉碎就越细，粉碎问题就显得不太重要，甚至可以在较粗粉碎的情况下使糖化操作顺利进行并能得到良好的糖化收得率。麦芽溶解得越差，对它的机械加工就越显得重要，因而就必须进行更为谨慎和更细的粉碎，以使难以溶解的部分达到相应的粉碎度，从而使其在糖化中通过酶的作用易于被分解。

表1－4　麦芽溶解度与粉碎效果

发芽时间/h	60	96	120
粗细粉差	5.8	2.2	1.2
麦皮/%	24	19	16
粗粒/%	18	17	13
细粒/%	21	22	26
粗粉/%	14	16	17
细粉/%	5	6	7
粉末/%	18	20	21

2. 麦芽的水含量

在其他条件相同的情况下，麦芽越潮湿和越具有弹性，由其产生的粉碎物就越粗，麦皮的完整性就越好，但是麦皮上附着的颗粒物质也会随之增加，这一点尤为重要；对于水含量过低的麦芽会导致胚乳和麦皮被过度粉碎，由此而导致粉碎物中麦皮组分下降，会使麦汁过滤变慢，洗糟不彻底和糖化收得率下降（表1－5）。

表 1 –5 不同水分麦芽的粉碎效果

水含量	4.5%	8.4%	10.8%
麦皮/%	20.3	24.8	32.2
粗粒/%	17.5	15.6	13.0
细粒/%	30.6	26.5	22.9
粗粉/%	13.6	12.2	11.4
细粉/%	4.4	4.4	4.0
粉末/%	13.6	16.5	16.5
过滤时间/min	147	157	171
糖化收得率/%	78.0	77.8	77.8

3. 麦粒大小

如果麦芽中含有较多的小颗粒，说明颗粒大小不均匀，为了加强对小颗粒的麦芽粉碎，必须要减小辊间距，会导致粉碎大颗粒麦芽时麦皮破碎程度大。如果考虑到保持麦皮完整，就可能增大辊间距，这又会导致粉碎小颗粒时产生较多的粗粒，甚至出现整粒（表 1 –6）。所以不论采用何种粉碎方法，麦粒颗粒大小不均匀，必然或多或少会影响粉碎效果。因此辊间距的调整要兼顾对小颗粒的粉碎。

如果在糖化生产中采用不同类型的麦芽搭配使用，必须分别粉碎并及时调整粉碎机辊筒间距。

表 1 –6 不同麦粒大小与粉碎物组成

麦粒	2.8mm	2.5 ~2.8mm	2.2 ~2.5mm
麦皮/%	26.5	30.2	33.4
粗粒/%	18.7	17.7	18.2
细粒/%	24.1	22.8	20.9
粗粉/%	12.0	10.4	10.1
细粉/%	5.9	5.8	5.6
粉末/%	12.8	13.1	11.8

二、原料粉碎的方法和设备

在粉碎方法中，由于“增湿湿法粉碎”是对传统湿法粉碎的改良，所以在其他条件相同的情况下，这种粉碎方法对粉碎质量的影响较小；对于粉碎设备，毫无疑问，具有多次粉碎过程的粉碎机对粉碎质量的影响较小。

三、所采用的糖化方法

在糖化中的溶解时间越长，操作越细心以及酶休止的时间越长和步骤越多，粉碎的重要性就越不突出。因此，采用浸出法时，胚乳应粉碎得较细以有利于酶分解；采用煮出法时，由于煮沸过程的帮助，胚乳可以粉碎得较粗。

四、麦汁过滤设备的形式

它是确定粉碎类型的前提条件。对于使用麦汁过滤槽来说，鉴于需要使用麦皮作为自然的过滤介质，麦芽的粉碎度不应超过一定的限度；对于使用压滤机来说，由于其滤布的作用，使得作为过滤介质的麦皮无需在粉碎时进行特殊的保护，可以进行细粉碎。

复习思考题

1. 原料粉碎的目的是什么？
2. 原料粉碎的要求是什么？
3. 原料在粉碎之前，需要进行哪些预处理？
4. 原料粉碎的方法有哪几种？各有什么特点？
5. 用于麦芽增湿的方法有哪些？
6. 湿法粉碎的步骤有哪些？
7. 粉碎设备有哪几种类型？
8. 六辊粉碎机分为哪几个粉碎过程？各自的辊间距是多少？
9. 粉碎机在安装时应注意什么？
10. 如何检查粉碎辊筒的平行度？
11. 粉碎辊筒上的斜拉槽有哪几种组合方式？
12. 如何对粉碎物进行感官评价？
13. 如何对粉碎物进行分级检查？可以将粉碎物分为哪几个组分？
14. 对于麦汁过滤槽来讲，合理的粉碎物组成是什么？
15. 粉碎质量的好坏会对啤酒生产带来哪些影响？
16. 哪些因素会影响到原料的粉碎质量？

第二章 糖化

知识目标

1. 掌握糖化的目的。
2. 掌握糖化时各种物质的分解和转变，尤其是淀粉的分解。
3. 掌握影响淀粉分解的因素。
4. 掌握淀粉和蛋白质分解的控制目标。
5. 掌握酿造用水的质量要求。
6. 掌握糖化设备的类型和特点。
7. 掌握糖化工艺的种类。
8. 掌握糖化工艺的制定原则。

技能目标

1. 能识别不同类型的糖化设备。
2. 能识别不同类型的糖化工艺。
3. 能对样品进行碘检试验。
4. 能根据所学知识，对糖化过程中所涉及的各个指标进行计算。
5. 能制定合理的糖化工艺。

原料经过粉碎后，即进入下一工序——糖化过程。由于原料中含量最高的成分为淀粉，因此，糖化可狭义地理解为：糖的转化，即从高分子糖（淀粉）转化为低分子糖（低分子糊精和可发酵性糖）。糖化的具体含义是指利用麦芽中所含的酶（或外加酶制剂），将麦芽和辅助原料中的不溶性高分子物质，逐步分解为可溶性的物质。在生产实际中，糖化的另一含义，是对麦汁制备过程的通称，例如，“糖化室（间）”——生产麦汁的场所；“糖化设备”——生产麦汁的设备等，这是习惯叫法。

糖化是麦汁制备中最重要的过程。由于粉碎物中的内容物大多是非水溶性的，而进入啤酒中的物质只能是水溶性的物质，因此必须通过糖化，使粉碎物中的不溶性物质在酶的作用下转变为水溶性物质，形成“麦汁”，把所有进入到麦汁中的物质统称为“浸出物”。

从经济角度出发，人们总是力求尽可能多地使非水溶性物质转化为水溶性物质，即尽可能获得大量浸出物；但是重要的不仅是浸出物的数量，还有浸出物的质量，因为某些化合物（如来自麦皮中的不良物质）并不需要，而有的物质（如淀粉和蛋白质分解产物）却必不可少。因此，糖化的目的就是尽可能形成大量的优质浸出物，并得到与所生产的啤酒类型相适应的麦汁。

第一节　糖 化 理 论

麦芽粉碎物在水中的溶解是一个纯粹的、简单的溶解过程，它只能溶解极少量的物质，尽管在大麦中本来就存在水溶性物质，这些物质在发芽过程中又大大增加了；但是，在麦芽中能直接溶解于水的物质还是较少的。从糖化含义知道，糖化过程需各种酶的作用才能将原料中的不溶性高分子物质进行分解，实际上，糖化理论可用一个字表述，即“酶”的理论。糖化工艺都是根据酶的作用和变化制订的。

一、淀粉的分解

淀粉的分解是糖化过程中最重要的一个酶促过程。啤酒中最重要的组分酒精是由淀粉的分解产物——可发酵性糖发酵而来的，因此必须将淀粉分解成可发酵性糖以及不可发酵的低分子糊精。在糖化过程中，淀粉的分解必须完全，否则残余的淀粉会导致啤酒出现糊化浑浊并降低糖化收得率。

（一）淀粉的结构及特点

淀粉是谷物原料（大麦、玉米、大米等）中含量最高的贮藏物质，按化学结构可分为支链淀粉和直链淀粉。构成淀粉的最基本的结构单元是单糖（主要是葡萄糖）。麦芽中的淀粉与大麦中的淀粉相似，是以颗粒的形式贮存于胚乳淀粉细胞内的。大麦中大颗粒淀粉的直径为25～30μm，颗粒数量约占10%，但质量却占90%；小颗粒淀粉的直径为1～5μm，颗粒数量较多，占90%，但它们的质量仅占10%，一般小淀粉颗粒可分解性差些。在制麦中，大部分淀粉颗粒已经消失，因而麦芽中仅含有较少的颗粒淀粉。

淀粉中含有20%～25%的直链淀粉和75%～80%的支链淀粉，支链淀粉包裹着直链淀粉。直链淀粉是由葡萄糖以 α－1，4－糖苷键连接而成的，其分子链呈螺旋状，每6～7个葡萄糖分子为一圈（图2－1），其链长为60～2000个葡萄糖残基。它能溶于热水中，形成的水溶性溶液为淀粉溶胶，不能被糊化，碘检试验呈纯蓝色；支链淀粉是由葡萄糖以 α－1，4－糖苷键接在一起，每隔15个葡萄糖单位通过 α－1，6－糖苷键形成分支，它的结构外形就像带有分支的树干一样（图2－2），其链长为6000～40000个葡萄糖残基。支链淀粉在加热条件下在水中分散为胶体糊化物，称之为淀粉凝胶，在较高的温度下具有可糊化性，碘检试验呈紫色至红色（表2－1，表2－2）。

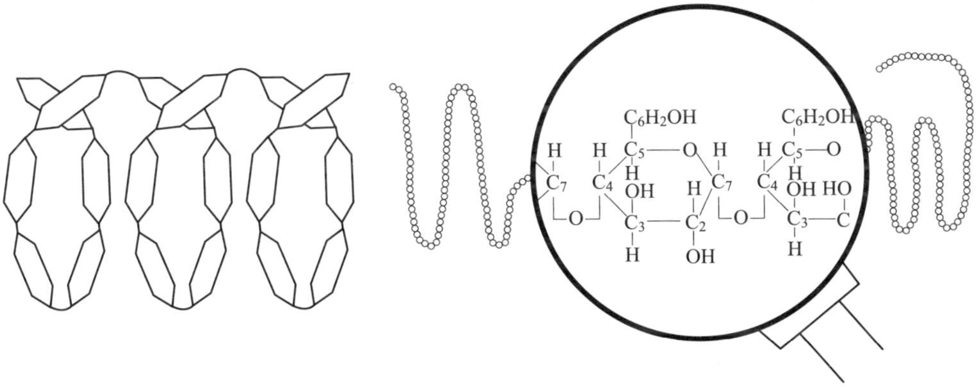

(1)螺旋状直链淀粉链　　(2)直链淀粉

图2－1　直链淀粉结构

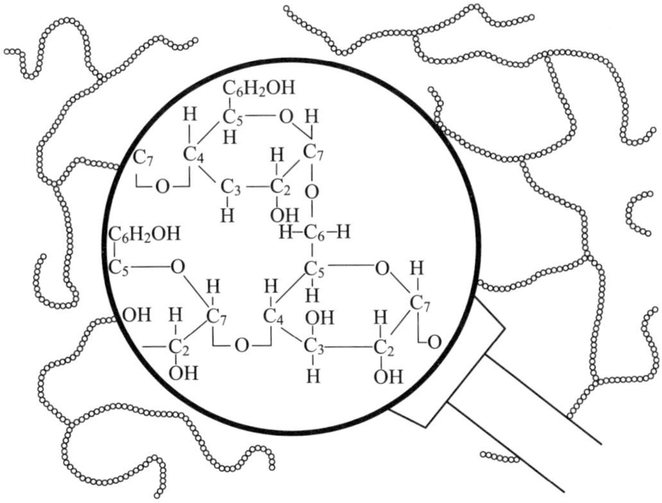

图2－2　支链淀粉结构

表 2－1 淀粉的结构及特点

项目	直链淀粉	支链淀粉
比　　例	20% ～25%	75% ～80%
化学键	α－1，4－糖苷键	α－1，6－糖苷键占 4% ～5% α－1，4－糖苷键占 95% ～96%
结构及特点	螺旋状的，无分支的葡萄糖长链，每个螺旋段由 6～7 个葡萄糖单位组成	分支的葡萄糖长链，呈“灌木状态”，两个分支点之间平均大约有 15 个葡萄糖单位
相对分子质量	小，60～2000 葡萄糖单位，1～50 万	大，6000～40000 葡萄糖单位，1～6 百万
与 H_2O 接触	可溶性淀粉	糊化淀粉
淀粉颗粒	存在于淀粉颗粒内部	存在于淀粉颗粒外部
碘检反应	纯蓝色	呈紫色至红色

淀粉与碘的反应取决于其分子链的长度，如表 2－2 所示。

表 2－2 碘检颜色与淀粉分子链长度的关系

链长（葡萄糖残基）	螺旋数	碘检颜色
大于 45	8	蓝色
大于 40	7	蓝紫色
大于 36	6	紫色
大于 21	4	红色
大于 12	2	浅红色
小于 9	1.5	浅黄色（碘液本身的颜色）

大麦、麦芽的淀粉颗粒中除了含有纯淀粉外，还含有蛋白质、半纤维素、脂质等，构成大麦、麦芽细胞壁及框架物质的是半纤维素和组织蛋白质，淀粉颗粒被这些框架物质包裹（图 2－3）。大麦、麦芽胚乳中半纤维素和组织蛋白质的分解程度会影响淀粉水解效果。

（二）淀粉的分解过程

淀粉的分解分为三个不可逆的过程，但它们彼此连续进行，即淀粉颗粒的吸水膨胀、淀粉颗粒的糊化和糊化淀粉的酶水解（液化、糖化）。

1. 淀粉颗粒的吸水膨胀

当粉碎的原料与一定温度、一定比例的水混合后，淀粉颗粒会吸水、膨胀，随着温度的上升，淀粉颗粒的体积明显增大。

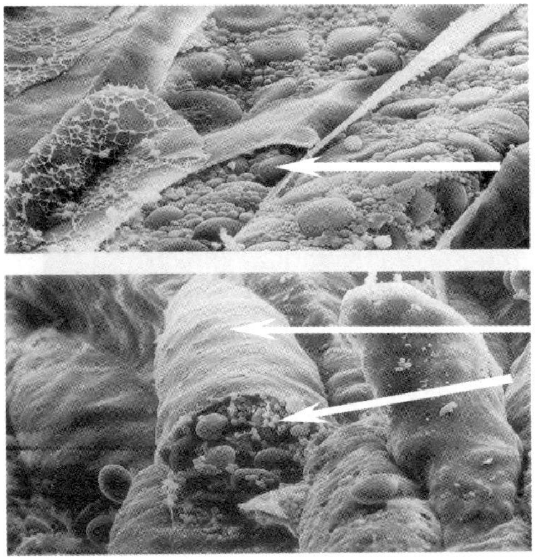

图2－3 电子显微镜放大后的麦芽颗粒

2. 淀粉颗粒的糊化

淀粉颗粒在一定温度、一定时间，吸水膨胀到一定程度后，使淀粉颗粒中的分子逐步进入水中，形成黏度高的白色糊化物的过程为糊化。其黏度的高低取决于水分子进入淀粉颗粒的多少，而且不同的谷物所形成的溶液的黏度也不一样。这也是日常烹饪工作的重要组成部分（比如制作布丁、勾芡、煮粥）。

使淀粉进入糊化状态时的临界温度，称为“糊化温度”。不同谷物淀粉的糊化温度明显不同，如表2－3所示。

表2－3 不同谷物淀粉的糊化温度

淀粉种类	糊化温度/℃
麦芽	60
大麦	70～80
小麦	60～85
大米	80～85
玉米	65～75
马铃薯	55～60

淀粉颗粒的糊化是糖化时淀粉水解不可缺少的步骤，淀粉水解酶只能作用于糊化了的淀粉。与未糊化的淀粉颗粒相比，糊化后的淀粉不再聚结成固体淀粉颗粒，进入到水中的糊化淀粉与水的接触面积大大增加，所以糊化彻底的淀粉能与淀粉水解酶在短时间内全面、彻底地接触，有利于淀粉快速、彻底地酶水解。淀粉的糊化效果不好，特别是糊化不彻底，淀粉水解效果差。

糖化时淀粉的糊化一般可分为麦芽淀粉的糊化和辅料（玉米，大米）淀粉的糊化。

构成麦芽的淀粉细胞壁及框架物质的半纤维素、组织蛋白质一般在制麦时进行了很好的分解，淀粉的可分解性大大改善，并且有利于麦芽的粉碎效果，重要的是，在酶的参与下，麦芽淀粉的糊化温度下降，在糖化时麦芽淀粉能较早出现糊化，糊化彻底，能边糊化边酶水解，使淀粉水解的效果好。

反之，淀粉的可分解性差，糖化时淀粉的糊化不彻底，最终会影响淀粉水解的效果。对于溶解差的麦芽可通过加强粉碎，分醪煮沸来加强糊化效果，改善麦芽淀粉的水解效果。

辅料（大米，玉米）的糊化温度高，高于麦芽中的主要淀粉水解酶的温度范围，必须单独进行糊化处理。糊化彻底的辅料醪与麦芽醪混合后才对糊化淀粉进行酶水解。

影响淀粉糊化的因素如下。

（1）麦芽溶解情况，辅料的糊化温度：麦芽溶解得越好，麦芽淀粉细胞壁分解得程度越高，有利于淀粉颗粒吸水膨胀，有利于淀粉颗粒糊化；麦芽溶解得越好，麦芽淀粉的糊化温度越低，辅料本身的糊化温度低，都能使淀粉颗粒在较低温度下较早出现糊化、糊化彻底、糊化效果好。

（2）原料粉碎：在保证投料不易结块、有利于麦汁过滤的前提下，原料胚乳粉碎较细，增加了淀粉颗粒与水的接触面积，有利于淀粉快速、彻底地糊化，反之原料粉碎较粗，易出现剥皮糊化，糊化慢、不彻底。

（3）醪液的休止温度及时间：醪液的休止温度高于糊化温度并且休止时间长或分醪煮沸、带压煮沸，有利于淀粉彻底糊化。

（4）醪液的浓度：稀醪、料水比越高，越有利于淀粉吸水，也越有利于淀粉彻底糊化。

（5）外加酶制剂：辅料醪中添加耐高温 α - 淀粉酶，添加有利于 α - 淀粉酶作用的添加剂（Ca^{2+}、Cl^-），调整辅料醪的 pH 为 5.8 ~ 6.0，可通过促进 α - 淀粉水解酶的液化作用，降低醪液黏度，有利于淀粉颗粒吸水、膨胀，从而有利于淀粉彻底糊化。

已糊化的麦芽醪及辅料醪缓慢降温后，如果醪液温度明显下降，远远低于糊化温度，且在较低温度下停留或休止时间长，则会导致糊化的淀粉从醪液中溶解的状态转化为不溶解的高晶化状态的这一过程，被称为淀粉老化。淀粉老化的实质是由于醪液温度下降、在低温下长时间停留等因素使被破坏的淀粉分子之间的氢键又重新形成，使进入水中的淀粉又转化为不溶性的状态。在糖化过程中淀粉水解酶也不能作用于老化的淀粉。一般来说直链淀粉含量高的谷物易出现淀粉的老化。

3. 酶水解（液化、糖化）

在糖化过程中淀粉水解酶对淀粉水解起主要作用，糊化的淀粉在 63 ~ 72℃

休止时，可通过淀粉水解酶的作用，达到淀粉水解的要求。在糖化中起主要作用的淀粉水解酶是α－淀粉酶和β－淀粉酶，其他的一些淀粉酶由于最适温度低、失活温度低等原因起次要作用。

酶主要由蛋白质构成，酶的分解作用具有高效性和专一性。

影响酶作用效果的因素有：温度、醪液 pH、醪液浓度、酶的数量、休止时间、抑制剂、激活剂等。

（1）麦芽中的淀粉酶

① α－淀粉酶：α－淀粉酶主要从淀粉链的内部进行切割（无规则），分解α－1，4－糖苷键，即针对直链淀粉，可从直链淀粉分子内部以6～7个葡萄糖单位任意切割、分解淀粉中的α－1，4－糖苷键，以分解螺旋环，其分解产物为含有6～7个葡萄糖残基的低聚糊精，在其长时间作用下，也产生麦芽三糖、麦芽糖和少量的葡萄糖；针对支链淀粉，从支链淀粉分子的内部以6～7个葡萄糖单位分解淀粉中的α－1，4－糖苷键，但不能分解α－1，6－糖苷键，可绕过α－1，6－糖苷键继续作用于α－1，4－糖苷键，其分解产物为含有6～7个葡萄糖残基的低聚糊精和界限糊精酶。α－淀粉酶相对于β－淀粉酶而言，其作用速度快。通过α－淀粉酶的作用可将淀粉长链迅速分解，黏度迅速下降，因而可使碘检试验迅速合格。根据其作用方式和作用效果，该酶也被称为“内切型”和“液化型”淀粉酶。α－淀粉酶的作用参数见表2－4。

表2－4　α－淀粉酶的作用参数（在醪液中）

最适温度/℃	失活温度/℃	最适 pH	作用的化学键	作用产物
70～75	>80	5.6～5.8	α－1，4－糖苷键	6～7个葡萄糖单位的低聚糊精，界限糊精

Ca^{2+}和Cl^-对α－淀粉酶具有促进作用，可在一定程度上保护其活性。

② β－淀粉酶：β－淀粉酶从直链淀粉的非还原末端每隔2个葡萄糖单位进行切割，分解α－1，4－糖苷键，分解产物为麦芽糖，如果作用的淀粉链为奇数，那么将形成一个分子的葡萄糖或麦芽三糖。β－淀粉酶也是从支链淀粉的非还原末端每隔2个葡萄糖单位进行切割，分解α－1，4－糖苷键，但不能分解α－1，6－糖苷键，也不能绕过α－1，6－糖苷键，其分解产物为麦芽糖和相对分子质量较大的界限糊精酶。由于其作用速度较慢，所以碘反应非常缓慢。根据其作用方式和作用效果，该酶也被称为“外切型”和“糖化型”淀粉酶。β－淀粉酶的作用参数见表2－5。

表2－5　β－淀粉酶的作用参数（在醪液中）

最适温度/℃	失活温度/℃	pH	作用的化学键	作用产物
60～65	>70	5.4～5.6	α－1，4－糖苷键	麦芽糖，界限糊精

③ 界限糊精酶：主要分解界限糊精中的 α－1，6－糖苷键，可将界限糊精分解为一些小分子产物，如麦芽糖、麦芽三糖等，因而可使醪液中的可发酵性糖含量增加。

界限糊精酶的最佳作用温度为 50～60℃，失活温度为 65℃，在醪液中的最佳作用 pH 为 5.1。根据该酶的最佳作用条件，只有在淀粉分解的开始阶段其作用较强，而在 65～70℃，醪液中存在的界限糊精需要分解时，该酶却失活了。所以由界限糊精酶引起的物质转化程度较小。

④ 麦芽糖酶：主要分解麦芽糖，可将其分解为 2 个葡萄糖。其最佳作用温度为 35～40℃，在这个温度下淀粉尚未糊化或者在醪液中存在的麦芽糖极少，在醪液中的最佳作用 pH 为 6.0。而其失活温度为 40℃，因此由此酶引起的物质转化也是较小的。

⑤ 蔗糖酶：主要分解来自麦芽的蔗糖，可将其分解为一个分子的葡萄糖和一个分子的果糖。其最佳作用温度为 50℃，明显低于淀粉分解的最佳温度。最佳作用 pH 为 5.5。而其失活温度为 55℃，因此由此酶引起的物质转化也是较小的。

⑥ R－酶：其作用与界限糊精酶相当，最佳作用温度为 40℃，最适 pH5.3，实际糖化中，R－酶的作用较小。

（2）液化　α－淀粉酶将糊化后的淀粉长链迅速分解为许多短链［图 2－4（2）］，使糊化醪液的黏度迅速下降，形成低黏度醪液，这一过程被称为“液化”。

（3）糖化　β－淀粉酶对糊化的淀粉进行作用，水解少量的 β－界限糊精为低分子的可发酵性糖（麦芽糖）［图 2－4（3）］的过程称为糖化。

（三）淀粉分解酶的组合作用

淀粉分解酶的组合作用，自然要比前述的单一酶的作用复杂得多。如前所述，在温度为 35～40℃时，由麦芽带入的少量麦芽糖将由麦芽糖酶进行分解，产生葡萄糖。在 50～55℃时，蔗糖酶同样将含量较少的蔗糖部分分解为葡萄糖和果糖。此时麦芽糖的含量也明显增加。在高于 55℃时，即进入了糊化过程，糊化与液化是具有相互关联的淀粉水解步骤，糊化是淀粉水解过程中液化、糖化的前提。通过糊化，产生了酶作用的底物，使酶的作用成为可能。此时 β－淀粉酶作用直链淀粉和支链淀粉分子链的非还原性末端，产生麦芽糖。同时 α－淀粉酶也接近于最佳作用温度，从淀粉分子的内部将其分解为糊精，醪液的黏度迅速下降并液化，为 β－淀粉酶的作用提供了底物，醪液中的麦芽糖含量会不断上升，直至温度升高到使 β－淀粉酶活力下降甚至失活为止。此后，α－淀粉酶则对残存的糊精继续分解，随着作用时间的延长，醪液中的高分子糊精逐渐向低分子糊精转化，使醪液的碘检试验合格。由此可见在淀粉分解过程中，糊化、液化、糖化是一个相互依存、相互促进的过程。通过液化作用降低醪液黏度，又促进糊化，通过液化作用产生大量低聚糖，为 β－淀粉酶作用提供大量的非还原

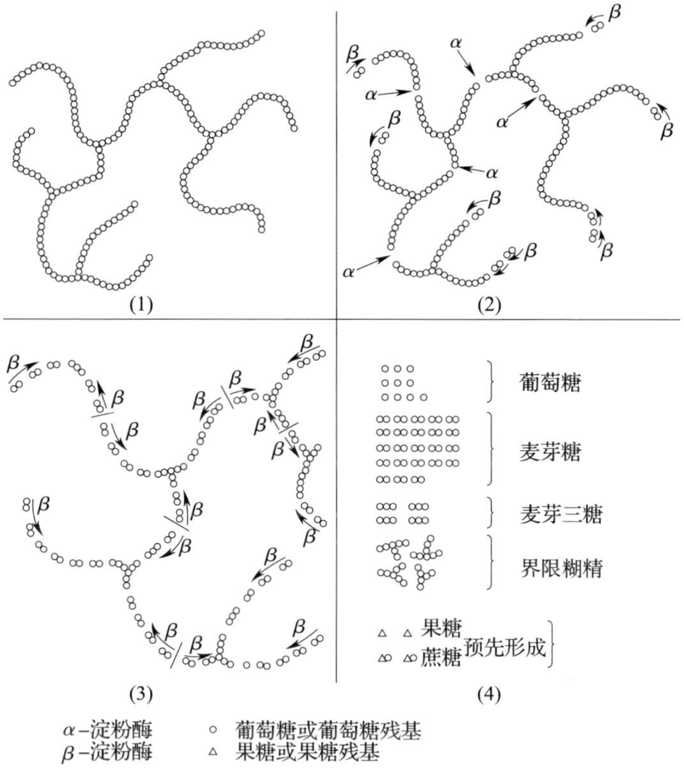

图 2－4　糖化中的淀粉分解

性末端，促进 β－淀粉酶的分解效果，这样通过 α－淀粉酶和 β－淀粉酶的共同作用，既有利于淀粉快速、彻底地水解，又有利于形成大量的麦芽糖。另外，在一定的范围内加强 α－淀粉酶的作用，例如，在 68～72℃休止做碘检，还有利于淀粉彻底水解，提高糖化收得率。

由此可见，想得到较多的可发酵性糖还是糊精，关键是选择适宜的作用温度。

(四) 淀粉分解的控制目标

制麦和糖化过程中都发生了淀粉水解，但是制麦过程中由于大麦生长，酶的活化和胚乳溶解等原因，必然会有淀粉水解；为了保证麦芽的质量，制麦损失小，制麦工艺只要求少量的淀粉水解，大量的淀粉水解主要在糖化过程中进行。

1. 确保糖化完毕的醪液碘检合格，淀粉分解完全

淀粉的分解情况可采用 0.02mol/L 碘液（碘和碘化钾的溶液）进行，称为“碘检”。碘检的原理是：由于直链、支链淀粉分子中都存在有螺旋体结构，碘与淀粉分子中有螺旋结构的大分子结合，形成所谓的复合物并呈现颜色，淀粉分子中的螺旋结构越多，则颜色越深。

室温下，碘液遇到淀粉和较大分子的糊精时呈蓝色至红色，而所有可发酵性

糖和较小分子的糊精则不会使碘液变色。这是判断淀粉是否分解完全的方法之一。

在醪液搅拌的前提下取少量的醪液，放入干净的白瓷盘上，放置一会儿冷却，加入1~2滴碘液，如果呈现碘液的本色，说明醪液碘检合格。如果醪液呈现蓝色、棕色、红色，说明醪液碘检不合格。

碘液应保存在棕色瓶子中，避光储藏。

碘检是麦汁制备过程中最重要的质量检查之一。不仅糖化完毕后的醪液必须碘检合格，而且定型麦汁也必须碘检合格，碘值小于0.25。

淀粉分解一定要达到没有与碘呈显色反应的分解产物存在，这些产物对于直链淀粉来讲，应低于9个葡萄糖残基，对于支链淀粉则为低于60个葡萄糖残基。

糖化的主要任务就是通过淀粉酶的作用，将糊化后的淀粉主要分解为麦芽糖和较小分子的糊精，使其通过"碘检"（图2-5），这也是淀粉分解的首要控制目标。

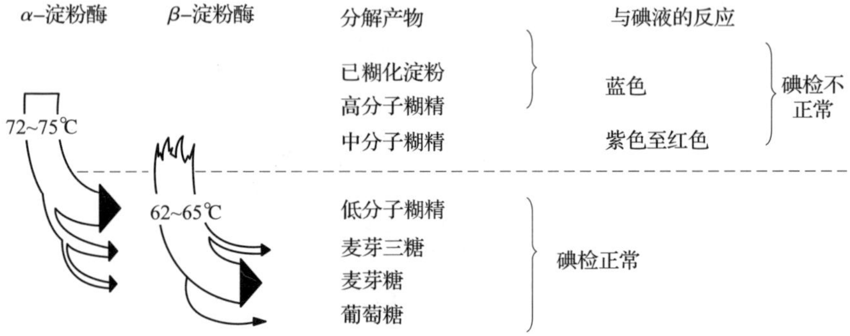

图2-5 淀粉分解至碘检合格的过程

若糖化醪液碘检不合格，则说明醪液中存在较多的高分子糊精，会导致黏度上升，影响麦汁过滤、酒液澄清、啤酒可滤性、啤酒口味、啤酒的生物稳定性及非生物稳定性。究其原因，可能是由于糖化时间太短造成的，对此，可在淀粉酶最佳作用温度或升温至70~72℃继续保温并适当开动搅拌器；若仍不合格，可能是因为选用的麦芽太差或辅料比例太高，造成糖化醪液中淀粉酶活性及含量太低，可适当添加耐高温α-淀粉酶。

若定型麦汁的碘检不合格，可在麦汁进罐时添加真菌淀粉酶并随时跟踪检查。但此麦汁生产出的啤酒必须经过巴氏杀菌，否则啤酒中还残留一定的酶活力，会影响啤酒的生物稳定性。

2. 麦汁的最终发酵度应与所生产的啤酒类型相适应

对于12%浅色全麦啤酒，其麦汁的外观最终发酵度要求大于80%，深色啤酒一般为75%~80%，淡爽型低度啤酒一般为73%~78%。

麦汁的最终发酵度反映了麦汁中的可发酵性糖含量的高低，反映了麦汁的最大可发酵性。麦汁中可发酵性糖占总浸出物的比例决定了最终发酵度。稳定的麦汁最终发酵度是保证啤酒口味、质量稳定的前提之一。另外麦汁最终发酵度（外观）不仅反映了麦汁的组成，而且是发酵过程控制的依据之一。

3. 确保定型麦汁中可发酵性糖组成合理

糖化时主要形成下列可以和不可以被啤酒酵母发酵的淀粉分解产物。

（1）单糖（葡萄糖和果糖）和蔗糖　发酵时，首先被酵母分解，属于起发酵性糖。在12%全麦定型麦汁中，起发酵性糖一般在10%～13%范围内（其中，葡萄糖8%～9%；果糖1%～2%；蔗糖2%～3%），如果麦汁中葡萄糖含量高，会抑制啤酒酵母的呼吸作用，不利于啤酒酵母繁殖，同时会形成更多的酯类物质。

（2）麦芽糖　能又快又好地被酵母发酵，属于主发酵性糖，在12%全麦定型麦汁中一般在43%～46%范围内。

（3）麦芽三糖　能被所有发酵度高的酵母发酵。只有当麦芽糖发酵完后，酵母才能分解它，即在后酵储存时分解，属于后发酵性糖。在12%全麦定型麦汁中麦芽三糖的比例一般在11%～13%范围内，如果麦芽三糖的比例过高，不利于发酵后期降糖，导致成品啤酒发酵度下降，也不利于啤酒口味稳定性。

（4）糊精　不能被酵母发酵，属于不可发酵性浸出物。如果定型麦汁中糊精比例过高，造成麦汁和啤酒的黏度过高，会影响麦汁和啤酒的可滤性、影响啤酒的口味，还会使麦汁的最终发酵度低。

酶的各种工作决定了以上各种分解产物的比例。

（五）影响淀粉分解的因素

1. 麦芽质量

在糖化过程中溶解好的麦芽，胚乳疏松，酶量丰富，易粉碎，易吸水膨胀，易彻底糊化，糖化时间短，麦汁最终发酵度高（表2－6），糖化收得率高。对于溶解差，不均匀的麦芽一般可采用加强麦芽的粉碎、延长糖化休止时间、降低投料温度、分醪煮沸等措施。

表2－6　麦芽质量、酶的数量对淀粉水解的影响

粗细粉差/%	3.5	3.1	1.4	1.0
糖化力/°WK	259	354	392	420
糖化时间/min	20	15	15	10
麦汁最终发酵度（外观）/%	73.9	76.9	81.2	82.1

2. 淀粉水解酶的含量

醪液中淀粉水解酶的活力高，有利于淀粉水解；麦芽的糖化力低，淀粉的糊化温度高，糊化效果差，淀粉酶分解速度慢，分解不彻底，麦汁的最终发酵度低。

辅料比例高，会导致醪液中淀粉水解酶的活力低，影响淀粉的水解效果，可适当添加酶制剂，或者降低辅料比例，或者与好的麦芽混合使用，确保淀粉水解效果。一般情况下，糖化时每千克混合原料中含有接近2000°WK糖化力时，则有利于淀粉水解。

分醪煮沸虽然使煮沸的醪液中淀粉水解酶失活，但可加速淀粉颗粒的糊化速度，糊化彻底，便于并醪后淀粉酶的作用，有利于淀粉水解。

3．粉碎度

在不影响麦汁过滤的前提下，原料粉碎得较细，增加了原料与水、酶的接触，有利于淀粉吸水膨胀，有利于酶的溶出、活化，有利于淀粉的彻底水解（表2－7）。

粉碎过粗，原料与水的接触面小，与酶的接触面小，淀粉吸水慢，淀粉水解不彻底，浸出率低，投料时易结团。

表2－7　粉碎物组成中麦皮的比例对淀粉水解的影响

麦皮比例/%	43	34	27	18
糖化时间/min	27	22	20	20
麦汁最终发酵度/%	81.7	81.1	82.1	82.4
碘值 ΔE	0.48	0.42	0.30	0.20
麦糟中可分解浸出物/%	0.89	0.70	0.65	0.60

4．醪液的温度

醪液的温度是现场糖化过程中最重要的控制手段，糖化过程中的淀粉水解一般在62～73℃范围内进行，选择不同的醪液休止温度淀粉水解效果不同。

（1）35～45℃　麦芽溶解差，酶的耐温性也差。此投料温度适合于溶解差的麦芽，具有以下的优点促进淀粉水解。

① 有利于酶的溶出，活化。

② 使酶逐步适应温度，有利于酶耐温性的提高。

③ 通过促进半纤维素、蛋白质分解，有利于胚乳的预溶解，从而有利于淀粉颗粒吸水膨胀，促进淀粉糊化。

（2）60～65℃　适合β－淀粉酶作用，会形成大量的可发酵性糖，麦汁最终发酵度高。若单纯在此温度休止至碘检合格，休止时间会很长；相对于70～73℃而言，淀粉颗粒糊化程度低，则可能导致淀粉水解不彻底，糖化收得率低。一般此温度段在分步糖化时采用。

（3）66～68℃　β－淀粉酶作用效果下降，α－淀粉酶活力上升，碘检合格时间短些，形成可发酵性糖的数量下降，麦汁最终发酵度下降，相对于63℃而言，淀粉颗粒糊化程度高，有利于淀粉水解彻底。一般此温度段在一段糖化时采用。

（4）70～73℃　选择70～73℃糖化休止α－淀粉酶活力高，作用速度快，碘检合格时间短；若单纯在此温度休止至碘检合格，形成可发酵性糖的数量少，麦汁最终发酵度低，适合发酵度低、乙醇含量低啤酒的生产。若生产普通啤酒，一般情况下在糖化 60 ~ 65℃ 休止完毕后，选择此温度段休止，做碘检，即分步糖化时采用。可到达：有利于淀粉糊化及彻底水解，提高糖化收得率；降低过滤时的后糊化程度，确保麦汁的碘值低；有利于糖蛋白的释放，有利于啤酒的泡沫、醇厚性等目的。

（5）76 ~ 78℃　此温度段称之为“终止糖化温度”，准备进行麦汁过滤。

尽管麦汁过滤过程要在较高温度下进行，以使麦汁黏度保持较低水平，加快过滤速度，但是同时必须考虑到温度超过 78℃以后，仍有活力的 α – 淀粉酶会不断失去活力，而过滤过程中会有残余淀粉重新被溶解（后糊化），需要残余的 α – 淀粉酶对其进行分解（后糖化），否则，碘检正常的麦汁可能又变得不正常。因此，糖化终了时醪液的温度一般控制在 76 ~ 78℃。

（6）100℃　一般情况下仅部分醪液达到 100℃，也就是采用部分醪液煮沸措施。醪液的温度高，淀粉水解酶会逐渐失活，但有利于淀粉的糊化，改善淀粉水解效果，可提高糖化收得率。分醪煮沸的次数越多，分醪煮沸的数量越多，分醪煮沸的时间越长，越有利于淀粉水解。也会带来糖化时间长，麦汁色度深，浅色啤酒的口味变差等负面影响。但对于溶解差、不均匀的麦芽必须通过加强粉碎、采用部分醪液煮沸等措施，确保淀粉水解的效果。

由此可以看出，糖化温度的影响非常大，所以糖化时必须对温度进行准确控制。可通过调整糖化休止温度，既有利于 α – 淀粉酶作用，又有利于 β – 淀粉酶作用，使淀粉水解彻底，且形成的可发酵性糖多，满足麦汁组成的要求。

5. 糖化时间

在糖化过程中，酶的作用并不均匀，一般情况下酶的活力 10 ~ 20min 后达到最大；随之时间延长，酶的活力逐渐下降；40 ~ 60min 酶的活力下降较快，然后下降变慢。

随着糖化时间的延长，浸出物的数量也在不断增加，但是增加速度会越来越慢，增加幅度会越来越小。总之，在淀粉酶的最适温度范围内，休止时间越长，淀粉分解越强烈。

不同的糖化休止温度，碘检合格所需的时间不同，因此，必须保证足够的休止时间，才能确保淀粉彻底水解。

6. 醪液的 pH

醪液的 pH 在 5.5 ~ 5.6 时，可以视为两种淀粉酶的最佳 pH 范围，与较高的醪液 pH 相比，这一 pH 可以缩短糖化时间，增加浸出物的含量，形成较多的可发酵性糖，提高了麦汁最终发酵度和糖化车间收得率（表 2 – 8）。

醪液的 pH 受麦芽的 pH、麦芽的比例、料水比，特别是酿造用水的质量和醪液酸化的影响，因此有必要检查酿造用水的质量，检查糖化休止时醪液的 pH。

表 2-8 醪液的 pH 与糖化时间、麦汁最终发酵度之间的关系

醪液的 pH	5.85	5.6	5.4	5.2
糖化时间/min	25	15	20	25
麦汁最终发酵度%	76.5	77.0	77.4	69.9

7. 醪液浓度（料水比）

在糖化过程中醪液的浓度会直接影响淀粉水解酶，以及淀粉的糊化效果。

（1）浓醪　由于其具有胶体保护效应，可以保护酶的活性，使淀粉水解酶的耐温性提高，特别是使 β - 淀粉酶的耐温性提高，防止其在较高温度下失活。如果延长糖化休止时间，会提高麦汁最终发酵度。但是，浓醪会影响淀粉糊化效果，同时醪液黏度高，酶的渗透性差，使淀粉水解的速度下降，糖化时间长。

（2）稀醪　醪液黏度低，酶的游离速度较快，渗透性强，有利于淀粉水解酶水解速度加快，有利于淀粉颗粒的吸水膨胀及糊化，有利于缩短糖化时间，在糖化时间一定时，促进淀粉彻底水解，麦汁最终发酵度高，浸出率高（表 2-9）。

表 2-9 醪液浓度对淀粉水解的影响

料水比	1:2	1:3	1:4	1:5
协定法糖化麦汁最终发酵度/%	83.7	81.5	79.9	80
64℃，30min 糖化/%	82.8	82.8	84.0	84.8
70℃糖化时间/min	30	20	12	10

在淀粉分解过程中一般选择稀醪。

8. 氧负荷

醪液吸氧严重，使蛋白质分子变大，增大的分子链还会与碳水化合物和脂类结合，影响淀粉颗粒吸水膨胀及糊化，使麦汁最终发酵度下降，碘值上升。

9. 搅拌的影响

淀粉水解时，开动搅拌器进行搅拌，使淀粉酶与碳水化合物充分接触，有利于淀粉的水解。但强烈搅拌会导致醪液吸氧严重。所以，一般采用周期性间歇搅拌。

10. 辅料糊化效果的影响

辅料糊化效果好，并醪后淀粉酶对其分解速度快、分解彻底。辅料到达糊化效果好的前提条件如下。

（1）合理的辅料比例。

（2）合理的料水比。

（3）根据辅料性质选择合适酶制剂，剂量充足。

（4）根据辅料性质和酶制剂的特性选择合理糊化工艺。

（5）由于 Ca^{2+} 对 α－淀粉酶活力有促进作用，并使 α－淀粉酶具有较高的抗热变性能力，因此，可适当添加钙盐。

（6）辅料醪 pH5.8～6.2。

二、蛋白质的分解

糖化时，尽管蛋白质转化的数量比淀粉要小，但它具有与淀粉分解相同的重要性。蛋白质对啤酒口味的醇厚性和协调性具有促进作用，它对啤酒的泡沫性能也有重要作用，它是缓冲物质和色泽物质的组成部分，它还是酵母的营养物质，但它也可引起啤酒令人不希望的浑浊。

蛋白质的分解在发芽过程中就比淀粉的分解强烈，在制麦和糖化两过程中，蛋白质溶解的比例（以永久可溶性氮计）为 1:（0.6～1.0），而对于淀粉的分解其比例为 1:（10～14）。因而，在制麦中蛋白质分解和所形成的酶，对于麦汁中蛋白质的含量和组成具有重要意义。

（一）蛋白质的化学组成及结构

1．蛋白质的化学组成

蛋白质主要由 C、N、O、H 等元素构成，蛋白质中氮元素含量平均为 16%。

2．蛋白质的结构

构成蛋白质的最小结构单元是氨基酸。

蛋白质的结构可分为基本结构和空间结构。蛋白质的基本结构是氨基酸通过肽键连接构成肽链（图 2－6），蛋白质的基本结构反映了肽链上氨基酸的连接方式——肽键以及氨基酸的连接顺序；蛋白质的空间结构决定了蛋白质的生物活性及性质。

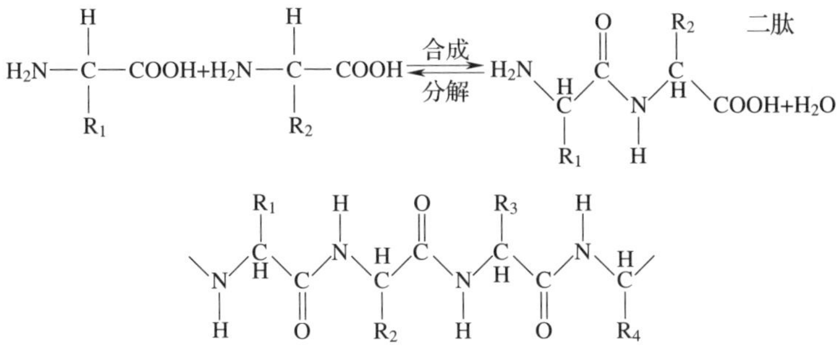

图 2－6　蛋白质的结构

（二）蛋白质的性质

1．胶体性质

蛋白质的相对分子质量在 10000 与数百万之间，因而蛋白质具有胶体的性质。它不能由薄膜渗出，它可膨胀也可收缩，作为表面活性物质，它对啤酒的泡沫有利。

2. 两性化合物

蛋白质就像构成它的氨基酸一样，也是两性物质，其在等电点（pI）时呈中性。

蛋白质等电点：当在某一 pH 下，蛋白质分子上正、负电荷数相等（净电荷数为零）时，此时的 pH 即为蛋白质的等电点，用符号 pI 表示。

如果溶液的 pH < pI 时，蛋白质带正电荷（以阳离子存在）；溶液的 pH > pI 时，蛋白质带负电荷（以阴离子存在）；溶液的 pH = pI，蛋白质带的正负电荷相等，以两性离子存在。

处在等电点的蛋白质，蛋白质分子的水合作用最小，从而使其溶解性大大降低。另外，其黏度、渗透压、膨胀性、电导率……都在最低值，所以，极易凝固、沉淀。

对于各种蛋白质来说，其等电点的 pH 也不相同。

3. 变性作用

当蛋白质受到物理或化学因素的影响后，失去由亲水基极性所结合的水，改变其分子内部结构，失去原有的活性，性质发生改变，这种现象称为“蛋白质变性作用”，变性后的蛋白质称为“变性蛋白质”。

能使蛋白质发生变性的因素有：物理方面——加热、冷冻、高压、强烈振荡、紫外线、超声波等；化学方面——强酸、强碱、浓酒精、重金属盐等。

4. 与多酚物质的作用

蛋白质与多酚物质能发生反应，形成蛋白 - 多酚复合物。

（三）大麦或麦芽中所含有的蛋白质种类

1. 按在大麦中的分布

可分为贮存蛋白、胶质蛋白、组织蛋白。

2. 按蛋白质在不同溶液中的溶解性

（1）清蛋白　它溶于水和稀盐溶液，从 52℃起即再次沉淀析出。通过电泳方法可将其一系列的组分分离，其等电点为 4.6 ~ 5.8。

（2）球蛋白　它溶于稀盐溶液，在 90℃时可凝固，通过电泳和免疫化学试验也可将其一系列的组分分离，其相对分子质量在 26000 ~ 300000，等电点为 4.9 ~ 5.7。

（3）醇溶蛋白　仅溶于 50% ~ 90% 的乙醇溶液中，它在水解时释放出许多脯氨酸和谷氨酸，也有胱氨酸和半胱氨酸，也能用电泳的方法将其组分分离。作为贮存蛋白，在制麦时，其中部分将不能分解，并且其高分子组分在糖化时也没有变化。

（4）谷蛋白　存在于细胞壁中，仅溶于酒精溶液，它也含有许多确定的组分，主要是一些疏水性蛋白质，它们对脂类有吸附作用。

3. 按氨基酸的数量

可分为氨基酸、二肽、三肽、寡肽、聚肽、多肽。

4. 按蛋白质的分解产物

可分为蛋白质、胨、胨、肽、氨基酸。

5. 按蛋白质是否与其他化合物结合

可分为单纯蛋白质、结合蛋白质。

结合蛋白质按辅基的不同可分为：磷蛋白、糖蛋白、脂蛋白、色蛋白、核蛋白质等。糖蛋白是由蛋白质以共价键与碳水化合物结合而成的，它们对啤酒的泡沫性能有利。

6. 按与水是否容易结合

可分为疏水性蛋白质、亲水性蛋白质。

（四）蛋白质分解酶

蛋白质分解酶是能分解蛋白质和多肽的肽键，形成低分子肽和氨基酸产物的一类酶的总称。按其作用方式可分为内肽酶、外肽酶。

1. 内肽酶

在未发芽的大麦中已存有一定的内肽酶活性，它是由至少5种不同的酶组合而成的。它们的最佳作用温度为50～55℃，超过60℃时酶的活力会迅速下降，失活温度80℃，最适pH5.0～5.2。内肽酶是从蛋白质的内部对肽键进行切割，形成对啤酒泡沫性能有利的高分子和中分子蛋白质分解产物，如多肽和聚肽等。这些产物同时也会对啤酒的非生物稳定性不利，容易导致啤酒出现蛋白质浑浊。

2. 外肽酶

外肽酶主要由羧肽酶、氨肽酶和二肽酶组成，它们的作用参数见表2－10。

表2－10 外肽酶的作用参数

酶	温度/℃	最佳温度/℃	失活温度/℃	pH	作用产物
羧肽酶	50～60	50	>70	5.0～5.2	低分子蛋白质分解产物，如氨基酸
氨肽酶	40～50	45	>50	7.0～7.2	
二肽酶	40～47	45	>50	7.8～8.2	

羧肽酶：从蛋白质或多肽游离的羧基端开始，以一个分子为单位依次分解肽键，产物为氨基酸。

氨肽酶：从蛋白质或多肽游离的氨基端开始，以一个分子为单位依次分解肽键，产物为氨基酸。

二肽酶：专门分解两个氨基酸形成的二肽中的肽键，产物为氨基酸。

从以上作用参数可以看出，在糖化时只有羧肽酶的最佳作用pH与醪液的

pH 相适应，所以在醪液中游离氨基酸的 80% 是由该酶产生的，二肽酶、氨肽酶由于耐温性差，最适 pH 偏高，在糖化过程中发生的蛋白质分解作用非常小。羧肽酶分解蛋白质得到的游离氨基酸在啤酒发酵时，对酵母的新陈代谢非常重要，可以作为其营养物质。

但与麦芽中的淀粉水解酶不同的是：淀粉水解酶简单，α – 淀粉酶、β – 淀粉酶是单一酶，能作用于辅料中的淀粉；蛋白质分解酶复杂，内肽酶、氨肽酶、羧肽酶由多种酶构成，专一性强，对辅料大米、玉米中的蛋白质分解效果较差。

(五) 蛋白质的分解过程及意义

在糖化下料后，首先是在制麦中已溶解的含氮物质溶于醪液中，受醪液温度的影响，蛋白质分解酶将蛋白质分解为相对分子质量较小的蛋白质分解产物，氨基酸作为分解的最终产物其数量同时也增加。原始的、未被溶解的胚乳和叶芽中的蛋白质也由酶所分解并呈溶解状态，并进一步分解为相对分子质量较小的蛋白质分解产物。但是仍然有一部分蛋白质没有发生变化而残留于麦糟中。

通过内肽酶的作用使可溶性含氮物质上升，羧肽酶主要将这些可溶性含氮物质部分分解为氨基酸。这样，蛋白质就被分解为相对分子质量不同的分解产物，如表 2 – 11 中所示。

表 2 – 11　蛋白质的分解产物及其意义

分解产物		对啤酒生产的意义
可溶性含氮物质	高分子分解产物	有利于提高啤酒的醇厚性和泡沫性能，对非生物稳定性不利
	中分子分解产物	使啤酒口味鲜美，是二氧化碳的载体
	低分子分解产物	酵母的营养物质，以保证正常的发酵

(六) 蛋白质分解的控制目标

1. 定型麦汁的总可溶性氮（简称总氮）的含量应符合所生产的啤酒类型的质量要求

就生产某一啤酒品种而言，要求麦汁的总氮相对稳定，这是保证啤酒口味、质量稳定的前提，如果总氮发生波动，则会影响麦汁中高中低含氮物质的绝对数量，啤酒质量也随之发生波动。对于生产全麦啤酒，往往出现总氮偏高的情况，生产的控制目标之一是保证啤酒非生物稳定性，对此，希望 12% 浅色全麦定型麦汁的总氮含量应在 750 ~ 1150mg/L。而对于使用辅料生产的淡爽型 7% ~ 8% 啤酒，由于辅料中含氮物质较少，往往出现总氮偏低的情况，生产控制目标之一是保证酵母的营养充足，使啤酒口味、泡沫在生产过程中受到的影响小。对此，希望采用部分辅料生产浅色啤酒的定型麦汁的总氮含量应在：口味醇厚的啤酒为 700 ~ 800mg/L；口味淡爽的啤酒为 600 ~ 700mg/L。

2. 保证麦汁 FAN 含量，要有利于啤酒酵母繁殖、发酵、啤酒口味

蛋白质分解的目的之一是提供一定数量的游离氨基态氮（FAN），以保证迅

速地发酵、良好的酵母营养和由此而产生的正常发酵副产物。在啤酒发酵时，酵母一般会利用约 10mg/100mL 可同化氮，所以 12% 定型麦汁 FAN 含量应不低于 180mg/L（加辅料），全麦芽麦汁中一般为 220～240mg/L。如果定型麦汁中 FAN 含量过低、过高都会带来负面影响。

现在，高比例辅料糖化、低浓度麦汁生产已经成了啤酒发展的趋势，提高麦汁中 FAN 的含量几乎成了糖化时追求的主要目标。

3. 在保证麦汁总氮稳定的前提下，定型麦汁中高、中、低分子含氮物质的比例要合理

由于定型麦汁中的含氮物质可以分为高、中、低分子三种类型，并且这三种含氮物质分别会影响啤酒的泡沫性能、非生物稳定性和酵母营养问题。糖化时进行的蛋白质分解首先在确保麦汁中有足够 FAN 含量的情况下，也能满足麦汁中含有适当的有利于啤酒泡持性、醇厚性的中分子蛋白质分解产物的数量（相对分子质量在 1～6 万）；另一方面既不能使醪液中导致啤酒浑浊的相对分子质量大于 6 万的蛋白质分解产物的数量过多，影响啤酒非生物稳定性，也不能过低，导致啤酒泡沫性能下降。也就是控制适当的蛋白质分解，确保定型麦汁中高中低分子蛋白质分解产物的比例保持在 20%∶20%∶60%，只有这样才能使不同蛋白质分解产物所起的有益的酿造作用充分体现，而对酿造过程、啤酒质量、成本等方面产生的负面影响小。

由全麦芽生产的未煮沸麦汁中的含氮物质组分如表 2－12 所示。

表 2－12　由全麦芽生产的未煮沸麦汁中的含氮物质组分

<table>
<tr><td colspan="2">高分子分解产物占 20%</td><td rowspan="3">中分子分解产物占 20%</td><td colspan="3">低分子分解产物占 60%</td></tr>
<tr><td rowspan="2">可凝固性氮占 7%</td><td rowspan="2">其他高分子分解产物占 13%</td><td rowspan="2">其他低分子分解产物占 27%</td><td colspan="2">甲醛氮占 33%</td></tr>
<tr><td>FAN 占 22%</td><td>其他占 11%</td></tr>
</table>

4. 定型麦汁中可凝固性氮的含量达标

可凝固性氮是典型的高分子含氮物质，在温度较高时，容易凝固，在低温时容易析出，形成蛋白质浑浊。在糖化生产中，可以利用这一特性，使用高强度的糖化工艺（如煮出法糖化工艺），让其在糖化过程中凝固析出，通过麦汁过滤将其滤除，从而使其在定型麦汁中的含量降低，达到要求（15～20mg/L）。

（七）影响蛋白质分解的因素

在麦汁生产中由于不可能要求蛋白质彻底分解，所以在糖化时蛋白质分解，必须以麦芽的蛋白溶解度、FAN 含量、辅料比例、麦汁质量的要求为依据，确定相应的蛋白质分解工艺。

1. 麦芽质量

麦芽的蛋白质含量、蛋白质的溶解度以及麦芽中的 FAN 含量对麦汁中 FAN、总氮含量高低起主要的作用。若麦芽溶解好，也就意味着蛋白质的分解能够达到

要求，酵母的营养没有问题；同时，麦芽溶解好，麦芽中的蛋白酶活性也高；在这种情况下，在糖化时应该限制蛋白质的分解；相反，若麦芽溶解较差，蛋白质的分解程度肯定达不到要求，糖化时应该充分发挥蛋白质分解酶的作用，以加强蛋白质在糖化阶段的分解，满足酵母在营养方面的要求和保证啤酒的泡沫性能。

2. 辅料比例

由于麦芽中蛋白质分解酶的专一性强，所以辅料中的蛋白质很少分解并进入到醪液中，麦汁中的 FAN、总氮绝大部分来源于麦芽以及麦芽在糖化中分解形成的。因此，采用高比例辅料的麦汁生产，必然要求麦芽的蛋白质含量高、麦芽的蛋白质溶解好、麦芽的 FAN 含量高，否则麦汁中的 FAN 含量低、麦汁总氮低。

3. 糖化醪温度与时间

(1) 投料温度　酶的最佳作用温度、失活温度越低，耐温性越差。低温投料、缓慢升温，有利于蛋白酶的溶出和活化以及耐温性增强；另外，羧肽酶的活性是在投料后 30min 达到最大，所以从投料温度的低温升温到蛋白质休止温度时，蛋白酶已接近最高活力。因此，低温投料可促进蛋白质的分解。

(2) 休止温度及时间

① 采用 45 ~ 52℃范围的蛋白质休止温度，休止时间长（对于全麦啤酒生产而言，最长 60 ~ 70min），有利于蛋白质的分解，可提高麦汁中的 FAN 含量，使麦汁中 FAN 含量所占比例上升，高分子蛋白质分解产物所占比例下降。但过长的蛋白质休止，低分子氮增加的比例下降。

② 采用 52 ~ 55℃范围的蛋白质休止温度，休止时间稍长，也有利于蛋白质分解，麦汁总氮增加，有利于中分子氮的积累，对啤酒泡持性有益。

③ 采用 55℃以上的蛋白质休止温度，休止时间短，实际上是限制了蛋白质分解。

采用溶解不良的麦芽，必须通过低温、延长蛋白质休止时间，改善蛋白质分解。

溶解较好的麦芽，为了使高、中、低分子蛋白质分解产物比例合适，可适当进行蛋白质休止，但时间短（不超过 30min）。

溶解过度的麦芽，必须限制或放弃蛋白质休止，可选择较高的投料温度，蛋白质休止温度高，时间短，甚至放弃明显的蛋白质休止，避免蛋白质分解过度。

采用分步蛋白质休止，也有利于蛋白质的分解，可提高麦汁中的 FAN 含量。

4. 醪液 pH 和浓度

在糖化时能起分解蛋白质作用的酶主要是内肽酶、羧肽酶，其最适 pH 为 5.0 ~ 5.2，在蛋白质休止时选择相对较低的醪液 pH，有利于蛋白质分解，可提高麦汁中的 FAN 含量（表 2 - 13）。但醪液的 pH 为 5.2 时并不利于淀粉的水解。

为了既有利于蛋白质分解，又能保证糖化休止淀粉水解，可通过醪液浓度控制或分段控制醪液 pH，既有利于蛋白质分解，也有利于淀粉水解。

表 2－13　醪液 pH 对蛋白质分解的影响

糖化醪 pH	5.73	5.51	5.40	5.20
甲醛氮/（mg/100mL）	27.9	33.3	35.1	37.5
FAN/（mg/100mL）	18.7	19.6	20.8	22.0

在糖化蛋白质分解阶段一般采用浓醪（表 2－14），因为浓醪具有以下优点。

表 2－14　醪液浓度对蛋白质水解的影响

醪液浓度	1:25		1:4	
休止温度/℃	50	60	50	60
总氮/（mg/100mL）	709	652	678	647
FAN/（mg/100mL）	151	131	148	131
FAN 占总氮比例/%	21.3	20.2	21.8	20.2

（1）酸度增高，pH 下降，接近蛋白酶作用的最佳 pH。

（2）增加蛋白酶的耐温性。

（3）单位体积酶量多。

5. 氧负荷

糖化时醪液严重吸氧，会导致低分子的蛋白质分解产物之间形成二硫键，蛋白质分子变大，形成蛋白质凝胶，不利于蛋白质分解（表 2－15）。因此，糖化时蛋白质休止阶段一般不开搅拌器。

表 2－15　氧负荷对蛋白质分解的影响

项目	一般糖化设备	吸氧少的糖化容器
总氮/（mg/100mL）	102	106
FAN/（mg/100mL）	22.3	24.1

6. 添加酶制剂

糖化时如果麦芽蛋白质溶解差，FAN 含量低，可添加复合酶和蛋白质分解酶，如中性蛋白酶、木瓜蛋白酶、菠萝蛋白酶等。

三、半纤维素和麦胶物质的分解

（一）半纤维素的组成与结构

大麦半纤维素占大麦干物质的 10%～12%，属于碳水化合物。大麦半纤维素与蛋白质以脂键结合，因此不溶于水，溶于稀碱液。大麦半纤维素（相对分子质量200万）可分为胚乳半纤维素和谷皮半纤维素，胚乳半纤维素主要由大量的β－葡聚糖（高黏度，占80%～90%）、少量的戊聚糖（低黏度，占10%～20%）构成，是构成大麦胚乳淀粉细胞壁的主要成分。

β－葡聚糖基本结构单元为β－D－葡萄糖，是由不分支的葡萄糖基团链组成的碳水化合物，它是通过74%的β－1，4－糖苷键和26%的β－1，3－糖苷键相互连接而成的。β－键连接的结果是β－D－葡萄糖分子不像直链淀粉那样呈螺旋形而是呈长的直链形式。这些链在胚乳细胞壁中与高分子蛋白质紧密结合，溶于水后通过氢键连在一起，形成结合物，因而其外观也被称为“缨子胶束”。通过不同的影响因素，特别是伸拉作用，β－葡聚糖会形成凝胶，凝胶的形成对啤酒过滤不利，所以后续加工过程中要特别注意β－葡聚糖。

戊聚糖也称五碳糖，由戊糖、木糖和阿拉伯糖组成，戊聚糖中主要是由β－1，4－D－木糖基团组成的长链，这个长链中有几个位置连接着阿拉伯糖残基。制麦和酿造过程中，只有部分戊聚糖被分解，它对啤酒生产和质量的影响不大。

麦胶物质（相对分子质量40万）是半纤维素经过酶的分解后所形成的水溶性物质，又称为水溶性的半纤维素，具有黏度高的特点，它与半纤维素具有相似的结构。在制麦过程中，大麦胚乳细胞壁发生了很大程度的溶解，半纤维素绝大部分被分解成水溶性物质，这些水溶性物质的组成和特点会影响麦汁和啤酒的黏度，进而对麦汁和啤酒的可滤性产生影响。

（二）半纤维素物质分解的影响

制麦过程中的半纤维素分解的好坏，直接影响麦芽溶解程度，如果麦芽溶解不足、不均匀，会对啤酒酿造的整个过程、啤酒生产成本、啤酒质量构成影响。

1．对酿造过程的影响

（1）影响麦芽粉碎效果　溶解差的麦芽，胚乳较硬，与溶解好的麦芽相比，在相同的辊间距情况下，粉碎物中粗粒比例高，麦皮中附着的胚乳比较多，麦皮较细，因此必须通过适当的粉碎方法改善麦芽的粉碎效果。

（2）影响淀粉水解效果　溶解差的麦芽，胚乳较硬，会影响淀粉吸水膨胀、糊化，导致糖化时淀粉水解不彻底、糖化时间延长，麦汁最终发酵度低、碘值高。

（3）影响麦汁、啤酒过滤及酒液澄清　由于β－葡聚糖分解效果不好，导致麦汁黏度高，麦汁过滤时间延长，洗糟麦汁收得率下降，糖化收得率低，日糖化锅次下降。并间接影响麦汁质量。由于黏度高，使固性物沉降速度慢，不利于酒液澄清，降低啤酒可滤性，过滤周期缩短，耗土增加，过滤效果差。对于纯生啤酒生产而言，会直接影响膜的寿命。

总之，半纤维素物质分解不好会影响酿造过程、设备利用率、啤酒生产成本。

2. 对啤酒质量的影响

（1）对啤酒的泡持性和醇厚性有利（黏度大）。

（2）半纤维素分解不好，麦芽溶解差，糖化周期长，从而使啤酒色度上升、口味粗糙、不纯净。

（三）半纤维素分解酶

半纤维素分解酶是能够分解半纤维素一类酶的总称，这类酶不耐高温，如糖化投料温度高，大部分会失活。半纤维素酶主要有两种，即β－葡聚糖酶和戊聚糖酶。

1. β－葡聚糖酶

β－葡聚糖的分解需要一系列酶的作用，这些酶具有对β－1，4－糖苷键和β－1，3－糖苷键的相应专一性。内－β－1，4－葡聚糖酶在未发芽的大麦中即已存在，而内－β－1，3－葡聚糖酶以及非专一性的大麦内－β－葡聚糖酶则在发芽时才能形成。另外还有β－葡聚糖溶解酶，它是一种酯酶，能分解蛋白质与β－葡聚糖之间的酯键，使β－葡聚糖游离出来。

以上各种β－葡聚糖酶的作用参数见表2－16。

表2－16 β－葡聚糖酶的作用参数

名称	性质	最适pH	最适温度/℃	失活温度/℃	分解产物
内－β－1，4－葡聚糖酶	内酶	4.5～4.8	40～45	55	低分子的β－葡萄糖
大麦β－葡聚糖酶（非专一性内－β－葡聚糖酶）	内酶	4.8～5.6	43～45	55	低分子的β－葡萄糖
内－β－1，3－葡聚糖酶	内酶	4.5～5.5	60	70	低分子的β－葡萄糖
外－β－1，4－葡聚糖酶	外酶	4.5	30～37	40	低分子的β－葡萄糖
β－葡聚糖溶解酶	酯酶	6.6～7.0	62	73	高分子的β－葡萄糖

2. 戊聚糖酶

戊聚糖酶的作用参数见表2－17。

表2－17 戊聚糖酶的作用参数

酶	pH	温度/℃	失活温度/℃
内－木糖酶	5.0	45	—
外－木糖酶	5.0	45	—
阿拉伯糖酶	4.6～4.7	40～50	60

（四）半纤维素的分解过程

在制麦和糖化过程中都会发生半纤维素分解（图2－7），在制麦过程中的半纤维素分解占总的半纤维素分解量的90%。半纤维素的分解是由半纤维素分解酶来完成的。麦芽中半纤维素物质及其分解产物包括不溶性半纤维素，β－葡聚糖，中、低分子β－葡萄糖，含有一定活力的半纤维素分解酶。溶解差的麦芽含有较多的不溶性半纤维素、β－葡聚糖；中、低分子β－葡萄糖含量低，内－β－葡聚糖酶活力低，仅为溶解正常麦芽30%（表2－18）。所以麦芽粗细粉差越大，则醪液中、麦汁中β－葡聚糖含量越高。

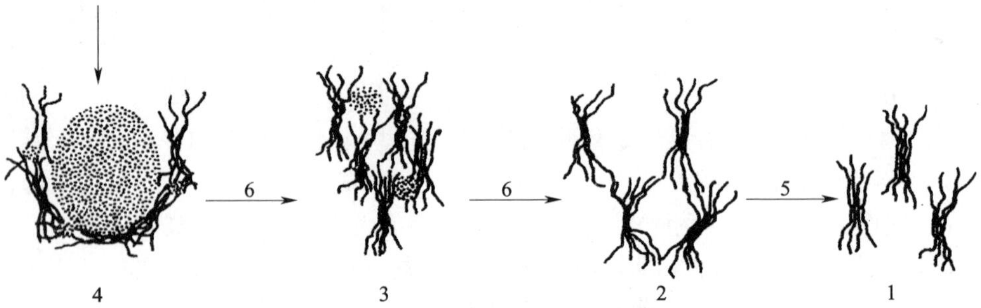

图2－7　β－葡聚糖在糖化时的分解过程

1—缨子胶束　2—相互连接的缨子胶束　3—与蛋白质结合的缨子胶束　4—未溶解部分
5—通过内切β－葡聚糖酶分解　6—通过β－葡聚糖溶解酶分解

表2－18　麦芽溶解度与β－葡聚糖数量、β－葡聚糖酶活力

粗细粉差/%	4.1	1.4	—
β－葡聚糖/（mg/100g干物质）	948	174	—
粗细粉差/%	1.1	2.0	3.8
内－β－葡聚糖酶（CP）	0.343	0.315	0.096
在50℃投料时β－葡聚糖含量	33	82	595

将粉碎的麦芽与水混合后会发生如下变化。

1．醪液黏度上升

麦芽中存在的可溶性半纤维素、麦胶物质，中低分子分解产物以及半纤维素酶溶于水中，使醪液黏度上升。

2．在35～45℃温度范围内醪液黏度下降

在35～45℃温度范围内，通过内β－1，4－葡萄糖酶和非专一性β－葡聚糖酶的作用，将溶于醪液中的高分子麦胶物质分解成β－葡聚糖糊精和低分子物质，醪液黏度下降，但不溶性半纤维素尚未溶解。

3．在45～55℃温度范围内醪液黏度下降减缓

在45～55℃温度范围内，浸出物的溶解继续进行，但伴随温度的上升，能对醪液中的高分子麦胶物质起作用的β－1，4－葡萄糖酶和非专一性内－β－葡

聚糖酶的活力明显下降，因而使β－葡聚糖的分解减缓；同时，少量不溶性β－葡聚糖开始溶出。

4．在60～70℃温度范围内，β－葡聚糖数量上升

在60～70℃温度范围内，伴随着淀粉颗粒的糊化以及β－葡聚糖溶解酶的作用，使大量的高分子β－葡聚糖从与其所结合的蛋白质中分离出来，并且β－葡聚糖溶出的速度和数量大于β－葡聚糖分解的速度，醪液黏度上升，β－葡聚糖数量上升。

溶解差的麦芽中含有不溶性半纤维素的比例高。在60～70℃释放的β－葡聚糖数量多，并且难以被分解成低分子产物，麦汁黏度高。

反之溶解良好的麦芽，其中不溶性半纤维素比例少。在60～70℃释放出的β－葡聚糖数量少，醪液麦汁黏度低。

5．在70℃以上，β－葡聚糖的比例达到最大

当温度达到70～80℃以上，结合物中的部分氢键（图2－8）断开后问题才真正出现，即在麦汁煮沸和麦汁冷却时。加热会产生性质活跃的β－葡聚糖，它们在冷却时有着不同的表现。如果没有剪切力，分子间不会重新建立氢键，形成凝胶的可能性很小；如果有剪切力，氢键便会将葡聚糖束结合起来，通过分子的延伸形成凝胶，从而提高黏度并导致过滤困难。

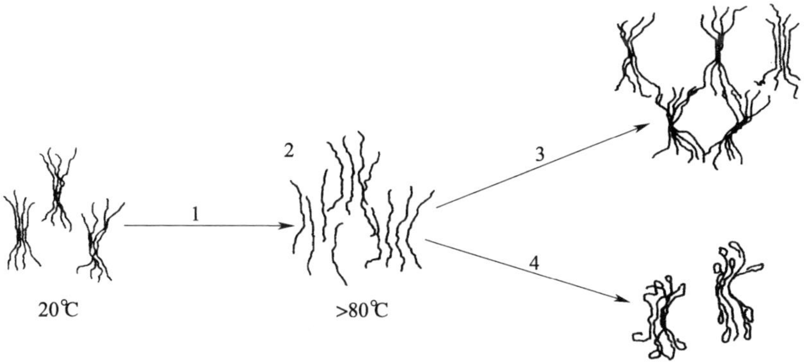

图2－8　β－葡聚糖在温度改变时结构和状态的改变

1—氢键断裂　2—加热后性质活泼的β－葡聚糖　3—有剪切力时　4—无剪切力

（五）糖化时影响半纤维素分解的因素

糖化时影响半纤维素分解的因素主要为麦芽质量。

（1）溶解好的麦芽含有较少的不溶性半纤维素以及较少高分子麦胶物质，制麦时半纤维素进行了很好的分解，即使在糖化时不加强半纤维素的分解，麦汁中的β－葡聚糖含量也很低。

（2）溶解差的麦芽含有较多的不溶性半纤维素以及较多高分子麦胶物质，同时β－葡聚糖酶活力很低。在糖化时加强半纤维素分解，也就是采用较低投料温度，虽然有利于酶的溶出、活化以及耐温性提高，在一定程度上有利于β－葡聚糖

的分解，但是糖化过程中采取这样的措施改善半纤维素分解效果有限，仅起到一定的调整作用，麦汁中的β-葡聚糖含量依然较高，也难以达到理想状态。因为，麦芽中的β-葡聚糖酶耐温性差，当不溶性半纤维素在较高温下溶出时，β-葡聚糖酶活力大大下降，无法将溶出的半纤维素分解为黏度低的半纤维素分解产物。

（六）糖化过程中加强半纤维素分解的措施

（1）采用溶解好、均匀的麦芽。

（2）与溶解好的麦芽混合，既减少原料带入不溶性半纤维素，又提高醪液中β-葡聚糖酶活力，可降低麦汁中的β-葡聚糖数量。

（3）采用37℃投料温度，有利于酶的溶出活化以及耐温性提高，一定程度上有利于β-葡聚糖的分解，对溶解较差的麦芽可以采用这样的方法改善β-葡聚糖的分解，但是糖化改善的效果是有限的，仅起互补作用，难以达到理想状态。

（4）采用煮出糖化法，如果改善半纤维素物质分解，可将分出的醪液在50℃、65℃休止，有利于不溶性β-葡聚糖释放，醪液混合后在50℃左右休止，可改善半纤维素的分解。

（5）适当添加β-葡聚糖酶，一定程度上能改善半纤维素分解，特别是添加耐温的β-葡聚糖酶改善半纤维素分解的效果更好。

（七）半纤维素分解的控制

由于上述物质的分解过程对于后面的酿造过程和啤酒的可滤性具有重要的意义，因而需要对其分解进行控制。在企业生产中，主要通过定型麦汁黏度和麦汁中β-葡聚糖的含量这两项指标来控制。

1. 定型麦汁黏度

检测定型麦汁的黏度可以反映出β-葡聚糖的含量，由此可以说明它对麦汁和啤酒过滤所造成的难度。检测黏度的方法主要是Höppler落球式黏度仪测量法，其原理是：通过测定一定大小和形状的球穿过装满麦汁的玻璃管上下线所用的时间来计算麦汁的黏度，结果以mPa·s为单位，正常值为：协定麦汁（浓度换算至8.6%）1.51～1.63mPa·s；定型麦汁（浓度换算至12%）1.7～2.0mPa·s；全啤酒（浓度换算至12%）1.78～1.95mPa·s。

2. 麦汁中β-葡聚糖的含量

如前所述，麦汁中若含有较多的β-葡聚糖，很有可能会使麦汁和啤酒的可滤性下降，尤其是在发生β-葡聚糖凝胶的情况下。为此，12%全麦麦汁中β-葡聚糖的含量应不高于250mg/L。

四、磷酸盐的变化

1. 磷酸盐酶的分解

在糖化过程中，麦芽中存在的磷酸盐酶会分解麦芽中的有机磷，形成无机磷酸盐，在糖化过程中磷酸盐酶的活性取决于醪液温度和 pH。

磷酸盐酶最适温度：50℃（45～55℃）；最适 pH：5.0（4.5～5.0）；失活温度：70℃。

糖化时磷酸盐的分解一般伴随着蛋白质分解的强度，即蛋白质分解强烈，则磷酸盐分解同样也强烈。

2. 磷酸盐分解的意义

通过麦芽中磷酸盐以及在糖化时磷酸盐的分解作用，游离出的无机磷酸盐是啤酒酵母的营养物质、能量物质 ATP 的重要组成部分，是麦芽、醪液、麦汁、啤酒中的重要缓冲物质之一，并使醪液的酸度上升，pH 下降。通过醪液的 pH 变化影响糖化时酶分解过程，从而影响麦汁质量（麦汁最终发酵度、色度、FAN 等）；影响糖化时间、麦汁过滤速度、糖化收得率、煮沸时蛋白质的凝聚效果、酒花利用率以及苦味质量。

五、脂类物质的分解

成品啤酒中脂肪酸含量过高，会影响色度，导致口味不干净，影响啤酒口味稳定性和泡持性能。

糖化时麦芽中含有的一部分脂类物质在脂肪分解酶的作用下，分解为甘油和脂肪酸。在此要特别注意容易发生反应的不饱和脂肪酸，它容易在脂氧化酶和氧的作用下转化为中间产物，今后可能作为老化物质对啤酒的口味（风味）稳定性产生不利影响。

由于麦芽粉碎物中始终含有不饱和脂肪酸，只有通过严格的隔氧措施来避免氧化。即使完全隔氧也不能避免脂氧化酶的分解作用，脂氧化酶在发芽过程中形成，主要聚集在叶芽和根芽中，其最佳 pH 为 6.0，对高温极为敏感，因此这种酶大部分在干燥时就已失活，尽管如此还是有 1/3 有活力的酶留在了麦芽中。通过粉碎存在于叶芽中的脂氧化酶被迅速激活，由于投料温度通常较低并且投料水的 pH 较高，脂氧化酶可以在较短的时间内分解不饱和脂肪酸，产生日后会形成老化物质的自氧化产物。

从粉碎开始，避免这一氧化和转化过程的方法有三种：

（1）在管道、容器中使用惰性气体（CO_2或 N_2）排出空气。

（2）采用较高的投料温度，比如 60℃或更高。

（3）降低投料时的 pH。

糖化时也有其他的饱和脂肪酸被溶解，包括淀粉中含有的 5%～7% 脂肪，麦汁过滤浑浊以及凝固物分离差会将较多的游离脂肪酸带入麦汁，可能导致过滤问题；发酵时也会形成脂肪酸，贮酒阶段酵母会使其中对泡沫不利的中链脂肪酸析出。

六、多酚物质的变化

(一) 多酚物质的性质

多酚物质是指苯环上含有多个羟基。一般来说多酚物质呈极微酸性，易溶于碱性介质中，温度越高，越有利于多酚的浸出。多酚物质是呈味物质，具有色度，能发生氧化聚合反应，具有还原性能，能与蛋白质结合形成沉淀。如果多酚物质被氧化，即具有不合理的聚合指数，就会使苦味变得粗糙并产生后苦味，同时麦汁的色度也会加深，而这种色度在发酵中也不会完全消除。

多酚物质仅占大麦干物质的0.3%～0.4%，主要存在于麦皮、胚乳、糊粉层和储藏蛋白质层中。胚乳所含的多酚少，但多酚聚合指数小，却是最合理的多酚，麦皮的多酚聚合指数最大，对啤酒色度、苦味质量、非生物稳定性不利。

(二) 多酚物质的意义

1. 多酚物质对啤酒质量的影响

多酚物质对啤酒的口味特性、泡沫和稳定性有影响。多酚物质是啤酒口味的助剂，它使啤酒的醇厚性和苦味加强。较高的多酚物质含量在糖化和麦汁煮沸中可以促进沉淀反应，因而使啤酒的稳定性较好。但如果啤酒中含有过多的多酚物质，特别是高聚合度的多酚物质，会影响啤酒的色度、苦味质量、非生物稳定性；反之，如果啤酒中含有的多酚物质过低，会导致啤酒还原能力差、口味不协调，啤酒口味稳定性大大降低。使用过多的辅料、啤酒的原麦汁浓度低，很容易使啤酒总多酚物质少，啤酒风味稳定性差。成品啤酒中的多酚物质是属于形成浑浊物的潜在物质，所以要求啤酒中的多酚物质含量适当且聚合指数低，既保证了成品啤酒对非生物稳定性的要求，又满足了啤酒口味、口味稳定性的要求。

12%全麦浅色定型麦汁要求：总多酚物质：150～180mg/L（辅料啤酒低约30%）；聚合指数：2.5～3。

2. 多酚物质对酿造过程的影响

在麦汁煮沸时多酚物质与高分子蛋白质分解产物发生反应，在低温下以冷凝固物形式析出，可降低麦汁高分子蛋白质分解产物含量，提高啤酒的非生物稳定性。冷凝固物会随着发酵液pH、温度变化而逐渐析出，会影响酒液澄清，如果析出的冷凝物数量相对较多，并且与酒液分离彻底，可提高啤酒的非生物稳定性。

(三) 氧化酶

多酚物质在糖化中的氧化是由不同氧化酶系的作用而产生的。在麦芽的干燥中已使过氧化氢酶失活，而多酚物质的过氧化物酶和多酚氧化酶仍存有部分活性，这两种酶在糖化中仍具有作用。

过氧化物酶在低温投料时产生，在50～65℃时具有强烈的作用，在70～

75℃时则失活；多酚氧化酶在整个糖化过程中保持其活性稳定，它需要在高温条件下（如85℃）才能被破坏。

（四）在制麦和酿造时多酚物质的变化

在发芽过程中，麦芽溶解得越好，则多酚物质游离得就越多。原大麦的蛋白质含量对此也有一定的影响，低蛋白质含量的大麦比高蛋白质含量的大麦多酚物质含量高；另外，麦芽干燥时的温度也有影响，在70～100℃的温度越高，则所生产出的麦芽的多酚物质含量就越高。

糖化时会发生麦芽的多酚浸出、氧化聚合、酶促氧化聚合、沉淀、与蛋白质结合等复杂的变化，一直伴随到麦汁过滤过程。表2－19中为其在恒温糖化下的变化情况。

表2－19 糖化温度和多酚物质含量

温度/℃	20	45	65	80
多酚物质/（mg/L）	57.2	63.3	72.6	76.5
花色苷/（mg/L）	23.8	25.8	26.6	33.3
聚合指数（P.I.）	2.40	2.47	2.73	2.30

通过表中数据可以看出，多酚物质的含量会随着温度的上升其相应浸出物的溶解也明显增加。花色苷的含量在20～45℃仅有较小的上升，这归结为氧化酶的作用。在80℃时花色苷的含量与其他糖化阶段含量的差别表示出过氧化物酶和多酚氧化酶的活性。

在糖化中，蛋白质分解和浸出物溶出的同时也使多酚物质得以游离。这些物质的增多将导致两种不同的现象：在高于50～60℃时，与高分子蛋白质共沉淀；多酚物质的酶促氧化，使其聚合指数上升，由于其还原性质的减弱从而与蛋白质结合，这种复合物在冷却时析出。

这样就在麦汁、发酵液和啤酒中，在蛋白质和多酚物质之间形成了一种蛋白质－单宁的动态平衡。因而，在溶液中不会同时含有具有鞣化力的多酚物质和敏感的蛋白质，否则就会形成沉淀；若使这两种物质中的任意一种超量或缺乏，则会使溶液稳定。

（五）除去部分多酚物质的方法

一般在糖化醪液进行蛋白质休止时或投料时添加甲醛，甲醛与多肽中的酰胺键结合，形成不溶性的类似PVPP的结构，吸附多酚物质并在麦汁过滤时留在麦糟中排除。添加的甲醛绝大部分会沉淀或蒸发掉，残留在啤酒中的数量很低，一般低于0.2mg/L。在糖化时添加甲醛且添加量为250～500mL/kg麦芽，可使麦汁中多酚物质降低20%～40%，操作简单，可达到使麦汁色度变浅、改善啤酒口味、提高啤酒非生物稳定性、降低生产成本的目的。但是甲醛不是食品添加剂，从卫生角度来说是不允许添加的，目前国际上大多数的啤酒厂一般不在糖化时使用甲醛去除多酚。

在啤酒过滤时采用 PVPP 可除去啤酒中多余的多酚物质，可提高啤酒非生物稳定性，改善口味。但此方法必须增加设备投资，且 PVPP 价格昂贵，一般生产量小的啤酒厂无法承受。

（六）减少麦芽中多酚物质浸析的途径

（1）选择腹径大、皮薄的酿造麦芽，使麦皮所占比例少。

（2）在不影响糖化、麦汁过滤、麦汁质量的前提下使用较多的辅料（大米、玉米）。

（3）麦芽粉碎时，尽量保证麦皮的完整性，或选择麦皮分离糖化法。

（4）使糖化时间、麦汁过滤时间尽可能短，减少麦皮与醪液、麦汁的接触时间（选择溶解良好均匀、酶活力高的麦芽；合理的料水比；性能好的麦汁过滤设备）。

（5）糖化用水调整 pH，控制好洗糟用水的数量、温度、pH。

（6）回收的洗糟残水用活性炭处理后再使用。

（七）减少醪液、麦汁吸氧途径

醪液、麦汁严重吸氧的后果涉及多酚、脂肪酸、蛋白质、还原能力的变化。对于多酚物质来说，低分子多酚氧化聚合为高聚合度多酚，导致花色苷减少、聚合指数上升，麦汁还原能力下降，不利于啤酒风味稳定性，伴随而来的是色度上升、苦味质量下降。单宁的减少，不利于煮沸时麦芽多酚沉淀蛋白质，加上残留的高分子多酚，不利于啤酒的非生物稳定性。为此，采取以下措施可减少醪液、麦汁吸氧。

1. 麦芽

选择焙焦强度充足的麦芽，可降低麦芽中多酚氧化酶、过氧化物酶的活力，大大降低麦芽贮藏、麦汁生产过程中的多酚物质氧化。

2. 投料

湿法粉碎时，依据液位高度迅速泵走醪液，从底部进入糖化锅；干法粉碎，配有合理的料水混合器，且下料口在液面之下，并根据液面高度、浓度确定搅拌速度或者底部进入糖化锅内。

3. 搅拌

在糖化休止时采用间歇搅拌，可减少从麦皮中浸析的多酚物质，减少吸氧，并在糖化过程中合理采用快搅、慢搅。

4. 麦汁生产设备

麦汁生产设备（糖化锅、过滤糟、煮沸锅等）采用密封式设备，同时要求输送泵的密封性能好。

5. 进醪液、麦汁的方式

醪液、麦汁底部进、出糖化设备，可减少醪液、麦汁的氧化。

6. 生产时间

在保证糖化时主要物质分解以及满足麦汁过滤、麦汁煮沸、热凝固物除去等要求的前提下，麦汁生产的周期缩短，可减少醪液、麦汁的氧化。

七、糖化过程中的其他变化

1. 微量元素——锌的游离

锌对于蛋白质的合成、酵母细胞的增殖和发酵具有重要的生理作用，因为锌是乙醇脱氢酶的重要部分，缺乏锌会导致酵母的增殖变弱，发酵迟缓以及使双乙酰和其前驱物质 α - 乙酰乳酸不能完全还原。

在 100g 干麦芽中含有 3 ~ 3. 5mg 的锌，其主要存在于麦粒的外层。在糖化中仅能使 20% 的锌溶解，随后不断减少，其最终含量为 0. 15 ~ 0. 20mg/L。如果锌的含量低于 0. 15mg/L 则会导致上述的问题。

有利于锌含量的措施有：较低的 pH；较低的投料温度；料水比为 1∶2. 5。

弥补锌含量缺乏的措施主要是：糖化时添加氯化锌，但《纯酿法》中不允许。

2. 由于醪液吸氧而产生的变化

糖化过程中，醪液的吸氧程度波动较大，这主要取决于下料技术、糖化设备形式、搅拌强度以及糖化方法等因素。

在许多啤酒厂中，对煮出法和浸出法的吸氧量进行了测定，并由此得出，在糖化下料时的吸氧量为 20 ~ 50mg/L，在后续的糖化过程中为 70 ~ 150mg/L。

糖化时，各单一阶段的吸氧情况见表 2 - 20。

表 2 - 20　糖化时各阶段的吸氧量　　单位：mg/L

糖化下料	22
分醪	16. 7
残留醪液	8. 9
合醪	22. 3
升温至 72℃	5. 6
糖化终了	10. 4

通过对醪液的鼓风试验证实：醪液吸氧会使麦汁过滤变得困难。这可以归结于凝胶蛋白或醇溶谷蛋白的增大，并由此导致的麦糟中糊粉物质的增多；糖化中的氧化作用不仅使上述的蛋白质发生变化，而且通过蛋白质增大的分子链还会与碳水化合物和脂类物质结合，从而导致淀粉分解困难。在氧化的醪液中多酚物质将减少，特别是敏感的花色苷和单宁，结果会使麦汁和啤酒的色泽加深，口味变得粗糙。

八、浸出物的组成及麦汁质量指标

1. 麦汁浸出物的组成

75% ~80% 的投料量会在糖化时溶解浸出，不溶的部分会随着麦糟被排出，糖化时形成的浸出物（图 2 -9）主要是糖类（麦芽糖、麦芽三糖、葡萄糖），包括大麦中预先形成的糖（蔗糖、果糖），这些组分被称为可发酵性浸出物。浸出物中不可发酵的部分主要是糊精、蛋白质分解产物、麦胶物质和矿物质。

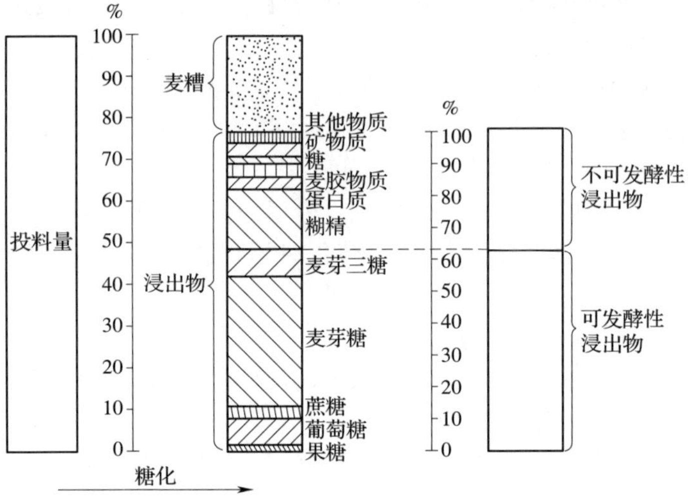

图 2 -9　浸出物的组成

2. 麦汁质量标准

12% 全麦麦汁的质量标准（针对糖化过程的要求）如下。

（1）碳水化合物

① 煮沸终了麦汁必须达到碘检合格，碘值小于 0. 25。

② 麦汁的外观最终发酵度大于 80% 。

③ 麦汁中可发酵性糖和不可发酵性糊精的比例合理（表 2 -21）。

表 2 -21　麦汁中可发酵性糖的组成和不可发酵性糊精

糖		组成
可发酵性糖	葡萄糖	8% ~9%
	果糖	1% ~2%
	蔗糖	2% ~3%
	麦芽糖	43% ~46%
	麦芽三糖	11% ~13%
不可发酵性糖	低分子糊精	7% ~10%
	高分子糊精	19% ~22%

④ 定型麦汁的黏度：1.7～2.0mPa·s。

⑤ β－葡聚糖：<250mg/L。

（2）含氮物质

① 麦汁总氮：750～1150mg/L（全麦麦汁）；600～800mg/L（带辅料的麦汁）。

② 高、中、低分子氮比例：20%，20%，60%。

③ FAN 含量：220～240mg/L（全麦麦汁）；>180mg/L（带辅料的麦汁）。

④ 可凝固性氮：15～20mg/L。

（3）多酚物质

① 总多酚物质：180～280mg/L（加辅料啤酒低约30%）。

② 聚合指数：2.5～3。

（4）钙离子含量 20～60mg/L。

（5）锌离子含量 0.15～0.20mg/L。

第二节 糖化实践

一、糖化设备

糖化需要两个容器，即糖化锅（主要用于麦芽下料，以及对醪液按照糖化工艺的要求进行升温和休止的操作）和糊化锅（主要用于对辅料进行糊化处理，以及在采用煮出法糖化工艺时对分出来的部分醪液进行煮沸处理），见图2－10。

依据麦汁生产能力大小和日糖化锅次，一般有不同设备组合形式。

（1）二器式 糖化兼过滤槽，糊化兼煮沸锅，日糖化锅次2～2.5次，设备容量范围10～30m^3。目前已淘汰，仅啤酒屋使用。

（2）四器式 糖化锅、糊化锅、过滤槽、煮沸锅，日糖化锅次6～7次（包括麦汁暂存槽、回旋沉淀槽，通常三锅三槽），生产能力大约可分为10m^3、15m^3、35m^3、65m^3、100m^3等。

（3）六器式 两个糖化锅、一个糊化锅、两个过滤槽、一个煮沸锅（图2－11），日糖化锅次10～12次。

近几年，随着麦芽质量的稳定提高，酶制剂的普遍使用，增湿湿法粉碎机、新型过滤槽的应用，特别是新型压滤机的应用，使麦汁过滤的周期缩短，从而大大提高了日糖化锅次、设备利用率，并且节约设备投资费用，同时要求糖化锅结构有利于糖化时间的缩短，适合高浓糖化的需要。

设备布置可分为立式平面布置：平面布置采用低楼层糖化楼，具有投资少、易安装的优点，被广泛使用。目前糖化楼不是以最高而著称，而是啤酒厂最漂亮的生产部门。

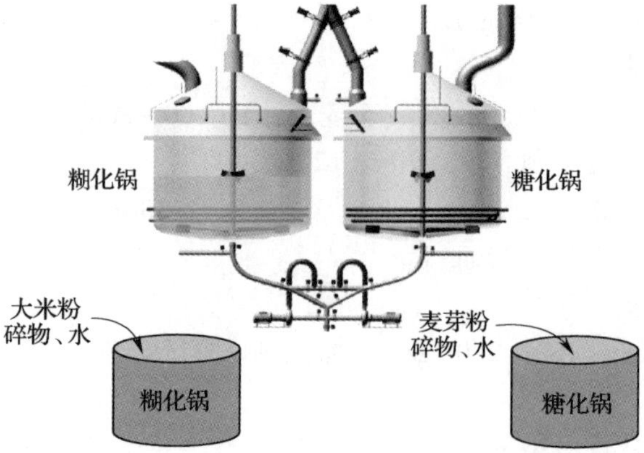

图 2－10　糖化锅及糊化锅

(1) 糖化设备组合Ⅰ

(2) 糖化设备组合Ⅱ

图 2－11　糖化设备组合

（一）糖化锅

1．糖化锅结构简介

（1）用于一定温度的醪液存放并休止一段时间，要求糖化锅能显示温度、时间，具有保温层和加热装置。

（2）能保证糖化下料、终止糖化、出醪、合醪操作，要求糖化锅具有搅拌装置、容量显示、醪液进出口、冷热水混合及计量装置，适合各种糖化工艺的应用。

现代化糖化锅特点是容量大、自动化程度高，一般有专用添加剂的管道、密封式人孔，醪液能底部出底部进，采用密封性能好且能变频的泵，从而保证醪液在整个糖化过程中吸氧少，搅拌器产生剪切力小，适合高浓糖化且日糖化锅次高等优点。

2．材质

由于醪液 pH 在酸性范围内，为了避免对材质的腐蚀作用，可选择 Cu 或不锈钢。Cu 的传热系数高，但 Cu 会大大加快醪液的氧化；大多数使用不锈钢。目前复合钢板（内衬不锈钢的钢板）具有传热效果好，耐腐蚀，对啤酒质量不构成影响等优点，渐渐被人们认识。

3. 形状

糖化锅一般为圆柱形（图 2－12），底部为浅锥形或浅圆锥形，既有利于搅拌醪液形成对流，又能保证彻底排料。

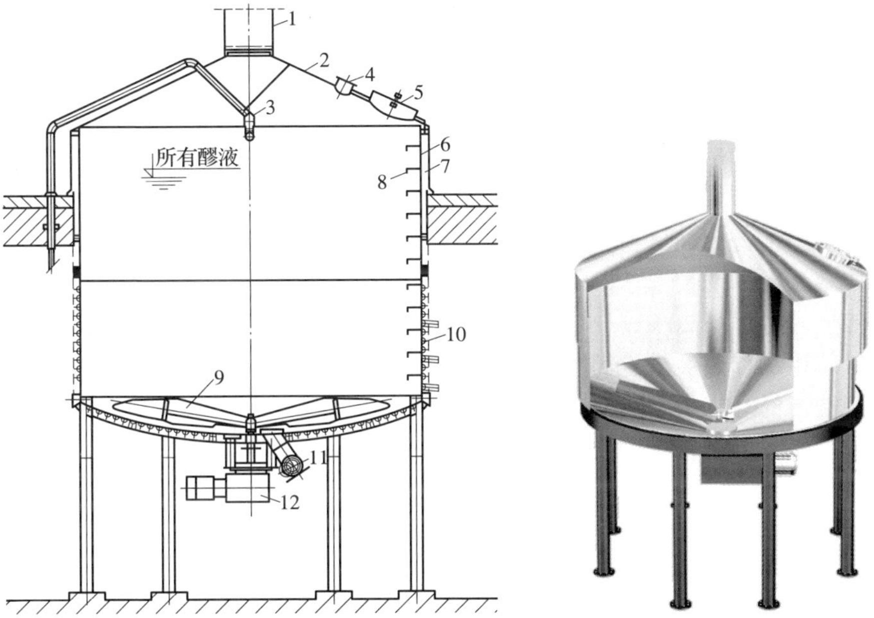

(1)糖化锅内部结构　　(2)糖化锅外形结构

图 2－12　糖化锅结构

1—排气筒　2—排气锅顶盖　3—CIP 清洗　4—内部照明灯　5—视孔
6—锅壁夹套　7—保温层　8—攀登栏　9—搅拌器
10—加热管　11—醪液进口和出口　12—驱动马达

4. 保温层

可减少热损失，避免醪液温度下降，避免操作时出现烫伤，并有利于夏天操作，因此壁面、底部都安装保温层，材质有玻璃棉、石棉、人造泡沫，其高度应直至糖化锅的锥形顶盖处；通过安装外部保护层，使保温层密封，可避免清洗水渗入；同时，外部保护层具有装饰作用，使糖化容器外观更独特。另外，在排气筒上需要安装挡板使其能够关闭。

5. 容量

一般可按 6～8hL/100kg 投料量计算。

在选择糖化锅时，其容积主要根据以下条件决定。

（1）糖化用水 400L/100kg 麦芽（以料水比 1:4 为例）。

（2）麦芽粉碎物体积 70L。

（3）搅拌产生的醪液波动空间（40%）200L。

根据以上条件，每投料 100kg，所需要匹配的糖化锅的有效容积应该为：400 + 70 + 200 = 670（L）。

6. 加热装置

糖化锅的加热通常采用蒸汽。要保证总醪液在加热时每分钟上升 1 ~ 1.5℃，并且加热效率高，在加热时能避免粘锅，避免醪液出现焦煳味，并根据工艺要求自动加热。加热形式一般分加热夹套和半圆管加热（图 2 - 13），半圆管加热可分为两个加热区间，加热效果好，灵活。加热面积不足时可内部安装加热套（糊化锅）。

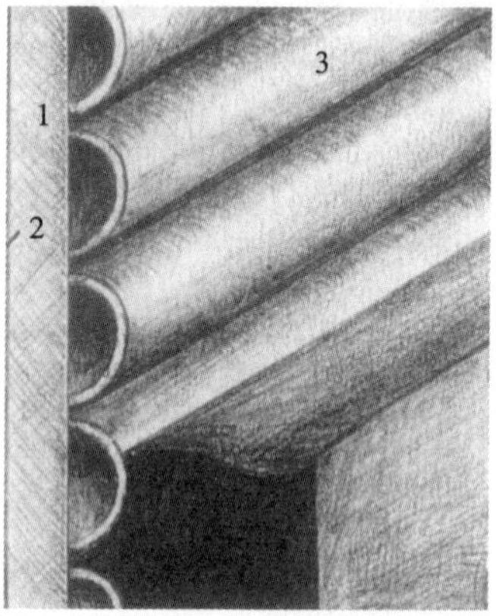

图 2 - 13　半圆管加热
1—钢底、碳钢板　2—不锈钢平板
3—用于加热的半圆管

如今，大部分糖化锅配备的是半圆管加热，可使传热效率提高 20%。

最新型的加热装置全部采用不锈钢，采用激光焊接制造的蜂窝状加热夹套（图 2 - 14），形成微循环的加热面，有利于在加热面上形成湍流，传热效果好。

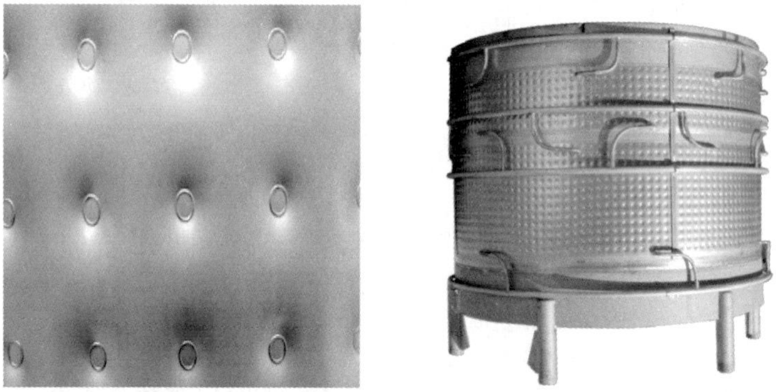

图 2 - 14　新型全不锈钢激光焊接的蜂窝状加热夹套

7. 搅拌装置

搅拌器在糖化下料、合醪等操作时具有特别重要的作用。

（1）对搅拌装置的要求

① 保证投料时麦芽粉碎物与糖化用水快速彻底地混合均匀，不结块。

② 保证酶与底物之间保持充分的接触。

③ 保证醪液在加热和合醪时，能及时地使热量分布均匀，温度很快能均匀一致。

④ 通过搅拌不允许使醪液的结构发生变化或使之乳化。

（2）搅拌器的形式

搅拌器可分为平桨、螺旋桨，但搅拌器的形式、尺寸、功率和安装部位均会对搅拌效果构成影响，目前较好搅拌器的形式见图 2 – 15。

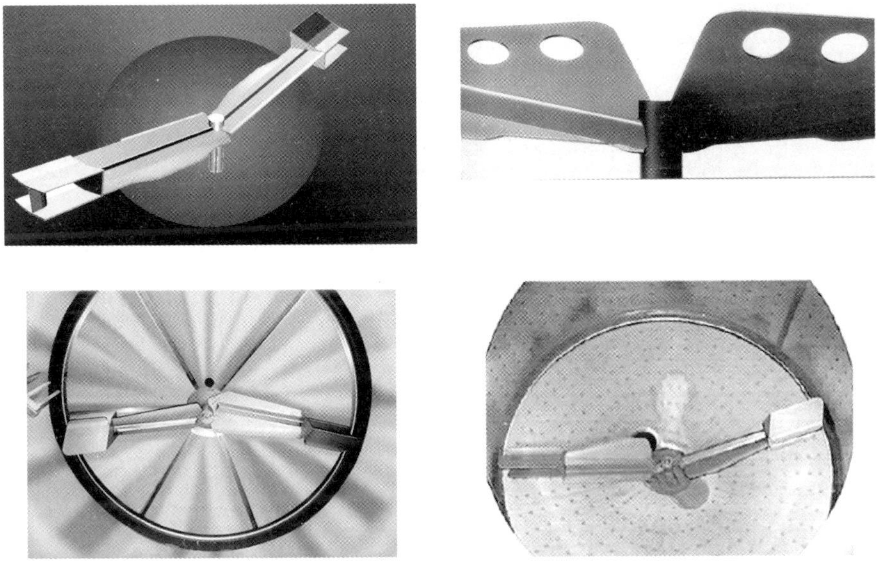

图 2 – 15　各种形式的搅拌器

为了使料水混合均匀而又不致于过多地吸氧，搅拌器转速的选择很重要。搅拌速度至少两种速度或无级调速。快搅速度 35 ~ 40r/min，慢搅速度 10 ~ 12r/min，搅拌速度取决于液面高度和工艺要求，不同时间能自动控制。一般情况下，在糖化下料和合醪时，搅拌器应选择快速搅拌；休止时应选择慢速搅拌。为了防止吸氧过多，一般采用周期性间歇搅拌。现代化的糖化设备所匹配的搅拌装置都已实现无级变速。

（3）在糖化时搅拌过于强烈的后果

① 产生过强的剪切力：剪切力会使 β – 葡聚糖分子转化为 β – 葡聚糖凝胶，使麦汁、啤酒过滤困难。

② 导致醪液吸氧严重。

8. 工艺参数测定及显示装置

糖化锅内醪液温度、容量能正确测定、显示。目前，大、中型啤酒厂主要采用电脑控制（图 2 – 16）。

图 2－16　糖化车间控制间

另外，糖化锅还需具备醪液进出口（醪液底部进底部出）、密封式的人孔、疏水器、乏汽冷凝水收集槽、冷热水混合及计量装置；干法粉碎下料，还应具备合理的料、水混合器（图 2－17）。

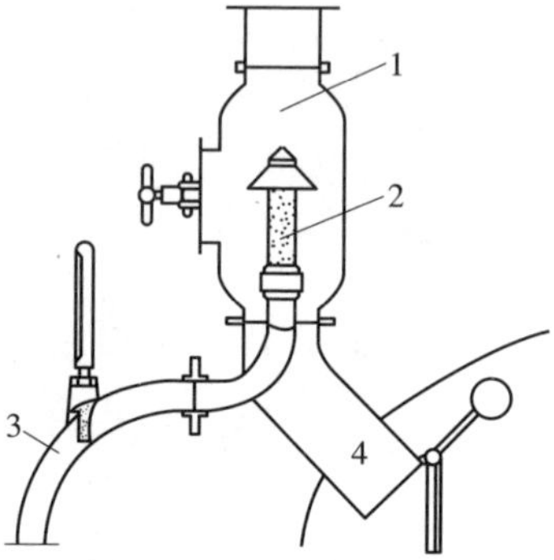

图 2－17　麦水混合器

1—麦芽粉进料口　2—糖化用水喷头
3—喷管　4—醪液

（二）糊化锅

糊化锅在结构上和糖化锅基本一样，只不过容积要小一些，一般为糖化锅容积的三分之二。另外，糊化锅具有很大的加热面积，加热能力应能使醪液的温度每分钟上升 2～3℃。

二、糖化投料（料水混合）及糖化用水

糖化投料是指尽最大可能使麦芽粉碎物（也称“料”）在预定温度下与糖化用水（也称“水”）强烈混合。料水混合一定要均匀，并且不能出现结块，料水混合后的液体称为“醪液”。

（一）投料要求

（1）避免粉尘产生、减少浸出物的损失。

（2）避免结块、混合均匀、吸氧少。

（3）投料水温度略高于投料温度，确保投料完毕时醪液温度达到工艺要求（如果采用干法、增湿粉碎，投料水的温度依据生产季节而不同，一般投料水温高于投料温度 1～3℃；如果增湿湿法粉碎，投料用水分为增湿用水、粉碎时添加用水、粉碎后冲洗用水，增湿用水的温度一般为 50～70℃，所以粉碎时添加

用水、粉碎后冲洗用水的温度要适当调整，以确保投料温度达到工艺的要求）。

（4）能控制投料水量，确保投料完毕时醪液浓度达到工艺要求。

（5）能按工艺要求的顺序正确、准确添加各种添加剂，使添加剂能均匀分布在醪液中，确保糖化过程顺利进行。

（二）糖化用水

酿造用水一般用于麦汁生产过程，在非高浓酿造时，糖化一锅麦汁时所需的酿造用水分为糖化用水、洗糟用水，在采用高浓酿造工艺时，还必须使用稀释用水，使产品达到要求的原麦汁浓度。

糖化用水是指用于糊化锅和糖化锅的水，主要在投料时加入，是糖化时原料内容物得以溶解，并进行化学－生物转化时所需的用水量。

1．生产不同类型啤酒的料水比

麦芽粉碎物与糖化用水的混合比例非常重要，它决定了头道麦汁的浓度。当然，头道麦汁的浓度要比最终啤酒应达到的原麦汁浓度高，这样就可以使用大量的水洗涤麦糟，降低麦汁的浓度；同时，也可洗出麦糟中的浸出物，提高糖化收得率。生产不同类型的啤酒时糖化用水与麦芽粉碎物的配比，即料水比也是不同的。料水比也决定了麦汁的组成和啤酒的类型。

（1）生产浅色啤酒　应选择较多的糖化用水，料水比为 400 ~ 500L/100kg 投料量，即 1:(4 ~ 5)，以加快酶促反应，洗糟水少，生产的啤酒色泽浅，口味柔和。

（2）生产深色啤酒　应选择浓醪糖化，料水比为 300 ~ 400L/100kg 投料量，即 1:(3 ~ 4)，使麦芽香味物质较多地进入醪液中，可增加啤酒的醇厚性，同时洗糟水多，加强效果。

2．糖化用水数量对麦汁生产、啤酒质量的影响

（1）对酶活力的影响　较少的糖化用水，较高的醪液浓度，较低的醪液 pH，接近蛋白质分解酶、磷酸盐酶、半纤维素酶的最适 pH，通过胶体保护作用又使低温酶如蛋白质分解酶、磷酸盐酶、半纤维素酶、β－淀粉酶的耐温性提高，如果延长休止时间，可提高麦汁最终发酵度、FAN、麦汁缓冲能力并降低麦汁黏度。所以糖化用水的多少会影响酶的活力，影响糖化时淀粉、蛋白质、半纤维素、磷酸盐分解，从而影响麦汁组成、质量。

（2）对糖化速度的影响　较多的糖化用水，较低的醪液浓度，使酶的渗透性增强，酶分解速度加快，特别使 α－淀粉酶水解速度加快，糖化时间缩短，减少糖化锅占用时间，在糖化时从麦皮中浸析的不良物质少，有利于啤酒口味、苦味质量、色度控制。所以，糖化用水的多少会影响麦汁质量、糖化时间。

（3）对头道麦汁浓度和洗糟用水数量的影响　较多的糖化用水，较低的醪液浓度，较低的头道麦汁浓度，较少的洗糟用水，在麦汁过滤时从麦皮中浸析不良口味物质少，但也会导致从麦糟中洗出的浸出物数量减少，降低糖化收得率。

所以，糖化用水的多少会影响糖化收得率、麦汁色度、麦汁质量。

在实际的糖化生产中，醪液浓度可以始终一致，当醪液浓度作为控制糖化过程的手段时，也可分段控制（全麦芽生产）。辅料处理时辅料醪一般采用相对稀的醪液，有利于淀粉吸水膨胀；投料后的麦芽醪通常是浓醪，有利于蛋白质分解。

浸出糖化法：糖化用水可以不是一次性在投料时添加，而是分次添加。在37℃投料时采用浓醪，料水比1:2.5；50℃蛋白质休止料水比1:(3.5~4)。

煮出糖化法：分出浓醪（1:2.5），可使溶解差的组分彻底糊化；残留醪的料水比1:(4~6)为稀醪。

3. 头道麦汁浓度、糖化用水量和总醪液量的计算

（1）计算公式

① 由已知糖化用水量和麦芽风干浸出率计算头道麦汁浓度。

100kg 麦芽，其风干浸出率为75%，则浸出物 $100\times A=75$kg，糖化用水量 $W=325$kg，其浸出物溶液为 $E=100\times A+W=75\text{kg}+325\text{kg}=400\text{kg}$。

400kg 的浸出物溶液中含有75kg 的浸出物，100kg 的浸出物溶液中含有的浸出物为：

$$\frac{100\times 75}{400}=18.75\text{kg}$$

即头道麦汁的浓度 $V=18.75$。将以上合并而得到下式：

$$V=\frac{100\times A}{100\times A+W}$$

式中 V——头道麦汁浓度（在实际生产中要求头道麦汁浓度尽可能保持一致，避免因头道麦汁浓度的波动，导致洗糟用水数量的变化，从而对啤酒质量、糖化收得率不利）

A——原料风干浸出率［在全麦芽麦汁生产时原料风干浸出率就是麦芽风干浸出率，即，麦芽风干浸出率＝麦芽浸出率×（1－麦芽水分）；带辅料的麦汁生产时原料风干浸出率就是混合原料风干浸出率，即混合原料风干浸出率＝麦芽风干浸出率×麦芽比例＋辅料风干浸出率×辅料比例］

W——糖化用水量

②由已知头道麦汁浓度和麦芽风干浸出率计算糖化用水量。可以将上式转化而得：

$$W=\frac{100\times A}{V}-100\times A$$

③总醪液量的计算。100kg 麦芽粉碎物可使醪液的体积增加约70L，因此，100kg 麦芽粉碎物的总醪液体积为

$$M=W+70(\text{L})$$

在实际生产中，通常采用表2－22查出在一定头道麦汁浓度下相应的糖化用水量和总醪液量。

表 2-22　头道麦汁浓度、糖化用水量和总醪液量（$A=75\%$）

头道麦汁浓度/%	糖化用水量/（L/100kg）	总醪液量/（L/100kg）
12	550	620
13	502	572
14	461	531
15	425	495
16	394	464
17	366	436
18	342	412
19	320	390
20	300	370
21	282	352
22	266	336

（2）采用辅料时糖化锅、糊化锅用水的分配　采用辅料（玉米、大米）糖化时通过上述公式计算总的用水量后，然后确定糖化锅、糊化锅用水的分配。

① 糊化锅内料水比，应尽可能大，有利于彻底糊化、液化，一般 1∶(5～6.5)，不能低于 1∶4.5。

② 糖化锅料水比，应适当小，一般为 1∶(3～4)。

③ 经煮沸后的糊化醪液倒入糖化锅，使糖化锅中麦芽醪的温度上升到工艺规定的糖化休止温度。

（3）辅料比例增加时控制混合温度的方法　随着麦芽价格的不断上涨，目前许多啤酒厂为了降低生产成本，在糖化生产过程中大大提高了辅料比例，造成合醪温度远远超过工艺规定的糖化休止温度。为此，可采取以下方法来控制混合温度。

① 糊化醪分两次倒入糖化锅。

② 糊化醪经换热器降温处理。

③ 先固定糊化锅的用水量（不小于 1∶5.0），依据总的加水量计算糖化锅加水比，其中糖化锅用水在投料时按 1∶2.5 添加，余下在合醪前添加冷水。

（三）投料温度

原则上可以在任何温度下投料，但由于酶有最佳温度的特性，投料温度也就显得重要，以保证酶能充分发挥作用。

1. 35～40℃投料（低温投料）

近来低温投料理论又被重提：麦芽粉碎物的淀粉细胞仍被蛋白质包围，而蛋白质又与胚乳细胞壁上的半纤维素和麦胶物质联结在一起。为使淀粉酶与淀粉接触，首先必须分解包围淀粉的蛋白质、半纤维素和麦胶物质，麦芽溶解越好，这些物质的分解就越多。这些物质的最佳分解温度为45～50℃，而这些酶在35℃时即开始溶出，若在35℃投料，达到最佳作用温度时底物会以溶解形式存在，尽管35℃与淀粉分解毫无关系，但低温投料却可以获得较高的最终发酵度，这就是35℃投料的原因。但如今几乎没人在这一温度下投料，因为整个糖化时间太长；能源消耗太大；担心麦胶物质和蛋白质分解过度而影响啤酒的泡沫性能。

2. 45～55℃投料

45～55℃称为蛋白质休止阶段。如果在45～50℃休止，且休止时间长，会加强蛋白质分解，麦汁总氮增加，有利于α－氨基氮的积累以及所占比例的提高；选择52～55℃范围的休止温度，休止时间稍长，也有利于蛋白质分解，麦汁总氮增加，有利于中分子氮的积累，对啤酒泡持性有益。

3. 60～64℃投料（高温投料）

如今，啤酒厂经常采用60～64℃投料，在这一温度下，β－淀粉酶可以很好地分解已迅速糊化并液化的淀粉，并通过蛋白质分解形成对泡持性有利的高分子含氮物质，但这样做的前提是麦芽溶解非常好。不利因素是高温使β－葡聚糖酶失活，导致高分子β－葡聚糖含量高，可能引起麦汁和啤酒过滤困难。

采用溶解较好的麦芽在60～64℃投料有一系列的优点，特别是在同时对麦汁进行酸化处理的时候（pH为5.2）：整个糖化时间较短，能源消耗低；减少蛋白质的分解，形成更多的高分子含氮物质，对啤酒泡沫有利；麦汁和啤酒的口味稳定性得到改善。

总之，糖化投料温度的高低，主要取决于麦芽的质量和所生产的啤酒类型的特点。一般情况下，麦芽溶解差，就选择低温投料；麦芽溶解好，就选择高温投料。

（四）糖化用水与麦芽粉碎物的混合

糖化投料时，糖化用水必须和麦芽粉碎物充分混合，绝不能结块。传统方法是先在糖化锅添加糖化用水，然后将麦芽粉碎物呈细流层状倒入锅中，在此期间必须开动搅拌器，使麦芽粉碎物与糖化用水混合均匀。但这种方法会损失麦芽粉末，同时不利于啤酒质量，因为麦芽粉碎物的倒入会使醪液吸氧，氧含量升高。

为使糖化用水与麦芽粉碎物充分混合，应在下料管中安装料水混合器。在料水混合器中，投料温度下的糖化用水以水雾形式喷出，粉碎物从上向下穿过此水雾区，两者均匀混合，没有结块。

随着投料时粉碎物、水和空气的强烈混合，氧化过程随之开始，这样一来，后期避免氧化过程的措施便被消弱了。如果人们想从一开始就避免氧化过程，可以将麦芽仓到糖化锅的整个粉碎和投料过程封闭起来并充入惰性气体隔氧。

（五）糖化下料所需要的时间

糖化下料所需要的时间根据企业的设备情况而不同。

在干法粉碎和粉碎物能够顺利混合的情况下，糖化下料的时间为 10 ~ 20min。对于采用料水混合器的糖化下料，根据其结构和混合强度，可使下料时间延长至20 ~ 30min，在此之后，为了达到理想的醪液总量，还需要再加入一定量的水，紧接着糖化过程才开始。

对于增湿湿法粉碎，其粉碎和糖化下料是合为一体的，一般需要 20 ~ 40min。

三、糖化工艺

糖化就是将醪液的温度提高到酶的最佳作用温度并进行休止，使酶充分发挥作用，从而最大限度地获得最佳浸出物。一般情况下，休止的温度如下：45 ~ 50℃，蛋白质休止；62 ~ 65℃，麦芽糖形成休止；70 ~ 75℃，糖化休止；76 ~ 78℃，终止糖化。

（一）确定糖化工艺的依据

在麦汁生产中糖化工艺是依据啤酒种类、啤酒质量要求、麦芽质量好坏、辅料比例、是否添加酶制剂、是否高浓糖化等因素来确定的。由于购买的麦芽质量经常会发生波动，所以在制定糖化工艺时必须依据投料前实际的麦芽质量情况，采取物理及化学 - 生物的手段促进原料内容物质的分解，并达到麦汁质量要求，且糖化收得率高。

（二）糖化工艺所包含的内容

（1）原辅料质量报告单、原辅料比例、投料量。

（2）糖化用水、糊化用水量。

（3）投料温度、各段休止温度、休止时间、升温速度。

（4）分醪煮沸的时刻、分醪煮沸的次数、分醪煮沸的时间。

（5）添加剂的添加量、添加时刻。

（6）头道麦汁浓度、单锅产量。

（三）糖化工艺的分类

糖化工艺分类可依据是否采用辅料分为如下几种。

（1）全麦芽糖化法　煮出糖化法、浸出糖化法。

（2）带辅料双醪糖化法　双醪煮出糖化法、双醪浸出糖化法。

（3）外加酶糖化法。

（4）高浓糖化法。

（5）麦皮分离糖化法。

（四）浸出糖化法工艺

完全没有分醪煮沸的糖化工艺称为浸出糖化法工艺。

浸出法工艺是最简单的糖化工艺，醪液始终都在糖化锅中，通过糖化锅的加热装置升温使整体醪液达到不同酶作用的休止阶段，使原辅料中的内容物质得以分解。由于整个生产过程中最高温度仅为78℃，在糖化中完全依赖酶的生物化学作用，没有利用分醪煮沸这种物理的手段加强分解，因此要求麦芽溶解好，酶活力高，粉碎好。浸出法工艺仅需要一个可以加热的糖化锅，由于醪液没有泵出，空气摄入量很少，这一点具有积极意义。

在浸出法工艺中，搅拌效果起着重要作用，搅拌器应通过无级变速来适应各工艺阶段的要求。休止时若停止搅拌，则淀粉的分解效果就会变差，浸出率也会降低，因为产生的温差不利于内容物的浸出和酶的作用。为了防止吸氧过多，一般采用周期性间歇搅拌。

加工溶解好的麦芽时，人们只需先后升温至淀粉酶的最佳作用温度，保温一段时间，碘检试验合格后便可结束糖化［图2－18（1）］，这说明溶解好的麦芽可在62℃投料，而不必担心麦汁中高分子β－葡聚糖的含量过高。投料温度高时，羧肽酶不再起作用，也不会再生成氨基酸，但较为耐热的蛋白酶会形成对泡沫有利的高分子物质。如今，只要麦芽溶解好，很多啤酒厂都能成功地利用高温投料及其糖化时间低于1.5h的优点。

对于溶解正常的麦芽而言，50℃投料［图2－18（2）］，糖化时间最多2h仍是很多啤酒厂采用的比较可靠的方法。

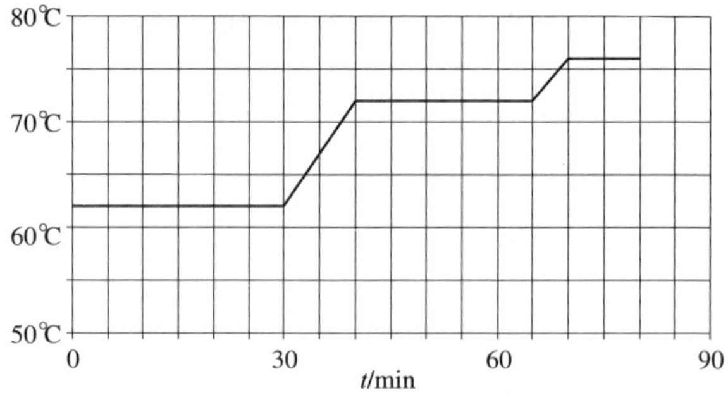

(1) 62℃投料的浸出法糖化工艺

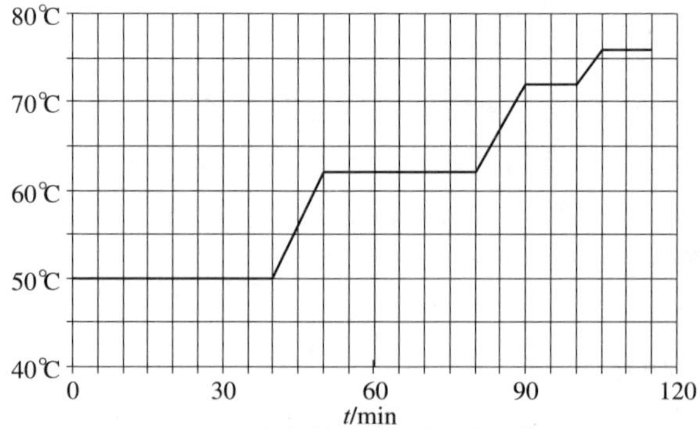

(2) 50℃投料的浸出法糖化工艺

图2－18　浸出法糖化工艺

浸出法工艺的优点主要如下。

（1）在制订糖化工艺时，可根据需要，灵活选择糖化温度、休止时间、醪液浓度、醪液的 pH。

（2）无醪液煮沸，没有蛋白质预析出，啤酒非生物稳定性差。

（3）容易进行自动化操作。

（4）与煮出法工艺相比，能源消耗较低。

（5）整个工艺一目了然。

（五）煮出糖化法工艺

至少有一次分醪煮沸的糖化方法称为煮出糖化法。在煮出法工艺中分出一部分醪液（即分醪）进行煮沸，然后把煮沸的醪液重新泵入余下的未煮沸的醪液中（即合醪），使合醪后醪液的温度达到下一个较高的、工艺规定的休止温度。

分醪煮沸具有以下影响。

（1）淀粉糊化和液化得到加强。

（2）麦皮内容物浸出强烈。

（3）类黑素形成较多，麦芽香味突出。

（4）二甲基硫（DMS）排出较多，对口味有利。

（5）糖化收得率提高。

（6）麦汁色度上升、总糖化时间延长、消耗能源多。

在煮出法工艺中，分醪煮沸使能源消耗增大，但总体只高出浸出法大约20%。分出醪液的形式及数量对糖化分解过程具有重大意义。若停止搅拌，未溶解的部分醪液就会沉于锅底，称为“浓醪”，而已溶解的醪液则在锅内上部，称为“稀醪”。由于浓醪中仍含有淀粉颗粒，通过煮沸加快淀粉颗粒的糊化速度，糊化彻底，便于合醪后淀粉酶的作用；同时，浓醪中含有的酶量少，煮沸时酶的损失少。所以，分醪时尽可能采用浓醪。为了防止分醪时醪液泵及管道堵塞，倒醪前必须开动搅拌器进行慢搅拌。合醪时，为了保护酶必须开动搅拌器快搅拌，同时应将煮沸好的醪液合入剩余醪液中，便于合醪后醪液温度快速一致，避免局部高温带来的不足，绝不能反向进行。为了避免不必要的有害空气侵入，合醪时应尽可能从底部泵入锅中。

分出去的醪液的数量（即分醪量）决定了希望达到的合醪温度，酿造工可根据经验分醪，分醪量一般为总醪液量的1/4～1/3。更改糖化工艺时，分醪量必须根据以下公式进行计算，考虑到合醪时的热损失，煮沸醪液的温度最好以90℃计。

$$V_{分} = \frac{(T_2 - T_1) \times V_{总}}{90 - T_1}$$

式中 $V_{分}$——分醪量，L

T_2——合醪温度，℃

T_1——分醪温度，℃

$V_{总}$——总醪液量，L

例如，糖化时的总糖化醪为300L，温度为63℃，将此糖化醪分出一部分打入糊化锅进行煮醪，然后将此醪液再打入糖化锅进行混醪，混合温度为72℃，则分出的醪液量为：

$$V_{分} = \frac{72-63}{100-63} \times 300 = 72.97(\text{L})$$

当然，理论计算出的分醪量$V_{分}$或$V_{分}/V_{总}$的值小于实际生产的值。具体应用时，应根据实践经验将计算值进行适当扩大。

分醪煮沸的时间主要和所生产的啤酒类型有关系。生产浅色啤酒的醪液，分醪煮沸时间为5～15min，生产深色啤酒的醪液则为20～30min。

根据分醪煮沸的次数，可以将煮出法工艺划分为：一次煮出法、二次煮出法、三次煮出法。

1. 一次煮出法工艺

一次煮出法工艺在原理上类似于浸出法工艺，只不过只进行一次分醪煮沸和合醪，使总醪液升温至65～75℃（图2－19）。一次煮出法工艺可以在任何一次升温前进行分醪煮沸，故该方法灵活性较大，变化很多。由于只经过一次煮沸，糖化时间短，麦汁色泽浅，适合浅色啤酒生产。

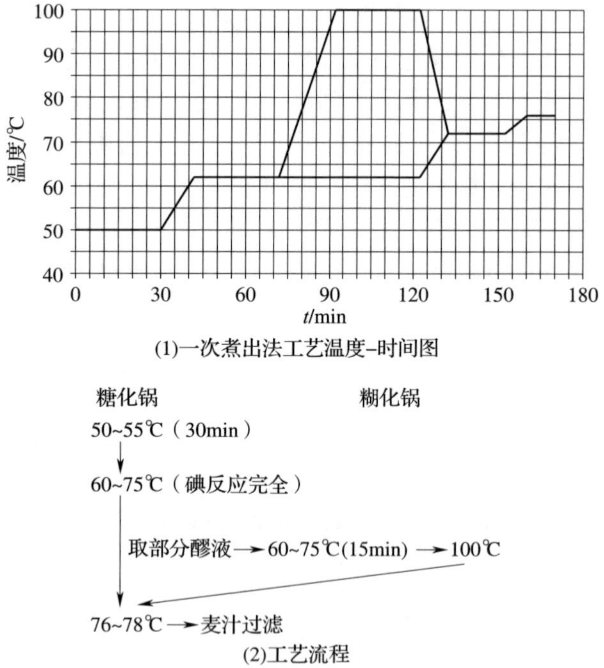

图2－19　一次煮出糖化法工艺

由一次煮出法工艺变化而来的特殊糖化工艺是“壶式糖化工艺”，其过程是：35℃糖化下料，然后取出约 20% 的稀醪进行休止，余下的醪液升温并煮沸 30～40min，通过添加稀醪使总醪液温度降至 65℃休止，形成麦芽糖，最后升温至糖化温度，糖化完全后结束。

2. 二次煮出法工艺

二次煮出糖化法的灵活性比较大，适用于处理各种性质的麦芽和制造各种类型的啤酒。传统的二次煮出法工艺的投料温度为 50℃，短时间休止后即分出浓醪，升温至一定温度后短时间休止，然后升温煮沸 15～20min，煮沸结束后合醪至 64℃，进行麦芽糖休止，短时间休止后进行第二次分醪并升温煮沸，大多煮沸 10～15min，合醪后使总醪液升温至 75℃，糖化完全后终止糖化，二次煮出法工艺需要 3～3.5h（图 2－20）。

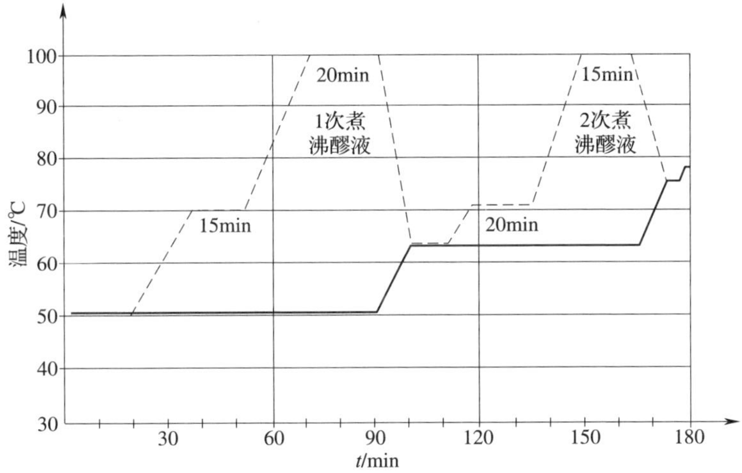

图 2－20 二次煮出糖化法工艺

高温短时糖化工艺是一种特殊的二次煮出法工艺（图 2－21），此工艺投料温度为 58～62℃，整个糖化时间仅有 2h，其名称也由此而来。尽管糖化下料温

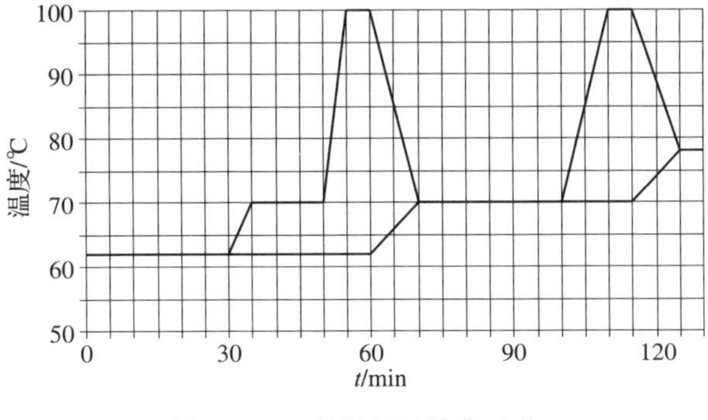

图 2－21 高温短时糖化工艺

度高于蛋白质的最佳分解温度，蛋白质的分解仍较强烈，可以获得较好的泡沫，由于没有进行β－葡聚糖分解，所以采用此工艺的前提条件就是使用溶解很好、均匀、酶活力高的麦芽，并且要求麦芽粉碎效果好。

其特点如下。

（1）糖化时间短，适合色度非常浅的啤酒生产。

（2）投料温度高，降低蛋白质分解程度，形成的高分子蛋白质分解产物的比例高。适合蛋白质溶解过度的麦芽。

（3）由于放弃磷酸盐的分解，麦汁缓冲能力下降。

由于两次煮醪时间短（5～10min），与浸出法相比，降低麦汁过滤时可能残存的酶活力，有利于啤酒醇厚性和口味；对于带辅料的糖化来说，由于投料温度高，一般很难使用这种工艺。

3．三次煮出法工艺

三次煮出法工艺中，升温通过三次分醪、煮沸和合醪完成（图2－22）。

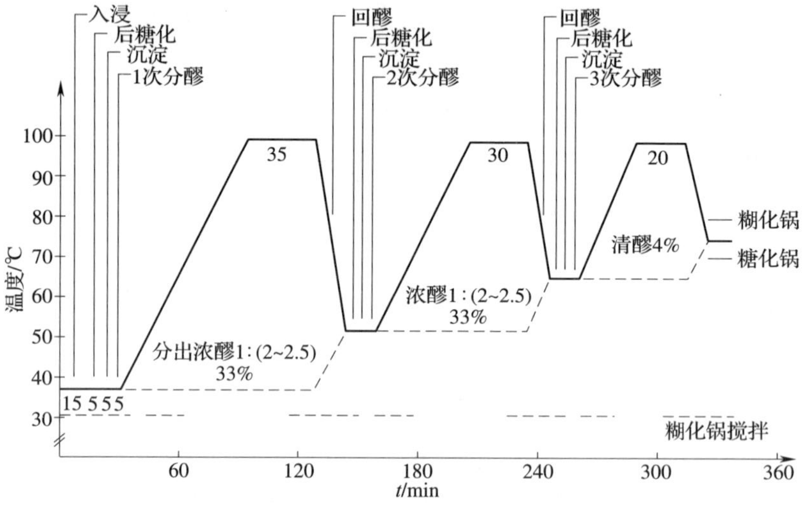

图2－22　三次煮出糖化法工艺

（1）投料温度35℃，具备低温投料所带来的优点，分醪时刻分别为35℃、50℃、65℃，有利于半纤维素、蛋白质、淀粉的分解。

（2）第一次、第二次分出浓醪，浓醪含有较多的麦皮、溶解差的大颗粒，同时酶含量低。这样通过煮沸淀粉的糊化状态大大改善，酶的损失大大减少；而糖化锅中醪液在35℃、50℃长时间的休止，则有利于半纤维素分解，可控制蛋白质的分解并达到工艺要求。

（3）为了避免各类物质分解过度，保证深色啤酒口味的醇厚、协调，所以第三次分出清醪，清醪所含的酶多、可溶性物质多，所以升温速度快，煮醪时间短。

为了保证啤酒色度、麦芽焦香味、醇厚性，三次煮出法要求料水比 1:（3～4）、啤酒原麦汁浓度 13%～14% 并添加部分深色麦芽或焦香麦芽或着色麦芽。

由于主醪液的总体糖化时间较长，以及浓醪的强烈分解，三次煮出法工艺能赋予啤酒更多的麦芽香味，但因为整个工艺持续 5～6h，能源消耗很大，所以很少使用，一般用于生产深色啤酒。

（六）特殊糖化工艺

人们将那些有独特之处的或在普通糖化工艺之前或之后使用的工艺称为特殊糖化工艺，采用特殊糖化工艺的目的是：降低最终发酵度；改善啤酒质量；提高糖化收得率。

1. 跳跃式糖化工艺

跳跃式糖化工艺（图 2－23）约在 35℃浓醪下料，然后加入 100℃的水，使醪液达到 72℃，由此跳过 β－淀粉酶的作用温度，虽然有 α－淀粉酶进行糖化，但产生的糊精很多，导致最终发酵度较低（约 40%）。

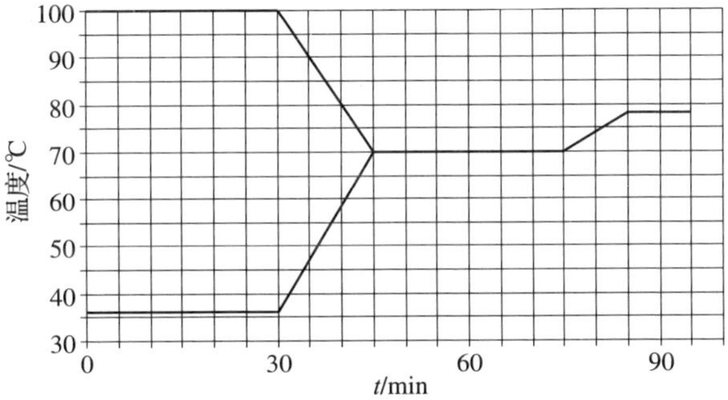

图 2－23 跳跃式糖化工艺

这种糖化工艺主要用来生产营养啤酒，并且只能使用溶解好的麦芽。

2. Kubessa 糖化工艺（麦皮分离法糖化工艺）

麦皮在麦汁生产中仅起过滤介质作用。在糖化过程中麦皮含有的大量纤维素难以分解，只会浸出大量的多酚等不良物质，影响啤酒口味、色度、苦味质量、非生物稳定性。如果在糖化结束后、麦汁过滤之前将麦皮加入到醪液中，生产出的啤酒具有色度浅、口味更纯正、苦味质量好、啤酒非生物稳定性高等优点。

根据 Kubessa 和 Merz 两人的观点，在此工艺中，将麦皮分离后的粉碎物进行投料并按照工艺进行糖化，在将醪液泵入过滤槽时，将分离出来的麦皮加入醪液中。

采用麦皮分离糖化工艺的前提是胚乳与麦皮分离彻底，麦皮上应不含胚乳或附着胚乳非常少，否则会导致浸出率下降、碘值上升、发酵度降低、啤酒可过滤性差。

这种工艺的目的是阻止麦皮内容物的浸出，因为高温或煮沸处理会使麦皮中的鞣质和苦味物质溶解出来，使浸出物的质量变差。目前，此工艺较少使用。

3. 压力糖化工艺

在一般的糖化中，淀粉不会全部被分解，因而麦糟中总会含有少量淀粉，通过200～300kPa的过压对部分醪液进行煮沸，可使浸出率提高2～3个单位。这样虽然改善了淀粉的分解，但额外溶出的浸出物质量并不好，所以人们一般注重质量，放弃使用这种方法。此外，采用这种方法必须使用可密闭的压力糖化锅，而大多数啤酒厂没有。

4. 高浓麦汁生产

（1）高浓麦汁生产的特点

① 糖化设备利用率高，可明显提高旺季啤酒产量。

② 可节省投资费用。

③ 能源消耗降低，生产成本下降。

④ 啤酒口味趋向淡爽。

（2）高浓麦汁生产的途径

① 增加投料量使醪液浓度高，要求麦芽溶解好，酶活力高，有利于糖化和麦汁过滤。

② 粉碎机能力要求大，暂存箱容量大。

③ 料水比一般不低于1∶2.7。

④ 由于醪液浓度高，糖化速度缓慢，因此，必须延长糖化时间。

⑤ 由于洗糟用水较少，洗糟残水浓度高，洗糟残水不回收，则糖化收得率低。

⑥ 由于浓度高，麦糟层高，往往麦汁过滤必须延长时间。

⑦ 煮沸时可添加糖和糖浆，糖化和麦汁过滤容易，糖化收得率较高。

（七）采用辅料的糖化工艺

辅料是指淀粉含量丰富、未发芽的谷物。由于没有经过制麦过程，辅料（大米、玉米）与麦芽相比，基本不含有各种酶，胚乳硬、价格低、所含浸出物高，基本不含有类黑素、多酚物质、无机磷酸盐、β－葡聚糖、麦芽香味物质、锌离子等，所含有的蛋白质在糖化时很少转化为可溶性蛋白质分解产物，也没有皮壳，在很多国家，辅料都比麦芽便宜很多，只要没有德国这样的《纯酿法》的限制，人们在糖化时就可以使用一定比例的辅料来代替麦芽生产麦汁。糖化时麦芽中的酶必须同时分解这些物质，只要辅料的使用量不超过15%～20%，酶便具有足够的分解能力，如果辅料使用量过多就要使用酶制剂来支持分解过程，否则分解过程就会无限延长或中止。

人们特别喜欢使用大米和玉米（或玉米淀粉）作为辅料，也可以用大麦、小麦和黍米，特别是在非洲国家。虽然糖或糖浆不是谷物，但由于可以带入浸出物而被使用。在对辅料进行处理时，主要是通过对辅料醪液进行高温煮沸以加强糊化，然后再并入糖化锅进行液化和糖化。这样一来，在投料时就会形成两个醪液，所以，采用辅料的糖化工艺统称为“双醪糖化工艺”。如果麦芽质量溶解好，酶活力高，啤酒口味趋向淡爽，辅料比例较低时，可采用双醪浸出糖化法；麦芽溶解一般，辅料比例较高，为了提高原料利用率，可采用双醪煮出糖化法。

使用辅料时，人们要特别注意酵母的营养问题和啤酒的泡沫性能。总的来说，辅料的使用会使啤酒的口味发生变化，口感更加淡薄，颜色更浅，并且这种变化会随着辅料使用量的上升而增加。

辅料比例高低对糖化过程、麦汁质量影响大，所以在确定辅料比例时应考虑麦芽质量、麦汁质量要求、辅料类型、麦汁生产成本的因素。可通过以下的估算确定辅料比例。

$$\text{麦汁中的总氮（mg/L）}=\frac{\begin{array}{c}\text{投料量（kg）}\times\text{（1－辅料比例）（1－麦芽水分）}\times\\10\times\text{麦芽可溶性氮（mg/100g）（1－麦汁煮沸析出量）}\end{array}}{\text{预计麦汁产量（L）}}\times\text{工艺参数}$$

$$\text{麦汁中}\alpha\text{－氨基氮（mg/L）}=\frac{\begin{array}{c}\text{投料量（kg）}\times\text{（1－辅料比例）（1－麦芽水分）}\\\times10\times\text{麦芽}\alpha\text{－氨基氮（mg/100g）}\end{array}}{\text{预计麦汁产量（L）}}\times\text{工艺参数}$$

依据糖化力高低确定辅料比例：要求每千克混合投料量的糖化力至少1500WK，即（1－辅料比例）×10×麦芽糖化力/100g 干物质＝1500WK。

1．辅料处理的工艺要求

（1）粉碎　粉碎物以细粒、粗粉为主，如果粗粒过多，则会产生剥皮糊化，糊化不彻底，浸出率下降，如果细粉比例过多，会导致麦汁过滤困难。

（2）醪液浓度　稀醪有利于淀粉彻底糊化，料水比一般至少 1∶5 以上，否则糊化不彻底，影响糖化。

（3）醪液 pH　考虑到添加液化型 α－淀粉酶，所以醪液 pH 为 5.8～6.2。

（4）α－淀粉酶的添加　添加 α－淀粉酶有利于对已糊化淀粉进行液化，降低醪液黏度，有利于淀粉颗粒进一步吸水、彻底糊化，又避免煮醪时出现粘锅现象。

添加麦芽时添加量一般为辅料的 15%～25%，且添加活力高的麦芽；添加耐高温 α－淀粉酶时，一般按每克原料添加 6～7 酶活力单位。

（5）Ca^{2+}浓度　应保证糊化锅中 Ca^{2+} 为 50～60mg/L，提高 α－淀粉酶的耐温性和酶的作用效果。

2．使用大米作为辅料的糖化工艺

大米是最难加工的辅料，其淀粉颗粒非常小且坚硬，在温水中只能缓慢吸水膨胀，为了使之糊化，人们必须将温度提高至 75～80℃或更高。此外，糊化时大米淀粉膨胀得更厉害，容易糊锅，因此必须借助于 α－淀粉酶对糊化醪液进行液化，以降低黏度。大米同 10%～20% 的麦芽一起投料并在 72℃ 休止 10～20min，这时几乎所有的大米淀粉颗粒都被糊化和液化，这样在接下来的煮沸中也不会出现糊锅的危险。由于麦芽中 α－淀粉酶的最适温度为 70～75℃，需要在 72℃左右休止，这种情况适合糊化温度低的辅料如粳大米，在 70～72℃时能边糊化边液化，降低醪液黏度，有利于糊化。对于处理糊化温度高的籼大米来说，在 70～72℃休止时，尽管适合 α－淀粉酶作用，但是此时淀粉并没有很好糊化，α－淀粉酶也无法起到液化作用。液化因糊化程度不好而效果差，辅料醪的黏度高，不利于大米淀粉颗粒进一步吸水，从而导致整个辅料糊化效果差。

采用大米作为辅料添加麦芽的糖化工艺（图 2－24）。

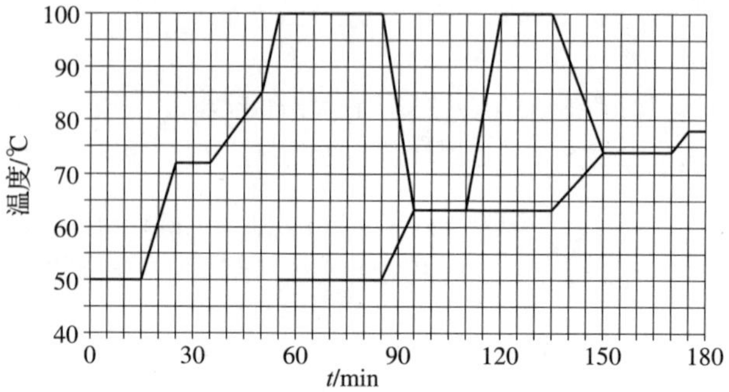

图 2－24　采用大米作为辅料添加麦芽的糖化工艺

采用大米作为辅料添加麦芽的糖化工艺见图 2－26。

（1）大米粉和 10%～20%（占总麦芽量）的麦芽粉碎物一起于 50℃下料至糊化锅，休止 10～15min，料水比为 1:（4～5）。

（2）将糊化醪液的温度缓慢升至 72～75℃并休止 10min。

（3）15～20min 内升温至 85℃，使大米淀粉糊化和液化。

（4）将醪液升温至 100℃，并煮沸 30～40min。

（5）糊化醪液开始煮沸时，麦芽在 50℃下料至糖化锅并休止。

（6）将煮沸终了的糊化醪液并醪至糖化锅，使其温度达到 63℃（形成麦芽糖）。

（7）休止 15min 后分浓醪至糊化锅，升温煮沸 15min。

（8）第二次合醪至 72℃（糖化休止）。

（9）糖化完全后，升温至 78℃，然后倒入过滤槽。

另一个非常可靠的方法就是使用耐高温 α－淀粉酶（酶制剂），它在 80℃以上也能起作用，在辅料醪 88～93℃休止（图 2－25），高于辅料的糊化温度，不仅有利于辅料的糊化，而且在耐高温 α－淀粉酶的最适温度范围内，又有利于液化作用，降低醪液的黏度，也能边糊化边液化，有利于淀粉进一步吸水膨胀、糊化，辅料糊化效果好。煮醪的温度稍低时，也能保证辅料的糊化效果。

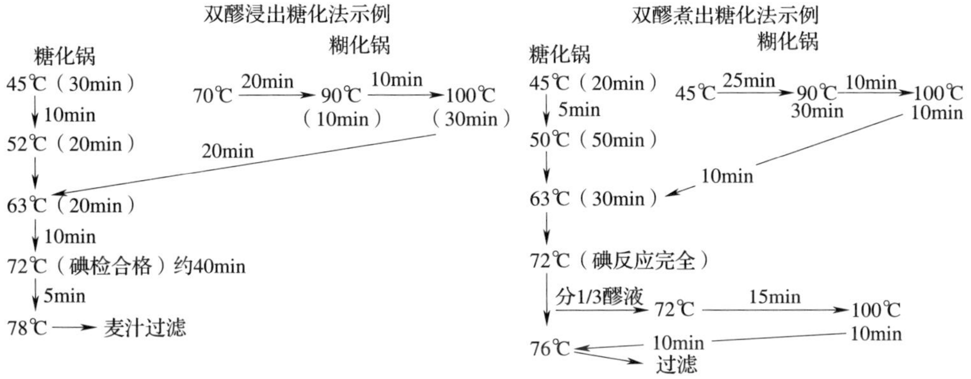

图 2－25 大米糊化处理时添加耐高温 α－淀粉酶的糖化工艺

目前广泛使用耐高温 α－淀粉酶用于辅料的糊化处理，并具有提高糖化收得率、改善麦汁组成（提高麦汁最终发酵度，降低麦汁碘值）、糖化速度加快、缩短煮醪时间、能源消耗下降等优点。与使用麦芽用于大米的糊化处理相比，从麦皮中浸出的多酚少、色度浅、苦味质量好些，而且避免了麦芽中的蛋白质分解酶、β－淀粉酶、β－葡聚糖酶在糊化处理过程中的损失，提高了麦芽中酶的利用率，由于酶制剂所占体积可以忽略不计，所以更适合高比例辅料的麦汁生产，降低了生产成本，并使辅料液化过程简化。

3. 使用玉米作为辅料的糖化工艺

玉米颗粒的胚部含油量较高（脂肪含量达到 5%），加工时必须将其除去，以避免对啤酒泡沫产生影响。啤酒厂使用的玉米形式为颗粒状、片状或玉米淀粉。

颗粒状玉米是指被粉碎得很细的玉米，通常配以一定比例的麦芽一起进行糊化处理。片状玉米是指将玉米在挤压辊中挤压，此时，润湿的颗粒穿过内部经过冷却的、光滑的挤压辊，挤压力为 50t 的同步挤压辊将玉米颗粒压成扁片，接着开始糊化并在 160℃ 的旋风干燥器中进行干燥，这样加工后的玉米片可以直接加入糖化锅中进行糖化。玉米淀粉可直接加入糖化锅，玉米糖浆则直到麦汁煮沸时才添加。

玉米的下一步处理与纯粹的麦芽醪液相同，通常采用二次煮出法糖化工艺。玉米淀粉因无水浸出率高、脂肪含量低（0.06%）、灰分 0.1%、呈粉碎状、糊化温度低，越来越受到啤酒厂的青睐。

4. 使用大麦作为辅料的糖化工艺

在不使用酶制剂的情况下，大麦作为辅料的使用量可以达到 20%，大麦的预处理方法有两种，如下。

（1）通过对辊粉碎机（辊间距为 0.2～0.4mm）或锤式粉碎机将大麦进行细粉碎，此时麦皮一起被粉碎，麦汁过滤时应注意到它的影响。

（2）或者通过一个特殊的压片机将去皮或未去皮的大麦制成麦片，但这种方法成本较高且操作繁琐，啤酒厂中很少使用。

经过处理后的大麦可以同麦芽醪液一起加工，不同的是，淀粉分解几乎没有什么困难，而蛋白质分解却必须注意，特别是β－葡聚糖可能带来的问题，实践证明，在45～50℃下进行休止是有好处的。糖化时，一般将大麦和麦芽分开投料，然后并醪进行后续的糖化休止，比如采用双醪浸出法糖化工艺。

若使用高比例的大麦，只有通过添加酶制剂才能使其溶解。除了需要使用确定的蛋白质分解酶和淀粉分解酶外，还需要使用内－β－葡聚糖酶。

随着酶制剂生产、加工技术的不断发展，使用100%的大麦进行糖化已经成为了现实。但是必须注意到，使用大麦生产啤酒所带来的麦芽香味不突出、口味质量较差等问题。

5. 使用黍米作为辅料的糖化工艺

黍米又称糯秫、糯粟、糜子米等，是最古老的一种农作物。黍米中含有丰富的蛋白质，含量高出粳米1倍，所含淀粉略低于粳米。脂肪含量高于米、麦，近似玉米，黍米中还含有粗纤维、灰分、黍素等。

很多非洲国家都酿造黍米啤酒，酿造时采用30%发芽的黍米和70%的辅料，辅料主要是黍米、玉米。糖化时需要使用特殊的糖化工艺，发芽黍米的浸出率可达79%～84%，同时也具有相应的收得率，并可达到所希望的发酵度。

6. 使用糖或糖浆作为辅料的糖化工艺

虽然糖或糖浆不属于谷物，但是它可以替代麦芽作为辅料使用。使用时，由于糖或糖浆能够直接溶于水并可被酵母利用，所以并不需要在糖化时分解，而是将其在麦汁煮沸结束前10min加入煮沸锅。

糖或糖浆的使用在很大程度上提高了浸出率，但它们却不能提供蛋白质，因此必须特别注意麦汁中游离α－氨基氮（FAN）的含量，避免导致发酵困难。由于糖或糖浆的价格普遍较高，所以人们可以使用由玉米制成的玉米糖浆来替代它们，这是一种相当于原糖的液体转化糖，其添加也在煮沸锅中进行。

7. 添加酶进行糖化

现在，随着生物技术的不断发展，酶制剂在啤酒酿造过程中的应用越来越广泛（图2－26）。在此，我们有必要对酶制剂进行一个简单的了解。

（1）酶的意义　自古以来，食品加工一直利用着酶促反应，酶有的是一开始便存在于食物中（如大麦），有的是通过微生物获取。如今，专门的酶加工企业成吨地生产着人们日常生活中不可或缺的纯酶，主要用于日化、纺织品、烘烤、淀粉和制糖业、葡萄酒和果汁生产等行业。

由于许多国家都出于生产成本的考虑使用越来越高比例的辅料进行糖化，同时在啤酒生产过程中可能会出现工艺问题，所以酶制剂被广泛使用。在一定条件下有目的地使用酶制剂可以带来一系列的好处。

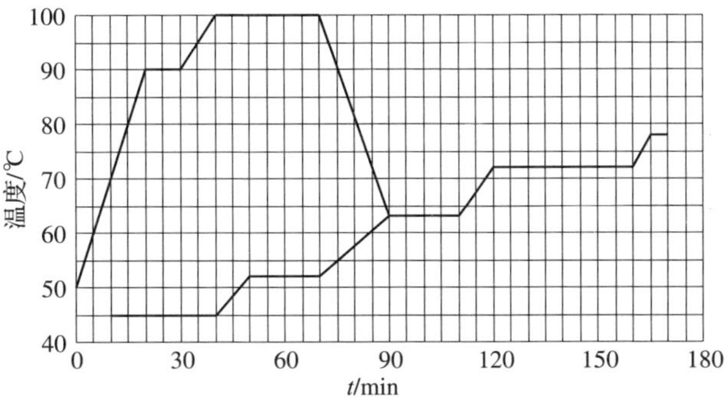

图 2-26 添加酶制剂的双醪浸出法糖化工艺

① 酶促反应迅速并容易控制。

② 淀粉酶可将淀粉完全分解，提高了糖化收得率。

③ 可以有针对性地使用蛋白酶进行蛋白质分解的控制。

④ β-葡聚糖酶可以分解 β-葡聚糖，避免出现过滤问题。

⑤ 发酵时，可使用脱羧酶降低双乙酰的含量。

（2）酶的生产　生产酶时需要对那些能够产生相应酶的微生物进行纯种培养，因为微生物的新陈代谢需要酶，这些微生物可以是霉菌或细菌。

纯种培养过程如同酵母纯种培养一样严格，形成一定的生物群后，生物组织被打碎，之后进行均质处理，在此需要使用能够保护酶免遭氧化的萃取物质。萃取时通常需要准备大量的起始物质，接着酶被增殖和清洗，同时借助组分沉淀分离或分子质量分离方法将附带的蛋白质除去，含有所需酶的组分被收集起来并进行进一步的分离处理。最后获得同微生物以及其他酶完全分离的纯酶。

（3）酶制剂的形式　通过纯种培养获得的培养物保存期不长，要达到必要的保存期还必须将其转化为酶制剂。

① 浓缩培养物：通过对清洗并浓缩过的过滤物进行进一步浓缩可获得浓缩培养物，添加稳定剂可使其拥有较长的保存期。浓缩培养物为液体，必须冷藏，通常 25℃下的保存期超过三个月，冷却可将其保存期延长至一年，但活性会有所下降。

② 干物质：由浓缩液通过喷洒、真空或冷冻干燥法制成，以粉末形式出售，使用前需用温水搅拌、活化。

③ 颗粒：酶颗粒的大小为 0.4～0.6mm，保存期长并易于储藏。

四、糖化过程的检查及控制

糖化过程对于后面的啤酒生产过程具有决定性的作用，因而对其每一步骤都必须进行经常的检查及控制。经常性地对设备的功能、控制仪表的指示进行检查，是与不断地对麦汁组成进行分析控制同样重要的。对于全自动的糖化过程，在技术上是没有界限的。但也不应该放弃对每一过程周期性的直观检查及控制。对于一个全自动化的企业来说，其所使用原料的质量必须是一致和可靠的。但这并不是总能做到的，因为作为自然产物的麦芽，在满足一定的质量规范的同时，会产生较大的波动。

（一）糖化过程的检查

1．醪液的外观

醪液的颜色从投料开始一般为白色，略带黄色，随着糖化过程的进行，糖化醪的颜色逐渐变深。如果此颜色变化缓慢，说明糖化过程不顺利。糖化效果越好，则停止搅拌后，各层次的分离就越快。用溶解良好的麦芽和正确的糖化方法，上清液如大理石一样漆黑清亮。如呈红褐色则说明麦芽质量或操作过程有问题。若麦汁表面始终有大量的泡沫则说明醪液氧化严重或醪液中高分子蛋白质分解产物多。

糖化完的醪液打到过滤槽后澄清快，过滤的麦汁澄清，说明糖化效果好。

2．糊化醪的液化效果

在糊化醪经过边糊化边液化的休止后（通常 88～93℃ 耐高温淀粉酶作用后），取样后糊化醪澄清快，有明显的上清液，碘检呈红色或粉红色，糊化醪泵醪快，说明糊化醪的液化效果好。

3．碘检及碘检合格的时间

碘检反映醪液麦汁中是否还含有较多的能与碘反应的高、中分子糊精。一般在以下环节做碘检。

（1）全麦糖化分醪煮沸的醪液在 72℃ 做碘检。

（2）带辅料的糖化辅料醪可在 88～90℃ 做碘检；总醪液一般在 66～72℃ 取样做碘检。

（3）糖化终了的醪液、头道麦汁、洗糟麦汁、满锅麦汁、煮沸终了麦汁最好也做碘检。

4．醪液 pH

糖化过程中 pH 的检查和控制非常重要，因为它关系到糖化时酶促反应的效果以及收得率的高低。

一般有必要测辅料醪、麦芽醪的 pH。辅料醪的 pH 一般在 5.8～6.2；有利于麦芽醪蛋白质分解的 pH 为 5.2；有利于总醪液淀粉水解的 pH 最好为 5.4～5.6。

在糖化过程中，比较重要的 pH 检测点是：投料结束后的 pH；糖化终止时的 pH。

（二）糖化过程的控制

1．原料配比的控制

啤酒厂应根据生产啤酒的类型、品种，消费者喜欢的啤酒的风味、特征，麦芽价格及生产成本确定原料配比，原料配比一般可分为麦芽与辅料配比和不同麦芽质量的配比。首先依据啤酒口味、泡沫确定生产啤酒时对总氮的要求，并以此作为确定不同质量麦芽的配比、麦芽辅料比例的前提条件。

（1）不同质量麦芽的配比　首先依据不同啤酒品种的质量要求和一般啤酒生产过程的要求，对麦芽质量提出要求，从而对麦芽选购或麦芽的生产过程进行控制；其次对购回的不同质量的麦芽进行分析，采取不同麦芽的品质互补，避免单独使用麦芽时对麦汁生产过程、麦汁质量产生不利影响，通过相对合理的配比，使混合后的麦芽质量稳定，在用于麦汁生产时不仅使啤酒生产过程比较顺利，而且有利于麦汁质量稳定，还可弥补啤酒在色度、泡沫、醇厚性、非生物稳定性等方面的某些质量缺陷，使啤酒质量、口味稳定。

不同质量麦芽的配比原则如下。

① 溶解好的麦芽与溶解差的麦芽混合。

② 蛋白质含量高的麦芽与蛋白质含量低的麦芽混合。

③ 蛋白质溶解度高的麦芽与蛋白质溶解度低的麦芽混合。

④ α－氨基氮高的麦芽与 α－氨基氮低的麦芽混合。

⑤ 煮沸色度高的麦芽与煮沸色度低的麦芽混合。

（2）麦芽与辅料配比　麦芽与辅料配比往往取决于啤酒质量、口味要求、麦芽质量好坏、生产成本、生产方式等因素，一般辅料的比例在30%～35%，高比例辅料麦汁生产时辅料的比例在45%～50%。麦芽与辅料配比不应导致麦汁过滤困难，糖化过程不顺利，麦汁质量下降，不应影响啤酒的质量。随着辅料比例的增加，对麦芽的质量要求高。

（3）糖化配料的程序

① 根据生产计划确定生产麦汁的定型浓度和产量。

② 对现有麦芽进行分析。

③ 依据麦芽的分析报告，进行不同麦芽的配比，使混合后的麦芽质量满足工艺和辅料比例估算的要求。

④ 依据混合后的麦芽质量指标和定型麦汁质量的要求，初步估算辅料的比例。

⑤ 依据辅料的比例和水含量，计算出混合原料的实验室收得率。

⑥ 根据啤酒厂实际上核算出的原料利用率和计算出混合原料的实验室收得率，计算出原料利用率。

⑦ 计算出混合原料量。

⑧ 依据糖化锅、糊化锅的料水比，蛋白质休止温度，糊化醪合醪温度及糖化休止温度调整辅料的比例。

2. 温度的控制

温度的控制最好使用温度检测记录仪，用它来测试在糖化锅和糊化锅中醪液的温度，并且每天用确定的标准程序对糖化锅和糊化锅中的温度变化过程进行检查校正。

对于糖化锅和糊化锅上的温度表，特别是对于其远程显示器以及温度记录仪和转换器，以所校正的标准温度表进行检查，应逐月或定期将其结果记录在案。

3．数量的控制

对于总醪液量、分醪液量以及最终麦汁产量应随时进行测定，这对于自动化的糖化室则更为重要。同样，也应对清洗过程水量的确定进行检测。

4．物质转化的控制

在糖化过程中，物质转化的控制自然是困难的。但是，对其过程的直观检查是很有效的。遗憾的是现在的自动化过程，使酿造者只能在墙后或者在高高安装的容器之后进行操作，从而与“他的”产品的距离越来越远。不过，人们可以通过在糖化锅和糊化锅上开设的视孔，对醪液进行取样，以观察其糊化和液化等的情况。

5．蛋白质分解的控制

蛋白质的分解情况可以由经验进行估计。即醪液在过滤槽中应快速沉淀，其表面应呈黑色，煮沸后的麦汁则应有大片的絮凝物形成，并且在主发酵结束时，其发酵液在5～7℃时应迅速和彻底澄清。

在常规的控制分析中，应使游离α－氨基氮（FAN）的含量为220～240mg/L（12%的全麦麦汁），这个检测指标应该每周对各种主要啤酒类型的某几个糖化锅次进行检查。除此之外，麦汁中总氮含量的检测应至少约两周或在上述出现变化时进行。残存的可凝固性氮含量也是一个必不可少的检测指标。

通过将某一确定时间下所得到的这些数值绘制成图，可以直观地表明可能发生的变化情况，从而可以对此变化进行及时的控制。

6．淀粉分解的控制

在糖化生产中，淀粉的分解通常以精确的碘反应进行检查。糖化中的各分醪液、糖化终了醪液、头道麦汁和洗糟麦汁均必须碘反应正常。

对于定型麦汁应对其碘值和最终发酵度进行检测，这两个指标对反映淀粉的分解情况具有足够的准确性和预测性。碘值不正常的定型麦汁（分析$\Delta E>0.25$）会导致啤酒澄清缓慢和不彻底（糊状浑浊）。这种糊状物并不是由未被糖化的淀粉形成，而是由一定的糊精所致，它们的溶解性由于发酵产生酒精而下降。

7．β－葡聚糖分解的控制

β－葡聚糖的分解情况可以通过简单地测定麦汁的黏度以及通过对嫩啤酒或储存中的啤酒在实验室进行过滤试验来进行控制。

β－葡聚糖分解不彻底，会使麦汁过滤和啤酒过滤困难。这些高分子物质还会和蛋白质、多酚物质结合成复合物，根据其分散度的不同，不仅会表现出较小的黏度差别，而且还会使过滤机的滤孔堵塞。

五、糖化中的添加剂

（一）酸性物质的添加

1. 添加酸的目的

对碳酸盐硬度高的水，可使用无机酸对水中的碳酸氢盐进行中和，使碳酸盐硬度转化为非碳酸盐硬度，但应注意水中的镁硬度要小于5°dH，处理后的水的碳酸盐硬度与非碳酸盐硬度之比为1:（2~3.5）才对啤酒质量有利。

大多数情况添加酸是在水经过处理后进行的，以调整醪液的pH，有利于糖化过程，有利于啤酒质量。

2. 添加酸的要求

成本低，不产生负面影响，用量准确。一般根据水质、醪液pH要求和麦汁酸度的要求，在实验室进行小试以确定添加量。可选用食用级的磷酸、乳酸、硫酸、盐酸，最好用酸麦汁。

（二）添加硫酸钙或氯化钙

1. 目的

抵消碳酸氢盐的降酸作用，对于处理后的水添加硫酸钙或氯化钙使碳酸盐硬度与非碳酸盐硬度之比为1:（2~3.5），起到增酸的作用。另外可增加醪液中Cl^-、Ca^{2+}的浓度，有利于淀粉酶的作用。

对于反渗透处理水而言添加硫酸钙或氯化钙，可增加麦汁中Ca^{2+}的浓度，有利于啤酒酵母的发酵性能。

2. 硫酸钙或氯化钙的添加量

在糊化锅中耐高温淀粉酶要求Ca^{2+}的浓度为50~60mg/L，终了麦汁中Ca^{2+}的浓度要求为50~60mg/L，醪液的pH为5.4~5.6，然后根据公式计算出硫酸钙或氯化钙的添加量。

（三）锌盐的添加

锌离子对啤酒酵母进行蛋白质的合成，酵母繁殖、代谢起重要的作用，在糖化过程中采用浓醪，醪液pH5.4~5.5，醪液在45~50℃休止30~60min，有利于锌离子的游离。由于辅料比例高，在麦汁生产中总会损失部分锌离子，有必要添加锌离子，一般情况下锌盐在接近麦汁煮沸结束时添加，以保证麦汁中锌离子浓度达到0.15~0.20mg/L。

复习思考题

1. 糖化的目的是什么？
2. 淀粉的分类及各自的特点是什么？

3. 淀粉的分解过程是什么？
4. 列表对比淀粉分解酶的区别。
5. 碘检试验的原理是什么？碘检合格的标志是什么？
6. 哪些因素会影响淀粉的分解？
7. 淀粉分解应达到什么目标？
8. 麦汁的定义是什么？
9. 浸出物由哪些物质组成？
10. 可发酵性浸出物由哪些物质组成？
11. 蛋白质具有哪些性质？
12. 蛋白质的分解产物对啤酒生产有何影响？
13. 如何控制蛋白质的分解？
14. 如何理解 β – 葡聚糖凝胶？
15. 多酚物质对啤酒质量的影响有哪些？
16. 如何避免糖化时醪液的吸氧？
17. 浸出法糖化工艺有什么特点？
18. 使用大米作为辅料时，如何对它进行处理？
19. 根据什么来确定糖化时的投料温度？
20. 糖化投料时，如何确保料水混合均匀？

第三章 麦汁过滤

知识目标

1. 掌握麦汁过滤的目的和要求。
2. 熟练掌握麦汁过滤设备的各项技术参数。
3. 理解影响麦汁过滤速度的因素。
4. 掌握影响过滤麦汁清亮度的因素。
5. 理解麦汁过滤、洗糟和成品啤酒质量的关系。
6. 掌握麦汁过滤过程的检查项目及要求。

技能目标

1. 能熟练使用糖度计对各种麦汁浓度进行准确测定。
2. 能对麦汁过滤设备的运行状况进行检查并能做到预防发生故障。
3. 能组织和处理麦汁过滤中出现的质量和设备问题。
4. 能使用麦汁过滤槽进行麦汁过滤及过程控制。

第一节　麦汁过滤的基础知识

糖化过程结束后，下一工序就是麦汁过滤。麦汁过滤主要是一物理过程，即固、液分离的过程；但在麦汁过滤过程中仍然存在少量的生物 - 化学反应过程。一般麦汁过滤的温度为 76 ~ 78℃，被认为是糖化终了温度，也不应发生强烈的酶分解，否则麦汁组成变化大。但通常还是存在以下可能的酶促反应。α - 淀粉酶：确保有效的后液化作用，至少使后液化与后糊化平衡，避免麦汁碘检不合格，碘值上升；羧肽酶：具有较低酶活性，采用浸出糖化法时残留酶活力相对要高些，尽管内肽酶基本失活，但羧肽酶还是能起一定的作用，对醇厚性、泡沫要求高的啤酒不利，适合淡爽型啤酒的生产；多酚氧化酶：直到85℃还保留活性，特别在有氧时促进多酚物质氧化，导致色度上升、苦涩味增加。

麦汁过滤在整个麦汁制备过程中虽然工艺参数较少，但所需时间较长，同时操作技术要求最高而且很多要凭经验操作，糖化工操作水平的考核，就在麦汁过滤技术上（时间短、麦汁清亮、麦汁数量多等）。若麦汁过滤控制不当，不仅会影响到麦汁的产量和质量，而且也会影响到啤酒的非生物稳定性等。

一、麦汁过滤的目的和要求

（一）麦汁过滤的目的

糖化过程结束后的醪液中含有水溶性和非水溶性物质。浸出物的水溶液称为“麦汁”，非水溶性物质称为“麦糟”。

麦汁过滤的目的是：糖化过程结束后，应在最短的时间内，将从原料中溶出的物质（浸出物）与不溶性物质（麦糟）分开，以得到澄清的麦汁。

不管采用何种麦汁过滤系统，麦汁过滤主要分为两大步骤进行。

第一步：提取头道麦汁（称为头道麦汁或第一麦汁过滤）。

第二步：利用洗糟水将麦糟中残留的浸出物洗出来（称为第二麦汁、洗糟麦汁、洗涤麦汁的过滤或简称洗糟）。

（二）麦汁过滤的要求

1．迅速、彻底地获得浸出物

糖化过程结束后，应尽快地将麦汁和麦糟分开，以免影响麦汁的质量。因为麦皮中的不良物质，浸渍时间长了，易给麦汁带来不良的苦涩味，色泽增加，同时也会使麦汁氧化。迅速、彻底地获得浸出物可以使麦汁有较高的收得率，可以缩短每批次麦汁的过滤时间，以提高日糖化次数。

要求：过滤及洗糟时间小于3h；浸出率与实验室收得率之差小于1%。

2．麦汁清亮

要求：浊度小于10EBC；麦汁中的固形物含量小于30mg/L（满锅时）。

浑浊麦汁的缺点如下。

（1）煮沸终了麦汁碘值上升或碘检不合格　浑浊麦汁可能存在一些淀粉颗粒，在麦汁煮沸过程中会发生后糊化，而此时麦汁温度很高，α-淀粉酶已经失活，无法进行分解，从而造成煮沸终了麦汁碘值上升或碘检不合格（表3-1）。

（2）增大麦汁苦味质损失　浑浊麦汁中含有较多的固形物，在麦汁煮沸过程中会吸附较多的苦味质，从而增大麦汁苦味质损失。

表 3－1 麦汁中固形物含量与碘值

固形物含量/（mg/L）	84	680
煮沸前的碘值	0. 12	0. 35
煮沸后的碘值	0. 18	0. 80

（3）回旋沉淀效果差　浑浊麦汁中含有较多的固形物，从而造成煮沸终了麦汁分离热凝固物负担加重，影响麦汁清亮度。

（4）麦汁损失大　由于麦汁浑浊，造成热凝固物分离的数量大大增加，而许多啤酒厂热凝固物都是直接排掉。若热凝固物越多，吸附的麦汁也越多，造成麦汁损失也就越大。

（5）影响啤酒酵母代谢　麦汁浑浊会造成接种麦汁含有较多的热凝固物，而这些热凝固物会附着在啤酒酵母表面，影响啤酒酵母对营养物质的吸收及代谢产物的排出，从而影响啤酒发酵。

（6）使麦汁、啤酒颜色加深，口味变差　浊度越高，带入的细小麦皮越多，从麦皮中浸出的不良物质越多，从而使麦汁、啤酒颜色加深，口味变差。

（7）影响啤酒澄清　由于麦汁浑浊使热凝固物分离不彻底，最终造成发酵液浑浊，影响啤酒澄清。

（8）影响啤酒的泡沫、口味　麦汁浑浊，伴随着浊度的上升，麦汁中某些长链脂肪酸也呈比例增加，特别是对啤酒风味稳定性影响极大的油酸含量高（图 3－1），不利于啤酒泡沫、口味纯正、风味稳定性。

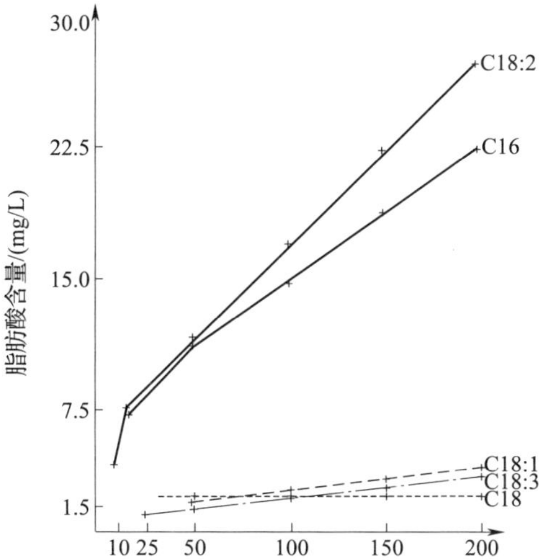

图 3－1　过滤麦汁清亮度与脂肪酸含量

3. 水与麦糟的接触时间短

麦糟中的多酚物质，会给麦汁带来不良的苦、涩味，麦皮会引起麦汁麦皮味；麦糟中的色素物质，可增加麦汁色泽；微小的蛋白质颗粒过多溶入麦汁，会影响啤酒稳定性、泡持性。洗糟时间短使麦汁的色泽浅、口味纯正。另外也可缩短每批次麦汁的过滤时间，从而提高日糖化次数。

4. 吸氧少

获得氧含量低的麦汁或在整个麦汁过滤时麦汁、醪液吸氧少或发生的酶促氧化程度低，这有利于啤酒色度低、麦汁还原能力强，从而有利于啤酒口味、苦味质量、风味稳定性。

要求吸氧小于0.05mg/L。

5. 无洗糟残水，无残留麦糟，无沉淀排入下水道

从环保的角度来说，可降低废水处理费用，保护生态环境。

二、麦汁过滤过程中浓度的测定

（一）不同类型麦汁的联系和区别

1. 头道麦汁（第一麦汁）

糖化醪液通过过滤后得到的麦汁称为“头道麦汁”。头道麦汁的浓度和数量是决定洗糟水用量的重要依据。正常情况下，生产浅色啤酒所需的头道麦汁的浓度高于终了麦汁浓度2~4度。

2. 洗糟麦汁（第二麦汁、洗涤麦汁）

通过洗糟后得到的麦汁称为“洗糟麦汁”。随着洗糟过程的进行洗糟麦汁的浓度及质量不断下降。

3. 满锅麦汁

正式开始进行煮沸的麦汁称为“满锅麦汁”。满锅麦汁浓度一般低于终了麦汁浓度1~2度。达到满锅麦汁浓度是停止洗糟、进行麦汁煮沸的依据。

4. 终了麦汁（打出麦汁、定型麦汁）

煮沸结束的麦汁称为“终了麦汁”。正常情况下，终了麦汁浓度与所生产的啤酒浓度相当。

5. 接种麦汁

经过处理以后准备添加酵母的麦汁称为“接种麦汁”。正常情况下，接种麦汁与终了麦汁浓度相当。

（二）糖度计的使用

在麦汁过滤过程中有一个非常重要的测定，即麦汁浓度（糖度）的测定。

1. 糖度计的原理

在生产现场，浓度的测定是通过糖度比重计即糖度计，又称勃力克斯比重计进行的。糖度计是一个浮球计（图3-2），是根据阿基米德定律即液体相对密度的原理而制作的，是测定液体密度的一种仪器。相对密度越小的液体，比重计下

沉就越深。糖度计的细杆上刻有质量百分比刻度尺。它的刻度称为勃力克斯刻度（Brixsale，简写 BX）即糖度。

Plato 是一种与 BX 相同的表示糖度的单位。

2. 糖度计的使用

糖度计的使用见图 3－3。

图 3－2　糖度计

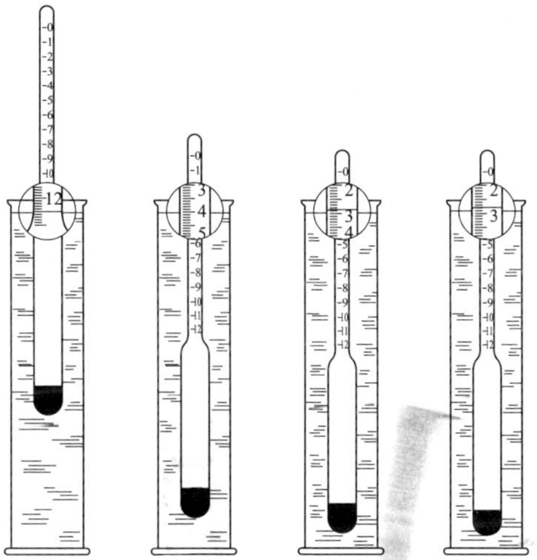

图 3－3　糖度计的使用

（1）测定前的准备工作　测定前测量容器必须清洗干净并用冷却的待测液体洗一次，以免影响读数。

取已冷却至 20℃ 左右的被测液体放入测量筒。注意，在冷却时，被测液体既不能被稀释，也不能因水分蒸发而导致浓度上升。若是含气液体，测定前应除气。

为了避免测量筒中被测液体的温度不均匀，可用一个洁净、干燥的混合棒（用被测液体冲洗一下此棒）搅拌一下。

选择合适的糖度计，如发现分度纸位置移动、玻璃裂痕、表面有污垢附着而无法去除时，该糖度计立即停止使用。

糖度计量程的选择应由小到大，直至合适量程。糖度计使用前必须清洗干净并擦干。在用糖度计进行测定前，应用被测液体对糖度计进行冲洗。

（2）测定　手不能拿在糖度计刻度部分，必须用食指和拇指轻轻拿在糖度计顶端，并注意不能横拿，应垂直拿，以防折断。

由于被测液体粘附在糖度计细杆处，会把糖度计往下粘引，所以不要把糖度计潜入过深，避免读数出错。同时也不要将糖度计猛地往被测液体中一放，以免损坏糖度计。应小心地握住糖度计的上端，慢慢地潜入大约估计刻度值处，然后稍稍旋转一下，赶走粘附在糖度计上的气泡，等 3min 稳定后才能读数；否则读数不准。

(3) 读数方法　根据糖度计上的标记有上面读数和下面读数。

上面读数：读数时以弯月面上缘为准，视线要与弯月面上缘相平。

下面读数：读数时以弯月面下线为准，视线要与弯月面下缘相平。

(4) 校正　待测液体温度与20℃不符时，其读数应予以补正。温度显示杆总是在糖度计的下半部。只要将糖度计的下部顶端潜入被测液体中，就可以显示出校正值。

校正值取决于被测液体的温度。如果被测液体的温度高于20℃，则说明此温度下的被测液体密度低于20℃时的密度，要将糖度计显示值加上校正值；低于20℃时，要将糖度计显示值减去校正值。

第二节　麦汁过滤的设备及操作

一、麦汁过滤槽

(一) 过滤槽过滤麦汁的原理

采用过滤槽进行麦汁过滤是最古老的方法，也是目前应用最广泛的麦汁过滤设备。其特点是麦皮或麦糟是真正的过滤介质，糖化完的醪液泵入过滤槽后，不溶性麦糟在支撑介质过滤筛板上形成有效的但可压缩的过滤层。为了使麦糟阻力小，粉碎时要求麦皮保持完整，为了使过滤麦汁清亮，不可带出细小的麦皮等不溶性颗粒，不能形成过大的压差，流速慢。随着麦汁过滤的进行，麦糟阻力总会明显上升，通过耕糟装置耕糟，使滤层松动，降低过滤阻力，以便麦汁过滤顺利进行。在头道麦汁过滤完毕后，必须用尽可能少的洗糟用水，将麦糟中的浸出物彻底洗出，以获得高的糖化收得率。洗糟时也应注意麦糟的性质、洗糟麦汁的质量。当达到满锅麦汁浓度或洗糟残糖浓度的要求时，就结束洗糟。

(二) 麦汁过滤槽的结构及技术要求

1. 过滤槽的外形、材质和安装要求

过滤槽的外形呈圆筒形体，槽的顶部配有弧球形或锥形顶盖，上方带有可以开关闸门的排汽筒，槽底大多是平底（或浅锥形底）。为了避免因醪液温度下降导致黏度上升，影响麦汁过滤，过滤槽必须配有良好的保温层。由于加热会产生对流，不利于麦汁过滤，过滤槽一般都没有安装加热装置。

过滤槽的材质，过去主要采用铜、涂有涂层的碳钢。因清洗的原因目前广泛使用不锈钢。

过滤槽的安装必须水平，否则会使糟层厚薄不均匀，影响过滤和洗糟效果。槽底和筛板必须保持水平，以使过滤层的每一部位密度均匀一致，并由此使洗槽效果一致。

2. 过滤槽的过滤能力

过滤槽的过滤能力由单位面积的投料量（每平方米筛板可容纳的粉碎物的质量）决定（表3－2）。

表3－2　不同的粉碎方法单位面积的投料量及麦槽的高度

项目	干法粉碎	增湿粉碎	湿法粉碎	增湿湿法粉碎
单位面积的投料量/（kg/m^2）	160～190	190～220	280～330	280～330
过滤后麦槽高度/cm	25～35	30～45	40～60	40～60

有辅料时单位面积的投料量是：大米和玉米的质量按麦芽的50%计算，面粉的质量按麦芽的20%计算。大麦和麦芽一样计算。

粉碎度对表3－2中的数值也会产生重要的影响。在相同单位面积投料量的情况下，不同粉碎方法麦糟体积也不同，相对于干法粉碎，增湿湿法粉碎麦糟体积上升约35%，增湿粉碎麦糟体积上升约20%；麦芽粉碎得越细，糟层高度就越低。理想情况是：高的麦糟体积，少的投料量。

在采用辅料，特别是高浓糖化时，应选择能保证麦芽粉碎效果好的增湿粉碎或增湿湿法粉碎。同时，在保证过滤效果的前提下，将过滤后的麦糟层厚度最低20～25cm作为确定单位面积投料量的依据。这样过滤槽直径变大，过滤槽面积增加，避免麦糟层厚度过高，可达到降低麦糟阻力（与过滤面积未增加相比），有利于麦汁过滤的目的。所以目前广泛应用大直径的过滤槽，非常适合高浓麦汁的过滤。

3. 过滤槽底及麦汁出口管

过滤槽底大多数为平底，也有微锥底。作为平底必须保持平整，而且每1.0～1.5m^2基本过滤面积上必须有一个麦汁排出孔，此孔称为“开孔”。所有的开孔要尽可能均匀分布在整个过滤槽底上，使所有的麦汁排出孔能确保麦汁从麦汁流出管的浸析范围内均匀地流出（图3－4）。在每个孔的底部焊接有一个过滤管，构成过滤麦汁流出系统，大型过滤槽经常将两个或多个滤管合并在一个调节阀上。

作为微锥底的过滤槽（很少使用，图3－5），仅有一个麦汁出口，处于微锥底的中央。筛板与槽底的距离，在边缘为10～12mm，在中心则相应地增大了2%～3%。这样，使大量的槽底粉糊通过这种槽底形状而易于除去。

平底过滤槽麦汁出口的结构一般有下列三种形式（图3－6）。

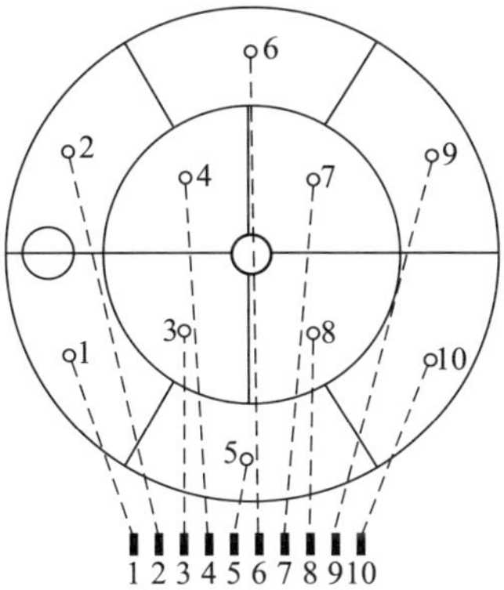

图3－4　过滤槽底的“开孔”

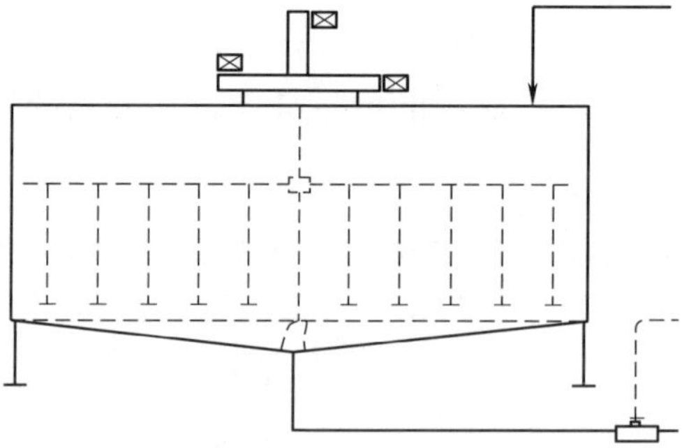

图 3-5　微锥底的过滤槽

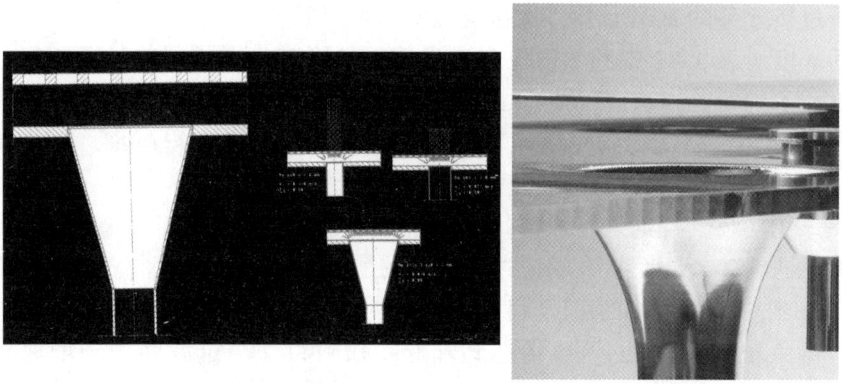

图 3-6　直柱形、锥形、喇叭形麦汁出口管

(1) 直柱形　特点：出口面小；浸析范围小；易产生涡流。

(2) 锥形　特点：出口面大；浸析范围大；易产生涡流。

(3) 喇叭形　特点：出口面大；浸析范围大；不易产生涡流。

4. 筛板

筛板的材料：铜（老式）、不锈钢（新式）。

筛板距槽底的距离，根据滤管的数目和直径，最大 20mm，通常 8 ~ 15mm（滤管直径的 25%）。距离过大，会使槽底粉糊不易除尽；距离过小，通过较大的流体所带来的湍流（抽吸），会将麦糟层吸紧。

考虑到操作方便，筛板一般被分成一片片扇形，每片筛板的面积为 0.7 ~ $1m^2$。每一个过滤筛板均由其边缘导轨和小支撑脚支撑。筛上的支撑脚应合理分布，以避免筛板产生弯曲。每一筛板相互之间应啮合好，没有间隙，以保证在接合部位无麦糟流出。另外还要保证各筛板的固定位置和表面水平，以避免筛板被耕刀推移或划起。

筛板的开孔通常为条形孔（图 3-7）。这种条形孔的狭缝不得过宽，否则会导致滤液中的固形物含量明显增加。在筛板上面的宽度为 0.4 ~ 0.7mm，不得超过

0.9mm。为了使流体阻力减小，孔在筛板上、下之间为梯形，筛板下面孔的宽度为3~4mm。孔长20~40mm，筛孔数为2500~3000个/m^2，筛板自由流通面积占总筛板面积的百分比可达10%~15%。筛板厚3~5mm。对于小型过滤槽，为了增大过滤面积，沿过滤槽壁并垂直于筛板安装边筛（侧筛）。边筛与筛板形式相同，边筛的高度最高为糟层高度的2/3，使头道麦汁有过滤层，一般不用于洗糟。

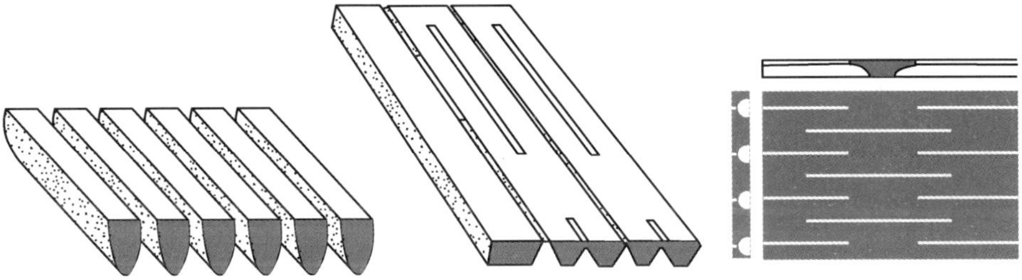

图3-7 各种筛板的筛孔形式

筛板的结构还应注意筛板未开孔的边缘部分不能过宽。即使是排糟板，也应以筛板覆盖。

过去一般定期（大约每周一次）将分块式过滤筛板拿出，人工刷洗，目前在过滤槽中广泛安装清洗喷头（图3-8）。每平方米过滤面积1~2个清洗喷头。清洗喷头一般安装在每两个麦汁出口管之间，要求在过滤槽底下均匀分布，最好在每次排糟后对筛板及筛板槽底之间的空间进行清洗，能保证每次麦汁过滤时筛板通透性能好，有利于麦汁过滤。由于能彻底排除排糟后残留在筛底下的泥状浑浊物及细小麦皮，可避免产生异味，有利于下锅麦汁过滤效果。清洗喷头以180°旋转清洗，水压仅3×10^5Pa，每个喷头耗水量0.7m^3/h，耗水少，如果能回收的话，可降低污水负荷。

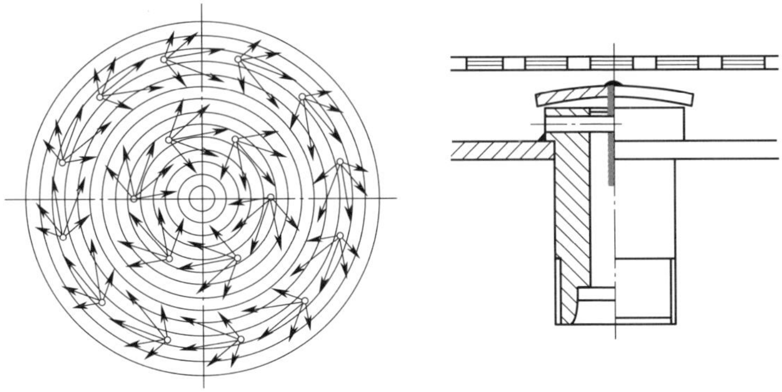

图3-8 过滤槽筛板的自动清洗喷头

5. 耕糟机

通常说一个过滤槽性能的好坏主要看耕糟机，所以耕糟机是过滤槽中最重要的装置（图3-9）。

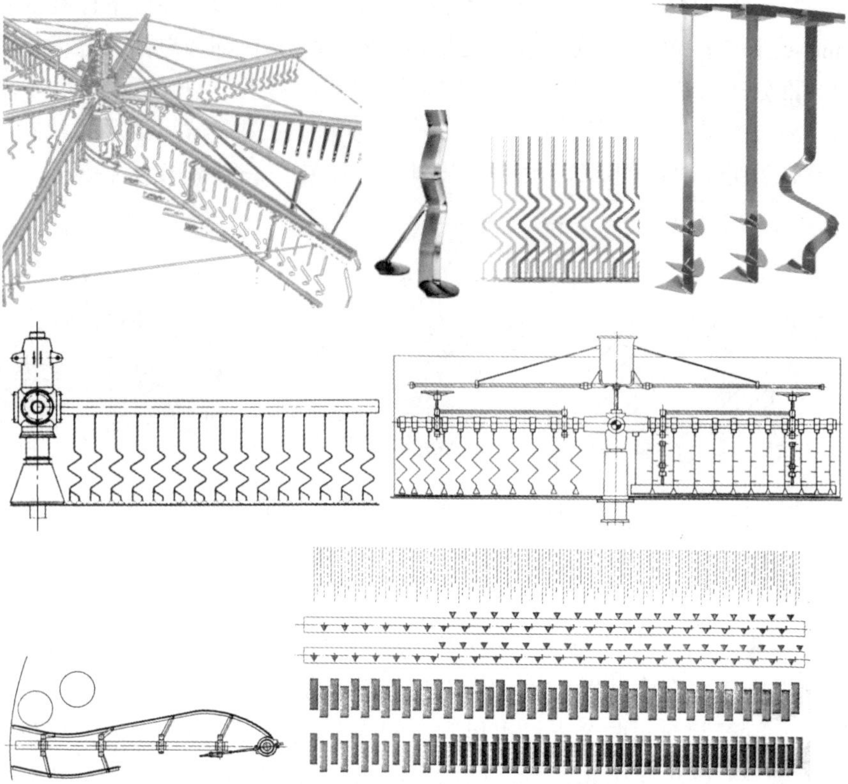

图 3-9　过滤槽耕糟机的结构及耕刀运行轨迹

耕糟机的作用：使麦糟层均匀、疏松，排糟。

耕糟机主要由耕糟机臂、耕刀、驱动轴、驱动装置、升降装置和排糟板组成。

耕糟机臂数的多少取决于投料量及过滤槽直径，由于耕糟机最外端的周边速度不超过 3～4m/min，为了避免耕糟花费太多时间，直径较大的过滤槽需要安装多臂的耕糟机，耕糟机一般安装两个、三个、四个或六个臂等。一般情况下，投料量小于3t，2 臂；3～6t，3 臂；6～8t，4 臂；大于16t，8 臂或更多。在臂的下面安装有直形、之字形或波浪形的耕刀，刀之间的距离（10～20cm）从外向内逐步增大，每平方米 1.5～2.5 耕刀。耕刀的排列应是交叉结构，每个刀都应在前面两个刀中间。最新的“仑茨耕刀”有两个开叉的刀脚，每平方米过滤槽面积达到 3.5～3.8 个刀脚。

耕糟机下降的高度，耕刀下端最低距筛板 1～2cm；耕糟时，耕刀下端最低距筛板 5～8cm；排糟时，耕刀下端最低距筛板 1～2cm。耕刀的长度：在最大投料量时，能够达到最深位置而不使耕糟机的臂没入糟层。

耕糟机通过驱动轴的旋转带动其转动，借助蜗轮传动，耕糟机起动十分缓慢。合适的轴密封可以避免麦汁进入转轴区。耕糟机耕糟时，周边速度只允许 3～4m/min，这样可以在 3min，最多 4min 内将麦糟的阻力消除，否则麦糟层的结构会破坏，从而有浑浊麦汁流出的危险。另外耕糟机可通过其升降装置控制其高度。特殊的耕糟机传动有 2 个、3 个速度或变频电机调节，耕糟机升和降通过电机或液压完成，也可组合使用，较小的电机用于耕糟控制，较大的电机用于排糟。

对于小型过滤槽，其耕刀能转动，以使其在排糟时可打至倾斜的位置，或者反向转动，起到排糟板的作用。新型的过滤槽在耕刀臂上安装可上下转动的排糟板，排糟板排糟干净，排糟时间短，既降低过滤槽的占用时间，又节约用水，降低污水负荷。

6. 麦汁流出的形式

麦汁流出的形式，一般可分为开放式和密封式两种。

（1）开放式（图 3－10）　开放式为老式的麦汁流出形式（已淘汰）。所有的麦汁出口管都分别与过滤阀（埃姆斯阀，又称为鹅颈阀）相连。麦汁过滤调节阀有 2 个出口，上面用于清亮麦汁过滤，下面用于预喷。流出的麦汁通过麦汁受皿器利用位差进入麦汁煮沸锅（老式过滤槽）。麦汁过滤调节阀的出口高于过滤筛板 20～50mm，以避免产生过强的吸力。

（2）密封式　密封式麦汁过滤系统：过滤麦汁通过泵输送到煮沸锅，为了

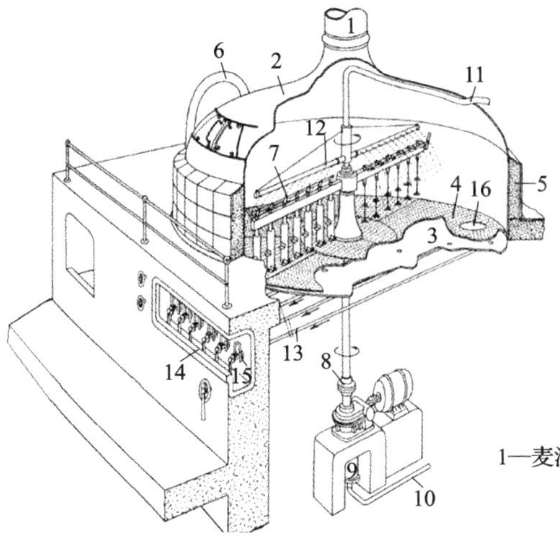

（1）老式过滤槽
1—排气筒　2—过滤槽锅顶　3—过滤槽底　4—过滤筛板　5—保温层　6—进醪管　7—耕糟机　8—耕糟机的驱动装置　9—耕糟机的升降装置　10—用于升降的带压水　11—洗槽水进水管　12—洗槽水喷水管　13—麦汁流出管　14—麦汁收集槽　15—鹅形麦汁调节阀　16—麦糟出口

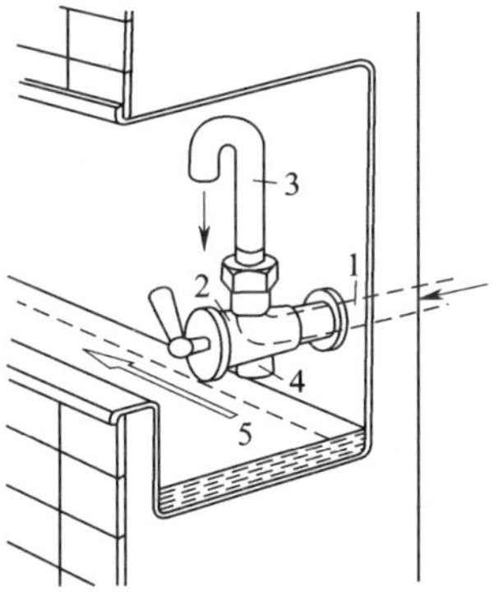

（2）麦汁过滤阀
1—麦汁流出管　2—麦汁调节阀　3—麦汁流出口　4—预喷时麦汁出口　5—麦汁受皿

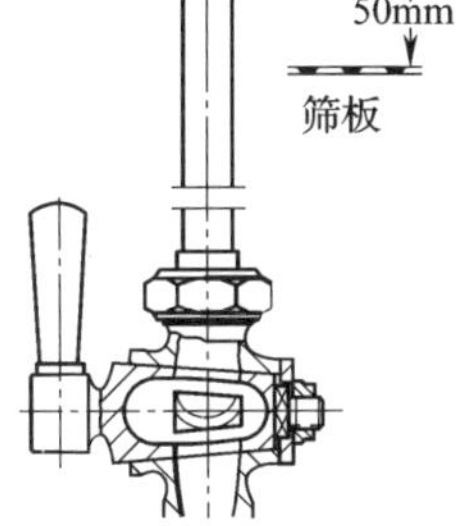

（3）麦汁流出口与过滤筛板的距离

图 3－10　开放式麦汁流出

避免泵抽吸导致麦糟阻力的上升，通常采用调频泵、麦汁缓冲罐、麦糟阻力测定装置、麦汁调节阀并且合理地自动控制。

Huppmann 公司（图 3－11）：所有的麦汁流出管都与处于过滤槽底部中心部位的麦汁收集器相连，并使内部范围的麦汁流出管连接在麦汁收集器的上部，外部范围的麦汁流出管则连接在其下部。麦汁通过从麦汁收集器出口的一条主管道通向过滤泵，麦汁过滤速度由泵出口的调节阀控制，新型设备还配有调频泵控制麦汁过滤流量。麦汁收集器中安装传感器，以确保麦汁无氧过滤，有空气吸入时会自动关闭泵。

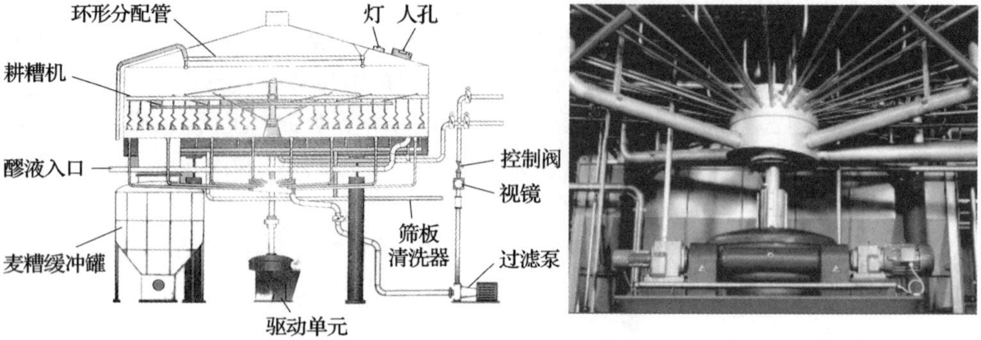

图 3－11　麦汁过滤槽（Huppmann）

Ziemann 公司（图 3－12）：麦汁流出管与过滤槽底部的两个或多个分别控制的同心环管相连。这样还可以分别控制中间和边缘区域的流速。

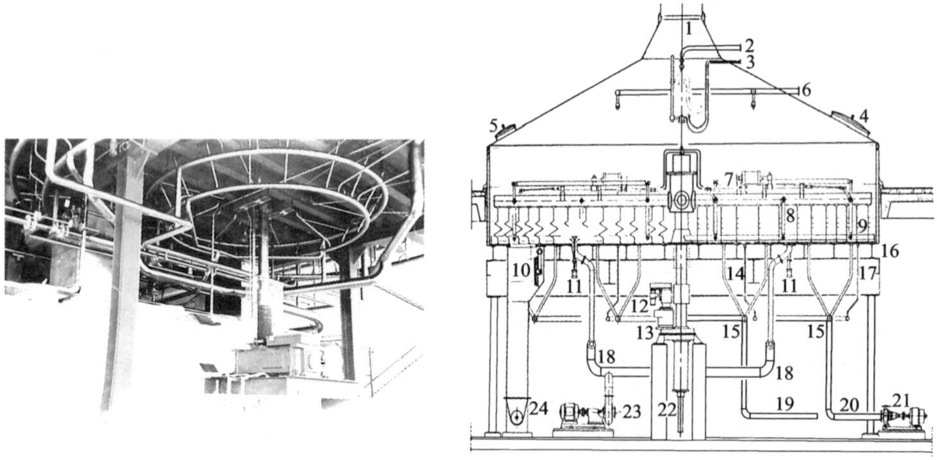

图 3－12　麦汁过滤槽（Ziemann）

1—排汽筒　2—CIP 清洗　3—液压管路　4—安装孔　5—人孔　6—洗槽水喷水管　7—液压缸　8—耕刀梁　9—排糟板　10—排糟阀　11—醪液进口阀　12—电机　13—耕糟机的驱动装置　14—麦汁流出管　15—环形麦汁收集管　16—支撑架　17—支撑架座　18—醪液导入管　19—过滤系统 1　20—过滤系统 2　21—麦汁泵　22—耕糟机的液压升降装置　23—醪液泵　24—麦糟输送器

7. 醪液的导入方式

醪液的导入方式有两种：一种是由槽的上部经醪液导入喷头或醪液分配器（图3-13），通过耕糟机使醪液分布均匀；另一种是由槽底通过一个或多个开口泵入或者从耕糟机中心“轴”进入，为了减少吸氧，醪液入口阀门采用带有伞形阀门盖的阀门（图3-14），并且醪液泵采用变速可调的，刚开始进醪为慢速，当醪液盖住伞形阀门盖后进醪速度逐渐加快。

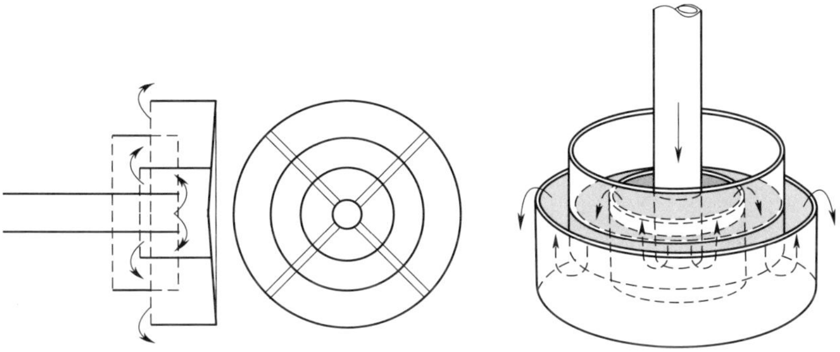

图3-13 醪液分配器

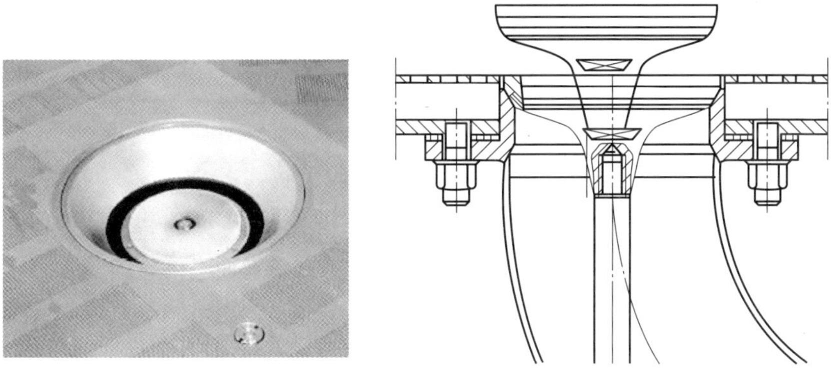

图3-14 底部进醪的进醪阀

8. 其他附件

麦糟出口盖：要求排麦糟闸板的密封性能好，一般情况下排麦糟闸板的盖板上也有筛板，在关闭时能对筛板进行清洗。大直径的过滤槽有两个以上的麦糟出口，出口下面通常安装了麦糟暂存罐。

洗糟水喷管：老式的是带孔的铜管并两端有带螺旋的堵头。洗糟水流入其中心的小容器中，通过自身的转动将水均匀地洒在糟层上。现代化的系统，特别是大型过滤槽，洗糟水是由喷头洒向麦糟的，这些喷头集中连接于环形管道上，以保证水均匀地喷洒。

总麦汁管中有一个带照明的视镜，可以检查麦汁清亮度，或者安装在线浊度仪、在线密度计，自动测定头道麦汁浓度、洗糟麦汁浓度以及麦汁浊度。

9. 新型麦汁过滤槽——PEGASUS 麦汁过滤设备

PEGASUS 麦汁过滤设备见图 3－15。

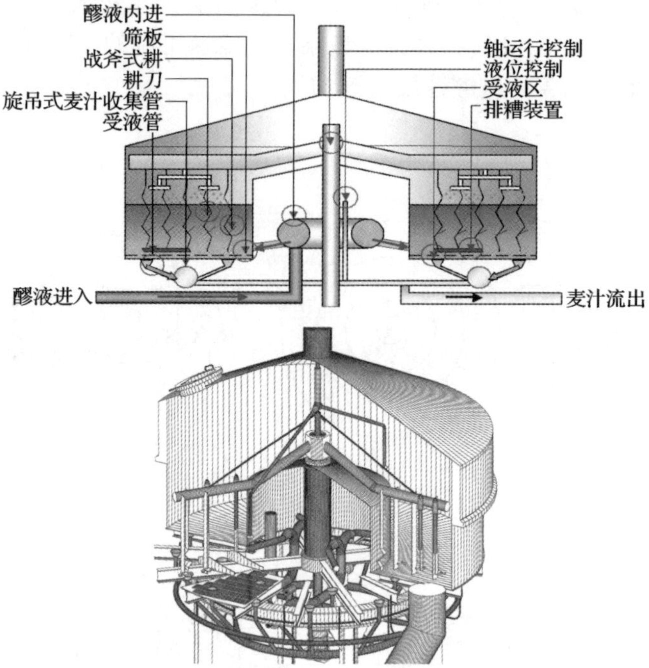

图 3－15 PEGASUS 麦汁过滤设备

德国 Steinecker 公司在研究耕糟时发现：耕糟时的线速度随半径增加而上升，也就是耕糟机在过滤槽中心部位速度过低，会带来如下后果。

（1）糟层疏松程度不均匀。

（2）不均匀的洗糟效果。

（3）在洗糟时中部的浸出物下降慢，导致洗糟过程不同步。

（4）糖化收得率下降。

（5）过滤槽的有效负荷下降。

改进后 PEGASUS 麦汁过滤设备的特点（表 3－3）如下。

表 3－3 传统过滤槽与 PEGASUS 麦汁过滤设备比较

项目	传统过滤槽	PEGASUS 麦汁过滤设备
投料量/kg	3925	3925
过滤槽面积/m^2	16.89	12.75
过滤槽负荷（kg/m^2）	247	308
头道麦汁浓度/°P	18.6	18.6
麦汁流出管的分配/（个/m^2）	1	1.6

续表

项目	传统过滤槽	PEGASUS 麦汁过滤设备
可洗出浸出物/%	2.2	0.7～0.8
在相同洗槽水时洗槽残水	1.5～2	0.7～0.8
总过滤时间	大约 3h	大约 2h 20min
滤出 92hL 头道麦汁所需时间	1h10min	1h3min
滤出 150hL 洗槽麦汁所需时间	1h50min	1h14min
麦糟水分/%	80.5	77
固形物含量/（mg/L）	30	26
平均浊度/EBC	15	14
浓度从 18.6% 降到 2% 或 0.8% 所需时间/min	40	25
麦糟中浸出物的区别/%	0.4～1	0.4～0.6
在麦汁流出管中的流速/（cm/s）	25	6
每个流出管流出的麦汁量/（L/h）	645	450，保持最低

（1）环状的过滤槽筛面，过滤槽中部不作为过滤区间。

（2）高的自由流通面积。

（3）大尺寸的麦汁流出管（$D=5\text{cm}$），距中心收集管全部具有相同的长度。

（4）醪液从内部均匀地进入，吸氧少。

（5）增大受液面积（$1.6\sim2\text{m}^2$）。

（6）洗糟时浸出物数量下降快，麦糟中残留的浸出物少，洗糟残水的浓度低。

10. 麦汁暂存罐

对于复式糖化设备，麦汁生产为连续进行的。当煮沸锅由于麦汁煮沸或麦汁泵送仍被占用时，下一锅醪液则已进入麦汁过滤槽有待过滤了。为了使生产不至于中断，许多啤酒厂通常采用一立式或卧式的麦汁暂存罐用以接收过滤麦汁。麦汁暂存罐一般安装在麦汁过滤槽的下端。为了避免麦汁在此冷却，麦汁暂存罐应有保温层。

为了减少麦汁吸氧，麦汁从暂存罐底部进入，最好采用带有伞形阀门盖的阀门。

麦汁暂存罐的容积由麦汁过滤时间、煮沸锅占用时间和日糖化次数决定，一般为一锅头道麦汁的量。

为了防止杂菌污染，每批麦汁打入到煮沸锅后，麦汁暂存罐必须立即清洗方可继续进麦汁。

（三）采用麦汁过滤槽进行麦汁过滤及控制

1. 压入热水

糖化终了前，首先检查热水罐中酿造用水的温度、数量是否满足整个麦汁过滤的需要，调整洗糟用水 pH 的酸液数量是否够用，过滤槽的筛板是否铺好；然后由槽底通入 76～78℃的糖化用水，同时，可通过洗糟装置喷洒 76～78℃的热水。其目的是：排除过滤槽底与筛板之间以及麦汁管道中的空气，避免麦汁吸氧及空气对麦汁流出的阻力；对过滤槽进行升温预热，避免醪液泵入后温度下降黏度上升；另外也可对刚进的醪液有一定的依托（浮力作用），并检查排糟口的关闭是否严密。压入的热水量以刚好淹没筛板为原则，时间 1～2min。

2. 泵入糖化醪（出醪）

此过程是顺利进行过滤的前提条件，将糖化锅的糖化醪（76～78℃）充分、连续搅拌，尽快泵入过滤槽，以免醪液温度下降。为了避免过滤层不均匀，对于老式过滤槽，利用耕糟机进行搅拌；对于新式过滤槽，醪液从底部或侧部泵入；为避免出现“喷泉”的效应，醪液入口阀门采用带有伞形阀门盖的阀门，并且醪液泵采用变速可调的。刚开始泵醪时采用慢速泵醪，随着液位的上升，泵醪的速度自动上升，从而减少麦汁吸氧，此时应使耕糟机缓慢转动，以使麦糟分布均匀。泵醪结束时用 78℃的热水冲洗糖化锅，将糖化锅中残留的醪液泵到过滤槽。

时间：老设备，15～20min；新设备，小于 10min。

3. 静置（过滤休止）

通过静置，使麦糟层自然沉降，形成过滤层。过去一般需要保持 15～30min 时间静置。传统观点认为静置有利于后糖化作用，麦糟层通过自然沉降，形成有效的过滤层。由于在醪液泵入过滤槽的过程中，较重的麦皮已经沉淀下来，较轻的麦皮等沉淀也较为迅速，实际上开始形成过滤层，所以现代化的新设备一般不需要静置。最早可在大约 3/4 的醪液泵完后，开始预喷。由于糖化醪液中各组分的相对密度不同，静置后由上至下分为如下几层：头道麦汁、细小的黏稠沉积物、麦糟层、粗粒沉淀物、（筛板）、筛板下沉积物。

4. 预过滤（预喷、过滤喷射）及回流

预过滤（预喷）的目的：使在静置后沉积在筛板与槽底间的沉积物去掉，有利于以后过滤麦汁的澄清、固形物少；其次为了在麦糟层下面形成一个有效的过滤层。操作过程为：先将麦汁排出阀门顺序打开，排出浑浊麦汁，并立即关闭，可连续 3～4 次；或者经过 3～5 次的麦汁阀或泵的快速短时开和关，在此期间泵会工作 10s，大约停止运行 20s。这样在筛板与槽底间的麦汁区形成一个涡流，一起把槽底间的沉积物带出来。在预过滤（预喷）过程中，阀门的开启不得过大、时间不得过长，以免产生过大的吸力，使糟层吸紧。

由于在过滤开始流出的麦汁是浑浊的，所以这些麦汁应小心地泵回过滤槽，以免对已形成的过滤层造成破坏。这一过程称之为回流，一直要到麦汁基本清亮为止，然后再将麦汁流到煮沸锅或麦汁暂存罐。现代化的过滤槽是将浑浊麦汁回流到过滤槽中的麦汁液面以下（图 3－16），麦汁吸氧少，对已形成的过滤层破坏也小。预过滤（预喷）及回流时间为5～10min。时间的长短主要取决于流出麦汁的清亮程度。

5. 头道麦汁过滤

头道麦汁应尽可能迅速过滤，以免不必要的时间损失。头道麦汁穿过麦糟层而得以过滤，麦糟对流出的麦汁产生阻力，阻力又导致吸力的产生，因为总在尝试滤出尽可能多的麦汁。当自然渗出麦糟层的麦汁量少于这一量时，麦糟层就不断被压紧，阻力增加，流出的麦汁也越来越少。这样又反过来导致过滤速度减慢。因此，麦汁过滤必须遵守以下基本原则。

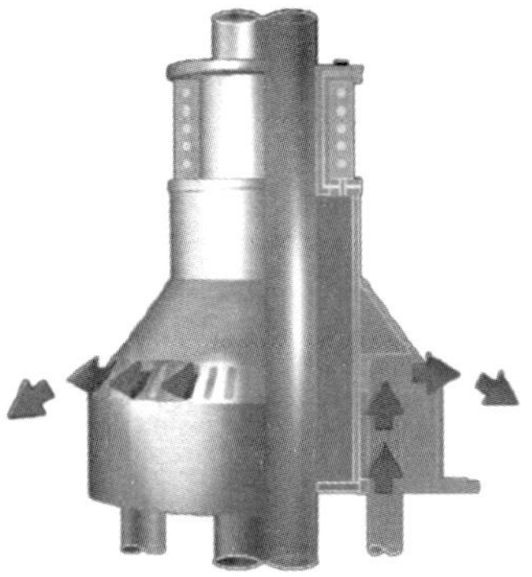

图3－16　回流在液面下的方式

通过过滤后，从筛板流入到煮沸锅的麦汁量，必定总是比自然渗出麦糟层的麦汁量要少些。如果在过滤头道麦汁时首先就违反这一原则，即麦汁调节阀开得过大，虽然开始时麦汁过滤较快，但对麦糟产生一个吸引力，致使麦糟阻力迅速增加，会使麦汁过滤速度减慢。同时强烈的抽吸作用会使悬浮在麦糟层上的黏稠沉积物被吸入糟层，降低麦糟的通透性。所以在刚开始过滤时麦汁调节阀只能打开适当的开度，不能过大，随着过滤时间的延长麦汁调节阀的开度逐渐增大，在开始过滤后的20～30min后，达到允许的最大开度。否则在随后的头道麦汁过滤时麦糟阻力上升迅速，会延长头道麦汁过滤时间。此原则不仅适用于头道麦汁过滤，洗糟麦汁过滤也必须遵守。

头道麦汁滤出约10min后，用玻璃杯取样，检查其色泽、透明度、香气和口味并碘检。头道麦汁滤出大约一半时，即过滤25～30min后测其浓度。

当过滤速度较慢时，可开动耕糟机进行耕糟，增加麦糟的通透性，以加快过滤。过滤速度较慢是指头道麦汁流量过低，反映麦糟的阻力过大。每次开动耕糟机时，应从上到下，逐渐将耕糟机分段下降，使耕糟更深一些，不要在同一高度反复耕糟，防止麦糟层轧实、阻塞滤径、影响过滤速度。在耕糟时，耕糟机下降的高度最低为：耕刀距筛板5～8cm。耕糟一般多在麦汁排出1/2或2/3时进行。在麦芽质量、粉碎效果及糖化效果好和生产过程顺利、过滤时间充足的前提下，可以在整个头道麦汁过滤期间不需要进行耕糟。现代化的麦汁过滤槽一般采用连续式耕糟。耕糟机缓慢从上至下不断耕糟，不断地消除或平衡因麦汁流出导致麦糟阻力的上升，一旦麦汁浊度超过工艺要求，耕糟机自动向上耕糟或停止耕糟。这样就能保证在耕糟的同时麦汁过滤也不中断，不仅过滤速度快，而且减少了非过滤时间，降低了过滤槽的占用时间，从而提高了日糖化次数。

当头道麦汁过滤至即将露出麦糟时，则头道麦汁过滤结束。正常情况下，头道麦汁过滤应在1h内完成。

6. 洗糟及第二麦汁过滤

在头道麦汁过滤之后，一般100g 的麦糟中，大约吸收了350mL 麦汁，残留在糟中的浸出物应尽可能回收，这一过程称为洗糟。由此需要的热水，称为“洗糟水”。最后剩余的含有少量浸出物的水，称为“洗糟残水”，洗糟残水的浓度称为“残糖浓度”。

（1）洗糟及第二麦汁过滤操作　洗糟时，要开动耕糟机。在耕糟的同时，利用洗糟装置在麦糟上喷洒洗糟水，开始洗糟，将麦糟中残留的浸出物洗出。

洗糟工作可以连续进行，即洗糟水不断加入，洗糟麦汁不断从下面流出。也可以分次进行。若分两次或三次洗糟，由于洗糟水有较多的时间浸洗麦糟，所以收得率要高一些；而且由于洗糟水与麦糟中浸出物浓度之间的浸出物差很高，所以混合和浸出都会加快。

两种洗糟方法都常用在实践中。究竟采用哪种方法，主要取决于糖化车间的工作需要。若糖化车间的工作时间允许，选用多次洗糟的方法可获得较高的收得率。

（2）洗糟麦汁过滤时的要求及注意要点

① 应保证洗糟麦汁清亮、固形物含量低。

② 洗糟的时刻：加洗糟水太早，头道麦汁没过滤完，影响洗糟效果，洗糟时间长，“残糖”不易洗干净，糖化收得率低；加洗糟水过迟，头道麦汁全过滤完了，空气会进入糟层，吸氧加剧并产生空气阻力，不易洗糟，延长洗糟时间。因此，洗糟的时刻为：在头道麦汁滤至即将露出麦糟时。

③ 要控制好耕糟机，耕刀必须将整个麦糟层切到，并且麦糟层的任何部位不至于产生缝隙；为了避免浑浊，不应太频繁地耕糟；耕糟机也不要放得过低；耕糟机上升、下降不要太快，以免带破麦糟层。

④ 若采用三次洗糟，洗糟水量可按以下比例分配：1/4、2/4、1/4 或者1/3、1/3、1/3 或者 30%、50%、20%。

要尽可能用少量的洗糟水洗出糟中残留浸出物，否则麦皮中的大量不良物质被洗出来，从而使麦汁、啤酒质量受到影响。

决定洗糟用水的因素如下。

a. 头道麦汁的浓度及数量（表3-4）。

表3-4　每百升头道麦汁约需的洗糟用水量（制成12%的定型麦汁）

头道麦汁/%	14	16	18	20	22
洗糟水量/hL	0.7	1	1.2	1.5	1.9

b. 煮沸锅的满锅麦汁浓度及煮沸强度：煮沸锅满锅麦汁浓度一般低于煮沸终了麦汁浓度1%～2%。煮沸锅满锅麦汁浓度控制低，洗糟水量多，但能源（蒸汽）消耗大；如煮沸强度高的煮沸，洗糟水量可多点。

c. 洗糟残水浓度及糖化收得率的要求："残糖"浓度控制低，洗糟水可多，糖化收得率高，但麦汁质量会降低（色度深、多酚物质含量高等），一般根据煮沸终了麦汁浓度控制（表3-5）。

表3-5 煮沸终了麦汁浓度与洗糟残水浓度对应表

煮沸终了麦汁浓度/%	12	11	10
洗糟残水浓度/%	1.5~2	1~1.5	0.8~1

d. 过滤槽占用时间的要求：若生产量大、过滤槽占用时间的要求短，则洗糟水量可少点。

e. 啤酒质量的要求：若啤酒质量要求高，为了避免从麦皮中洗出大量不良物质，则洗糟水量可少点。

⑤ 如果采用分次洗糟，应在5~8min内将洗糟水加上。加第一、二次洗糟水时，开动耕糟机，麦汁流出管关闭；加第三次时，麦汁流出管打开；如果采用连续洗糟，应保持麦糟层上有一定的液位，不断加洗糟用水、不断耕糟、不断流出洗糟麦汁。

⑥ 洗糟水温度必须适宜，一般控制在75~78℃，最高不超过80℃，最低不低于70℃。洗糟水温度的高低影响麦汁的黏度，进一步影响到麦糟层的渗透性。因此洗糟水温度应和酶终止温度相一致，既有利于麦汁过滤，又能使过滤时的后糊化与后糖化达到平衡。如果洗糟用水温度越高，洗糟速度越快、越彻底。但过高温度的洗糟水（大于80℃）将洗出较多的着色物质和不良口味物质（表3-6），导致强烈后糊化，由于后液化效果下降，导致麦汁碘值上升，清亮度下降。

表3-6 头道麦汁、洗糟麦汁与满锅麦汁的质量

项目	头道麦汁	洗糟麦汁1	洗糟麦汁2	洗糟麦汁3	满锅麦汁
浸出物/%	16.3	13.9	5.3	1.6	10.2
pH	5.69	5.74	5.99	6.35	5.81
色度/EBC	7.8	5.6	3.2	2.2	5.0
总氮/（mg/100mL）	140.8	118.2	46.8	16.0	86.3
高分子氮/（mg/100mL）	35.8	28.7	12.1	5.8	22.1
游离氨基氮/（mg/100mL）	26.0	22.6	9.8	3.4	17.1
多酚/（mg/L）	236	200	79	37	151
花色苷/（mg/L）	110	91	50	28	61
以上麦汁折算成12%计					

续表

项目	头道麦汁	洗糟麦汁 1	洗糟麦汁 2	洗糟麦汁 3	满锅麦汁
色度/EBC	5.6	4.8	7.5	17.5	5.9
总氮/（mg/100mL）	113.0	111.6	109.3	127.2	102.7
高分子氮/（mg/100mL）	26.0	24.6	28.2	46.1	26.1
游离氨基氮/（mg/100mL）	18.6	19.4	22.9	27.0	20.2
多酚/（mg/L）	171	172	184	294	179
花色苷/（mg/L）	80	78	117	222	72

因此，洗糟水温度一般采取先高后低，最好选择如下温度：第一次洗糟，76/78℃（80℃）；第二次洗糟，76℃；第三次洗糟，75/72℃。

⑦ 洗糟用水应满足酿造用水的质量要求，同时 pH 在 7 以下，从而减少麦皮中不良物质的溶出，有利于啤酒质量。

⑧ 通常洗糟麦汁流出太快是错误的，因为洗糟水要将浸出物洗出需要时间，过快也会导致洗糟麦汁不清亮、固形物含量多；但时间太长，会影响麦汁质量和设备利用率。因此，洗糟时间不应该超过 1.5～2h。

⑨ 洗糟完毕的洗糟残水，以前是把它排入下水道，其浓度不得高于 1%。现在，“洗糟残水”的浓度在 2%～3% 时，就不再流入煮沸锅或放入下水道（如果煮沸锅的麦汁已达到满锅浓度），而是将它收集起来，放进洗糟水罐，并用活性炭处理吸去不良颜色和气味（50～100g 活性炭/hL 洗糟残水或 40～50g 活性炭/hL 洗糟残水和 30g 粗硅藻土/hL 作用 90～100min），把它作为下一锅或再下一锅的糖化用水。

⑩ 回收的热凝固物可在最后一次洗糟时加入。

7. 排糟及清洗

洗糟残水流完后，将耕刀横向调节进行排糟。在新型过滤槽中，则是向下打开排糟板。麦糟从排糟口落下进入贮糟罐。排糟在大约 10min 内完成。

排糟结束立即对过滤槽进行清洗。

（四）采用麦汁过滤槽进行麦汁过滤需要注意的问题

1. 影响麦汁过滤速度的因素

采用麦汁过滤槽进行麦汁过滤，可通过下列公式反映影响麦汁过滤速度的因素，即：

$$V = KA\Delta p/(h\mu)$$

式中 V——单位时间内过滤麦汁量，指麦汁过滤速度

K——可渗透性系数

A——糟层的表面积，即过滤面积

Δp——麦汁液面与筛板的压力差

h——麦糟层的厚度

μ——麦汁黏度

根据上述公式可知：麦汁过滤速度与滤层渗透性、麦汁液面与筛板的压力差成正比，与滤层厚度、麦汁黏度成反比。其中影响过滤速度最重要的因素是麦糟层的渗透性。

（1）过滤层的渗透性　过滤层的渗透性取决于很多因素，但最关键是在过滤槽中形成良好渗透性的过滤层；其次在过滤操作时，尽可能减缓滤层渗透性变差，从而有利于麦汁过滤。

形成并保持过滤层良好渗透性的方法如下。

① 适当的粉碎度，麦皮完整，破而不碎，保持糟层的疏松，增加过滤层渗透性。

② 注意辅料的用量，最好小于 40%。因为辅料添加太多，粉碎度较细，过滤层渗透性差。

③ 每次过滤完后清洗筛板，保证筛板的通透性。

④ 随着过滤时间延长，糟层滤孔阻塞，会使过滤层的渗透性变差。通过正确的耕糟操作（从上至下），保证糟层疏松，提高过滤层的渗透性。

⑤ 反顶水（热水），顶松糟层，可提高过滤层的渗透性（此法最好不采用，因为会降低头道麦汁浓度，从而减少洗糟用水量，造成糖化收得率下降）。

减缓滤层渗透性变差的方法：倒醪均匀；预喷不得太强烈；麦汁的流出不得太快。

（2）控制合适的压力差（图 3－17）　麦汁液面与筛板的压力差（Δp）小，麦汁自然渗出麦糟层的流速慢；Δp 大，流速快，但容易压紧麦糟层。因此，刚开始过滤时，阀门不宜开启过大，一般 1/3～1/2，防止麦汁流出速度大于过滤速度，造成 Δp 增大，压紧麦糟层。老式过滤槽：麦汁流出阀门上有“反 U 形管”或称“鹅颈管”，顶端与槽底距离一般 25～50 mm，这样放出麦汁时，对槽底有一个反压作用，防止引起真空（压力改变）。新式过滤槽：一般采用压力平衡管或压力平衡罐（0.2～0.5MPa 反压），通过液位测量、使压力平衡管或压力平衡罐中的麦汁液位始终高于过滤槽底，就能避免糟层吸紧的可能性。

（3）过滤层的厚度　过滤层的厚度与单位过滤槽面积投料量、麦芽与辅料比例、粉碎方式和效果、是否采用高浓糖化等因素有关。在相同投料量的情况下，过滤层越厚则麦汁过滤速度越快；在相同粉碎度的情况下，过滤层越厚则麦汁过滤速度越慢。因此，每次糖化的投料量应按规定的工艺能力加以控制，不要太多，以免使麦糟层太厚。如果必须多投料以生产高浓麦汁，而且过滤槽的直径已经固定无法改变时，应增加使用麦芽的比例，控制粉碎度和保持麦皮的完整性，使麦糟层保持疏松。

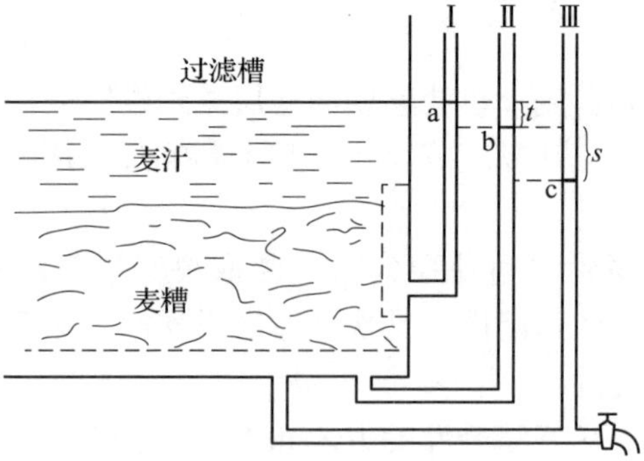

图 3－17　过滤时的压力管

a～c—液位管　Ⅰ—静压液位　Ⅱ—筛板底部压力　Ⅲ—过滤出口压力

t—麦糟阻力或过滤时压差　*s*—麦汁流出时产生的吸力

另外，除过滤层厚度要求一定外，还要注意保持过滤层表面的平整性、过滤层厚度及性质的均匀性，不可有厚薄不均及麦糟层性质不一的现象。所以，进醪前、送醪前一定要在槽内顶入热水，水应盖没筛板。这样不仅可以驱除筛板下的空气，而且对醪液有一种承托的作用，可以保证醪液的均匀分布，从而使糟面平整、麦糟层性质一致。

（4）麦汁的黏度　麦汁黏度高低与麦芽质量、糖化效果、醪液温度、麦汁浓度等因素有关。麦汁黏度高也会导致过滤时间延长。

① 麦芽质量：使用溶解差、不均匀的麦芽，会溶出大量没有分解的戊聚糖、β－葡聚糖，使醪液黏度增加。溶解差的麦芽在糖化时可通过添加β－葡聚糖酶来改善半纤维素分解，一般用量 0.4～0.5 单位/g 麦芽。

② 糖化效果：粉碎物中粗粒多，糖化时淀粉水解不彻底都会导致麦汁黏度高。因此，控制合理的粉碎物组成；控制辅料糊化、液化效果，麦芽质量差时，少用辅料，防止辅料糊化不好；泵醪和搅拌时避免形成较强烈的剪切力以防β－葡聚糖凝胶形成；尽量减少吸氧，避免使麦汁中含有较多的高分子蛋白质分解产物等措施可防止麦汁黏度高。

③ 温度：一般情况下，醪液温度越高（不超过 80℃），黏度越低。倒醪前，压入的热水温度对麦汁过滤有不同程度的影响。当热水温度低时，不足以对过滤槽起到预热作用，会使醪液温度降低，黏度上升；麦汁过滤温度应控制在 76～78℃，保持高温过滤，防止醪液温度降低造成黏度上升。过滤槽一般没有加热装置，所以要求有保温层同时及时关闭过滤槽入孔及风门并密闭过滤。

洗糟水温度一般也应控制在 76～78℃。洗糟水温度不宜过高，否则易洗出大量黏性物质，同时导致麦糟中的部分淀粉溶解和糊化，黏度上升；洗糟水温度也不宜过低，否则也会造成黏度上升，过滤困难。

④ 麦汁浓度：麦汁浓度越高，黏度也越高。因此，控制原料量、料水比，

防止头道麦汁浓度高，黏度高。

2. 影响过滤麦汁清亮度的因素

固形物含量多、不清亮的麦汁可能含有较多的蛋白质、淀粉颗粒、高分子糊精、β-葡聚糖、细小的麦皮、高分子脂肪酸等。造成这些物质含量多的因素如下。

(1) 啤酒的类型　生产小麦啤酒或全麦芽时由于使用小麦麦芽或麦芽比例高，麦汁中高分子蛋白质分解产物比例高，过滤麦汁一般不够清亮。

(2) 麦芽质量和糖化效果　如果麦芽质量差（细胞溶解差、不均匀，焙焦强度低，蛋白质溶解度低，酶活力低），通过糖化得到的浸出物中高分子分解产物多，过滤麦汁的清亮度低。

(3) 麦汁过滤中后糊化　糖化过程中碘检合格，并不意味着满锅麦汁碘检一定合格。若辅料比例高，辅料的液化效果差；使用的麦芽溶解差、不均匀，粉碎时麦皮上胚乳多、粗粒多；糖化工艺不合理，糖化温度不合适，休止时间短，没有72℃的休止，没有分醪煮沸，淀粉水解不彻底；在麦汁过滤过程中如果采用高于80℃的温度进行麦汁过滤，洗糟水温大于80℃，或者过早地对麦汁进行预热，都会使残存的α-淀粉酶活力下降，不足以将后糊化的淀粉进行分解从而会导致麦汁过滤时发生比较强烈的后糊化，如果后糊化程度远远大于后糖化，会导致过滤麦汁出现雾浊、不清亮。

(4) 过滤时耕糟　在耕糟时若将糟层破坏，一般会出现麦汁浊度上升。

(5) 过滤槽结构存在缺陷或筛板啮合不完整　过滤槽结构存在缺陷，如过滤槽筛板的上筛孔宽度大于0.9mm，过滤槽筛孔的宽度越大，麦汁中的固形物越多；筛板与槽底的距离过大，形成湍流；筛板相互之间未啮合好，造成在接合部位有麦糟流出。

(6) 麦汁过滤速度　麦汁过滤速度不宜过快，以免因抽吸作用造成麦汁浑浊。

3. 麦汁过滤、洗糟和成品啤酒质量的关系

(1) 麦汁吸氧　麦汁过滤、洗糟过程若吸氧严重会导致麦汁色度加深、口味粗糙，苦味质量、风味稳定性差。

降低麦汁中氧含量的措施如下。

① 倒醪前，压入的热水要淹没筛板。

② 醪液、头道麦汁、洗糟麦汁从底部通过调频泵泵入过滤槽、麦汁暂存罐、煮沸锅。

③ 回流的浑浊麦汁从麦汁液面下进入。

④ 过滤、洗糟、耕糟操作过程都实行全封闭操作。

⑤ 密封式的过滤槽、密封式的麦汁流出管、密封性能好的泵。

⑥ 麦汁过滤时间短。

⑦ 头道麦汁未露出麦糟时开始洗糟。

⑧ 洗糟时水始终要淹没糟层。

（2）洗糟　洗糟次数、洗糟水量不易多，最后一次洗糟水温不得过高以防止麦皮中不良物质（多酚物质、苦味物质等）过多浸出从而影响啤酒风味、非生物稳定性。洗糟水的 pH <6，防止多酚物质、苦味物质过多浸出。

（3）过滤麦汁的清亮度　伴随着麦汁浊度的上升，麦汁中的脂肪酸含量也呈比例增加，特别是对啤酒风味稳定性影响极大的油酸含量高。不利于啤酒泡沫、口味纯正、风味稳定性。

二、麦汁压滤机

（一）传统压滤机的结构及操作

1．传统压滤机的结构

随着时代的发展，传统压滤机（图 3－18）经过许多改进，但其基本结构仍保持不变。压滤机的主要过滤单元是滤框、滤板和滤布。

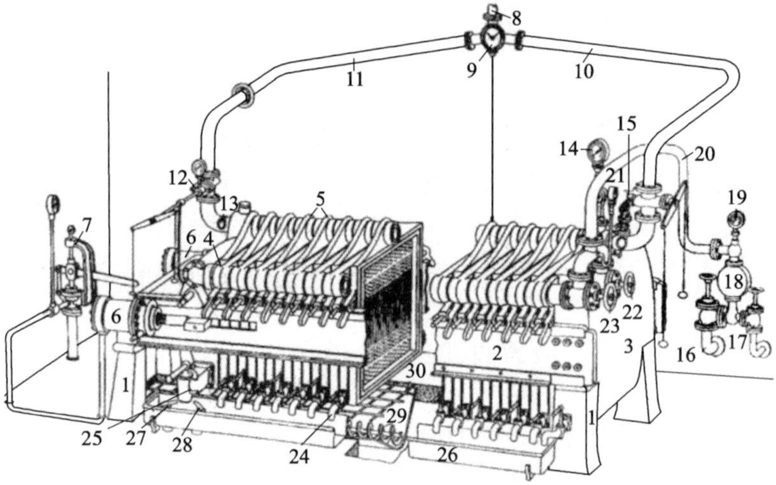

图 3－18　传统压滤机结构

1，2—支撑架　3—固定顶板　4—活动顶板　5—滤框和滤板　6—压紧装置　7—手动泵　8—进醪管口　9—调节阀　10—进醪到固定顶板　11—进醪到活动顶板　12—截止阀　13—视镜　14—压力表　15—安全阀　16—热水进口　17—冷水进口　18—混合器　19—温度计　20—洗糟水进口　21—洗糟水水压表　22—底部洗糟阀　23—上部洗糟阀　24—过滤阀　25—万向联轴阀　26—麦汁受皿器　27—麦汁排出管　28—污水排出管　29—麦糟槽　30—筛格条

（1）底座和支架　底座是用来支撑整个压滤机的，因此必须是很坚实、很稳固的。支架主要由两个水平的、带有导轨的钢架组成。用于悬挂过滤单元，滤框和滤板交替地挂在其上组成过滤单元，过滤元件可以在导轨上被来回推动。

（2）滤框（滤室） 用来容纳醪液和麦糟，形状为正方形或矩形（图3－19）。滤框有不同的尺寸，常用的有：0.6m×0.6m、1.0m×1.0m、1.4m×1.4m、1.2m×1.5m、1.4m×1.65m。滤框宽度为6cm。滤框的数目取决于所过滤的醪液量和滤框的大小，通常为10～60个。由于仅由滤框容纳麦糟，所以过滤机的容纳能力就可以用滤框数乘以每个滤框的容纳能力得出（表3－7）。

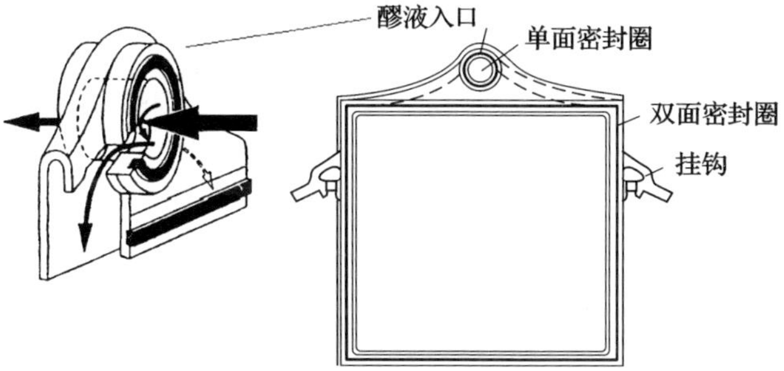

图3－19 滤框的结构

表3－7 不同规格滤框的尺寸、容积和单位处理量

尺寸/（mm×mm）	面积/m^2	容积/L	单位处理量/（kg原料/滤框）
1000×1000	1	65～70	55～62
1400×1400	1.95	130～150	110～125
1200×1500	1.80	120～140	100～115
1400×1650	2.31	155～175	125～140

压滤机的生产能力在上述范围内波动，是由于滤板的表面形式不同，从而使滤布鼓涨后，滤框的体积发生了变化。

糖化醪泵入后，所有滤框必须被麦糟所充满。如果麦糟体积过大，则势必在泵醪时需要较大的压力并由此而导致过滤困难；如果麦糟体积过小，从而不能使滤框全部充满，则又会导致洗糟不均匀。所以糖化投料量必须和压滤机的容纳能力相匹配。

对于每个滤框来说，都有一个进醪口，进醪口的厚度是滤框厚度的两倍。压滤机压紧后，所有滤框的进醪口就形成了一个醪液进入通道，通道根本不与滤板接触。每个进醪口都开有一个通向滤框里面的孔径，醪液由此流入滤框里面。每个滤框上有避免麦汁泄漏的橡胶密封圈，密封圈一般每年更换一次。

（3）栅板（滤板） 滤板的作用是收集头道麦汁和洗糟麦汁，以及洗糟水的进入和分布。大小和滤框相同，滤布挂在两侧，这样在滤布和滤板之间就形成了一个用于收集麦汁和进入洗糟水的中间空间。

组合板由栅框、栅架、支撑格筛和压盖框组成（图3－20），这种滤板上不再有过滤阀门，麦汁的流出是封闭的，从而避免吸氧。支撑格筛保护滤布及保证醪液在滤室中均匀。

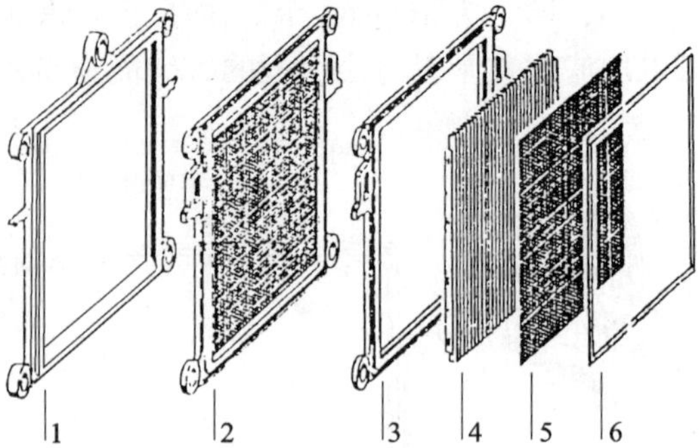

图3－20　组合滤板的结构

1—滤框　2—滤板　3—栅框　4—栅架　5—支撑格筛　6—压盖框

每块滤板上有两个眼，上下交换与滤板内接通。也就是说，要么是上面的管道或是下面的管道和滤板内部接通，决不会上下两个管道都和滤板内部接通。通过下面的管道将洗糟水流过两块滤板，上面是麦汁流出管道，洗糟麦汁从这里流出。考虑到洗糟时洗糟水的进入、洗糟麦汁的流出，所以滤板就分为水滤板和麦汁滤板（图3－21）。

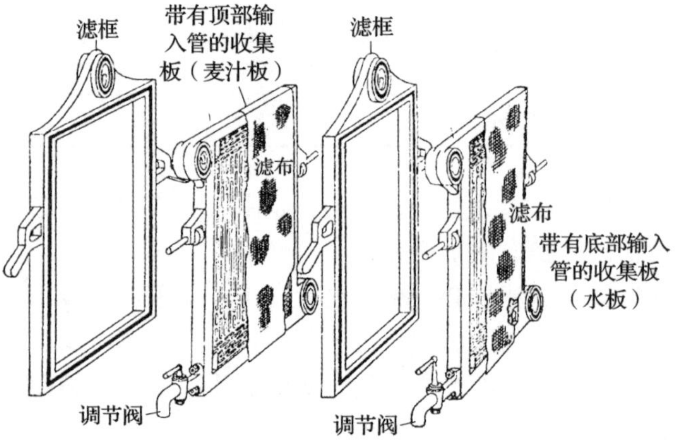

图3－21　滤框、水滤板、麦汁滤板

（4）滤布　滤布是人造过滤介质，用于分离醪液的麦糟和麦汁。悬挂在滤板的两边，将60～70mm的滤室从两边封闭，阻止固形物和浑浊物通过。但是其编织密度不应过密，因为这样会使过滤时间延长和洗糟困难。滤布可以是棉布的，也可以是合成纤维，棉滤布可以过滤100～200批糖化醪，合成滤布可以到1000次以上。棉滤布的另一缺点是每次需要取下洗涤，而合成纤维滤布只需用水冲洗，当然棉滤布过滤的麦汁略为清亮一些。

（5）端板和压紧装置　压滤机的两端设有端板，端板的内侧也制成滤板的形式，在醪液进口端的端板是固定的，而另一端则是可以移动的。固定端板和出醪管道接通，另外还有视镜、阀门、压力表、流量计、安全阀、温度显示装置等。压滤机的压紧装置作用于可移动端板，由此使压滤机的所有部分可以完全密闭地压在一起。对于小型压滤机，这一压紧过程，是通过带有减速齿轮的丝杆来完成的，而对于大型压滤机则是通过液压或电动机械进行压紧。通过止回装置可以防止在过滤过程中可移动端板的倒回以及由此导致密闭不严的现象。压紧压力必须能够足以使过滤元件密闭，但也不能过大，否则会使滤布、滤板或滤室以及各通道的橡胶密封垫受到损害。对于双向式压滤机，醪液由压滤机的中间部位泵入，而两头的端板均是可移动的。

（6）出糟装置　在拆开压滤机的时候，麦糟掉到下面的麦糟槽中，由螺旋输送机输送走。

2. 压滤机的操作过程

（1）准备工作　首先必须由固定板开始将滤布悬挂在滤板两侧并将其均匀地推进相邻的滤框中。然后前后压紧，使受压均匀防止渗漏。压滤机安装好后，若立即泵入糖化醪液，因进醪前滤机温度很低醪液会冷却造成黏度上升，影响麦汁过滤。所以，为了避免此现象，应在过滤前首先泵入 80℃ 的热水将压滤机装满，大约半小时后通入无菌压缩空气将热水排掉，同时也可检查压滤机是否密封并对压滤机进行杀菌。

（2）进醪液（图 3－22）　糖化醪在糖化锅搅拌均匀，使之成为均匀悬浮液，而后泵入压滤机，调节阀门保证醪液均匀填充到每个滤框里。泵醪的同时排气阀门打开，排出空气。醪液填充完后，排气阀门自动关闭。

压滤机进醪液时必须达到下列要求。

① 进醪量必须要和滤框的容积相符合，为此必须准确算出投料量，以便泵醪结束每个滤框正好被麦糟充满。

② 泵入的醪液必须始终保持性质相同，绝对不许发生醪液离析现象。

③ 进醪液时必须完全排除空气。

④ 进醪液时速度必须稳定。

⑤ 泵醪结束时，压力不超过 0.04～0.05MPa；洗糟结束时，压力不超过 0.10MPa。

（3）头道麦汁的流出（图 3－23）　泵醪期间，头道麦汁过滤就已经开始。对于压滤机来说，没有醪液静置步骤。麦糟被滤布截留住，麦汁通过滤布沿滤板压入下面的管道并流入煮沸锅或麦汁暂存罐。流出的麦汁量通过一个流量计读数计量。

（4）头道麦汁的压出（图 3－24）　在糖化锅醪液泵完后，用水冲压或用压缩空气将头道麦汁从滤板中压出，麦糟由于浮力总是悬浮着。

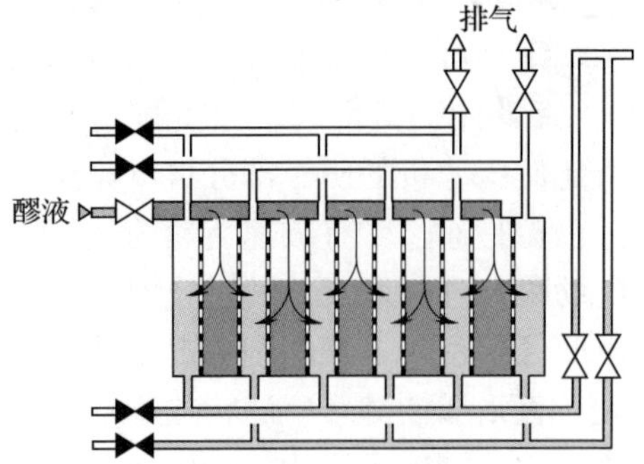

图 3 – 22　进醪液

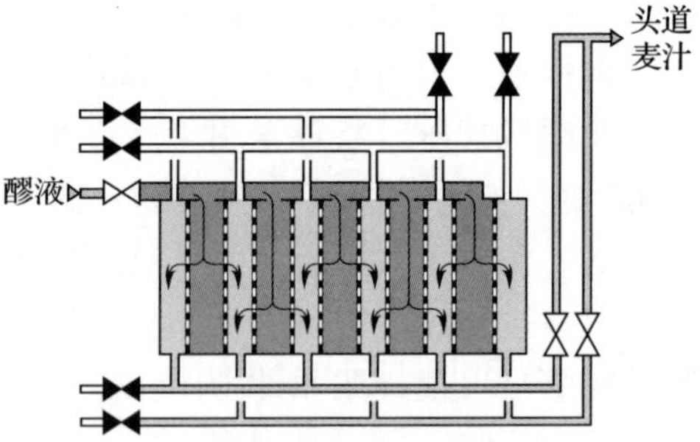

图 3 – 23　头道麦汁的流出

（5）洗糟和洗糟麦汁的过滤（图 3 – 25）　洗糟水不能从醪液通道泵入，否则水会从阻力最小的地方——上部穿过滤布进入滤板，起不到洗糟的作用。在此过程中，洗糟水（76 ~ 78℃）以与麦汁过滤相反的方向经滤板的进水通道，首先穿过滤布，然后穿过麦糟层，从而将麦汁从每一糟层中洗出。洗糟麦汁流过对面的滤布后汇集于其后的滤板，然后流出。

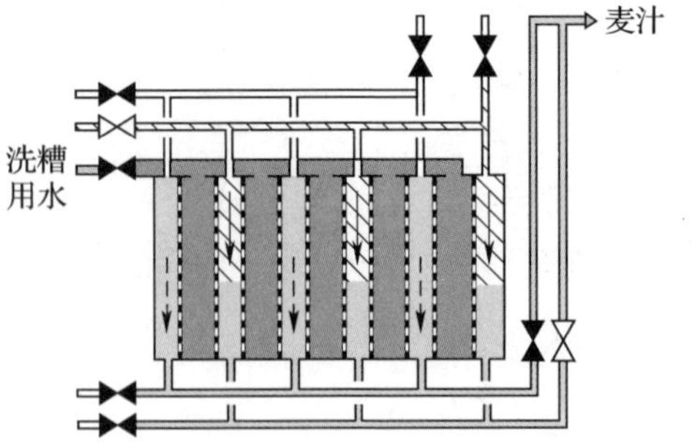

图 3 – 24　头道麦汁的压出

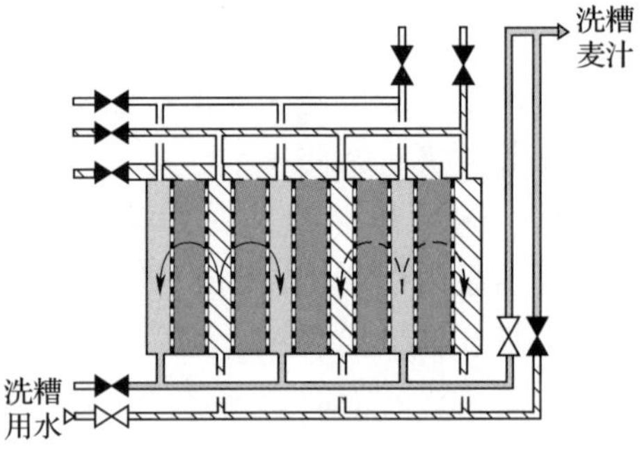

图 3 – 25　洗糟过程

（6）压空（图 3 – 26）　在麦汁快满锅时，停止洗糟，在滤板中通入压缩空气，从麦糟中压出洗糟残水。因此，还可以获得一些残留的浸出物，也可得到一个相对干的麦糟层，并降低了压滤机的废水量。

（7）排糟及清洗　打开压紧装置，松开活动端板，拆开过滤元件，麦糟落在下面带有螺旋输送机的槽内排出。用水冲洗滤布。一般仅在周末或每月一次取出滤布并清洗。封闭式的压滤机在每个周末进行一次循环清洗。

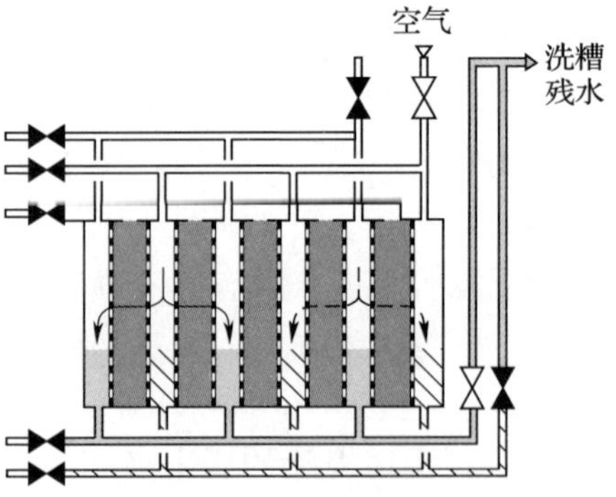

图 3 – 26　压空

3. 压滤机的过滤时间分配

进醪液	10 ~ 15min
头道麦汁的流出	15 ~ 20min
压空	5min
洗糟	60min
压空	5min
拆开压滤机	5min
排糟及清洗	10min
压滤机安装	5min
	115 ~ 125min

4. 压滤机的优缺点

(1) 压滤机的优点

① 可实现全自动生产过程。

② 由于不是以麦皮作为过滤介质，因此麦芽质量对其影响很小。

③ 由于原料粉碎较细，糖化分解较完全，可获得较高的糖化收得率。

④ 干糟排放和低的废水排放。

⑤ 很低的吸氧量。

⑥ 高的糖化次数（每天 12 ~ 14 锅，总过滤时间 115 ~ 125min）。

⑦ 占地面积小。

(2) 压滤机的缺点

① 投料量大时，效果明显。

② 投料量改变困难。

③ 老式压滤机的附加工作量大。

④ 封闭系统过程不易观察。

⑤ 滤布的更换价格高。

由于这种老式的压滤机过滤出的麦汁具有较高的浊度、含有较多的固形物，对啤酒质量的负面影响大，几乎没有啤酒厂使用这种老式的压滤机。

（二）新型压滤机

1. 莫拉 2001 型压滤机

(1) 莫拉 2001 型压滤机的结构　莫拉 2001 型压滤机（图 3 – 27、图 3 – 28）主要由前后交替安装的带有充气弹性膜的滤框及滤板、滤布、支撑杆、固定顶板构成。其次还包括液压装置、麦糟槽、变频调速泵、变频调速洗糟泵、压缩空气调节输出部分、过滤流量计、洗糟流量计、过滤缓冲器、管道、阀门、控制探头构成。

莫拉 2001 型压滤机与传统压滤机的区别是滤框是由中间带孔的板且两边覆盖弹性膜组成的弹性膜滤框，将滤框分成两个能够容纳浑浊醪液的空间，并与压

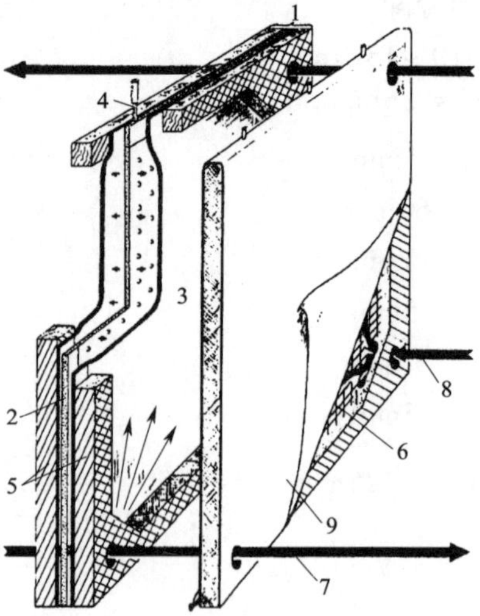

图 3-27　莫拉 2001 型压滤机的弹性膜滤框、滤布、滤板

1—弹性膜滤框　2—孔板　3—弹性膜　4—压缩空气进口　5—滤框室
6—滤板　7—醪液通道　8—麦汁通道　9—聚丙烯滤布

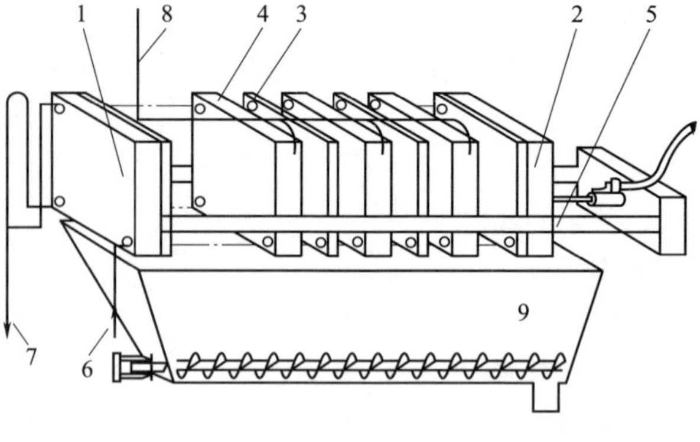

图 3-28　莫拉 2001 型压滤机结构图

1—固定顶板　2—活动顶板　3—滤板　4—弹性膜框　5—支撑杆　6—醪液进口
7—麦汁流出管　8—压缩空气管　9—带出料绞龙的麦糟收集槽

缩空气管连接；当头道麦汁过滤结束后，从滤框中间带孔的板且两边覆盖弹性膜的框中充入压缩空气，弹性膜鼓起，使滤框内的滤层受到挤压；清亮麦汁从滤板流出，使洗糟前的麦糟中麦汁含量低，保证用少量的洗糟水就能彻底洗糟。

由于洗糟水与醪液进入方向一致，洗糟面积比传统压滤机增加了一倍，达到快速、彻底洗糟的目的。

采用自由流通面积大、致密、均匀、坚固的新型聚丙烯滤布。

底部进醪液，排气彻底，吸氧少，而且原料细粉碎。

在一定压力下滤框中形成较为致密的滤层，滤层的厚度控制在 4cm 以下，这样就保证了过滤的麦汁非常清亮，过滤速度快。

（2）采用莫拉2001型压滤机的麦汁过滤过程

① 进醪（图3－29）：从糖化锅来的醪液，通过变频调速导醪泵在高于0.02MPa压力的情况下，从底部一边进入带有充气弹性膜的滤框内，头道麦汁快速通过聚丙烯滤布进入滤板。要求调整适当的流量，保证醪液分配均匀、空气排除彻底并保持0.02MPa的压力。

② 头道麦汁过滤（图3－30）：醪液在恒定的压力下不断泵入，滤框内的滤层也越来越厚，头道麦汁不断流出。

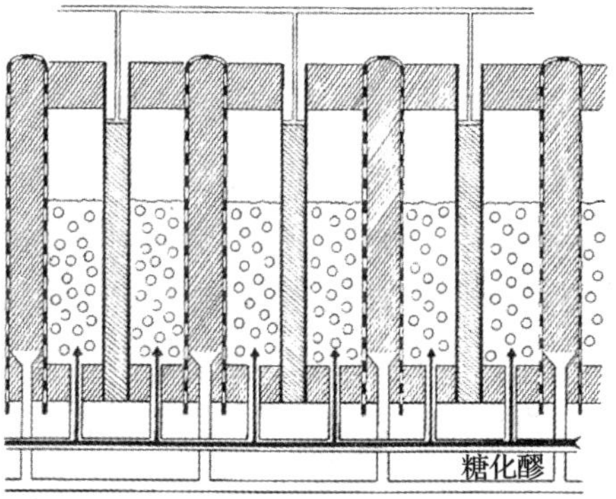

图3－29 进醪

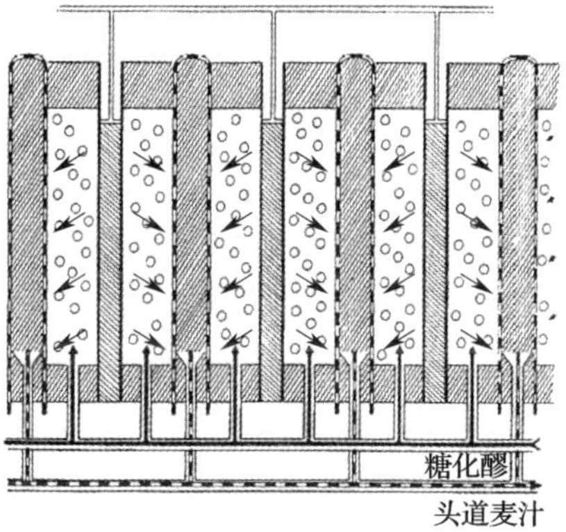

图3－30 头道麦汁过滤

要求在恒定的压力下通过过滤缓冲罐调节阀调节过滤过程；保证缓冲罐的液位在45%范围内；在整个过滤过程中注意彻底排气；当全部醪液泵入压滤机后，所有的滤框都应被麦糟充满；头道麦汁过滤一般20min。

③ 冲洗设备管道：糖化醪泵完后，用洗糟水冲洗糖化锅，并泵进醪管道，以减少浸出物的损失。

④ 第一次压空（图3－31）：当全部醪液泵入压滤机并用洗糟水冲洗糖化锅进醪管道后，对充气弹性膜框通入0.05～0.06MPa压力的压缩空气，充气弹性膜受到压缩空气的作用鼓起，挤压麦糟层，分离出头道麦汁。此过程一般需要约5min。

⑤ 洗糟（图3－32）：78℃的洗糟用水按醪液进入的方向，从底部进入充气弹性膜的滤框内，穿过麦糟层洗出其中的残留浸出物，洗糟麦汁穿过滤布进入滤板流出。洗糟过程一般需要50～55min。洗糟时要求洗糟水均匀分布在滤层上，并保持一定的洗糟压力、流量进行洗糟。

⑥ 第二次压空（图3－33）：对充气弹性膜框通入压力为0.07MPa的压缩空气，将残余洗糟麦汁从糟层中压出。持续时间：10min。

⑦ 冲洗：冲洗干净压滤机的管道和缓冲罐，保持充气弹性膜框的压力充气，开洗糟水泵，缓冲罐CIP阀，冲洗干净压滤机的进料上下管道和缓冲罐。

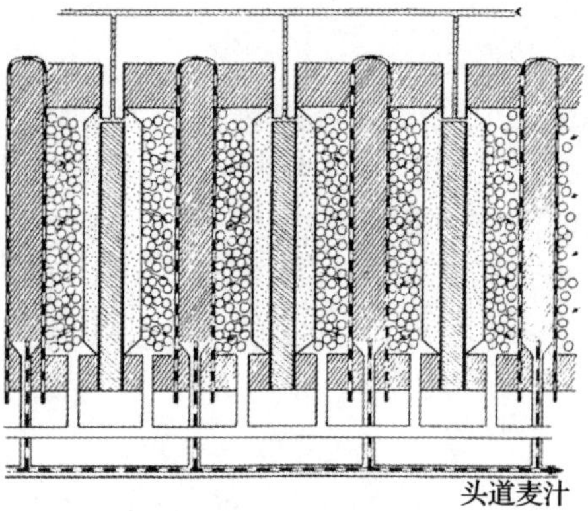

图 3－31 第一次压空

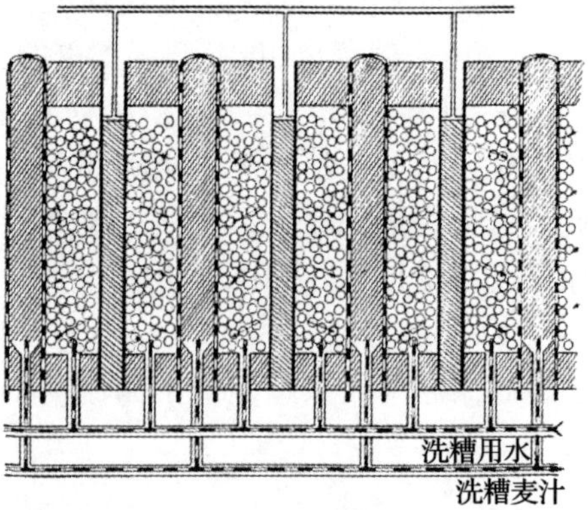

图 3－32 洗糟过程

⑧ 排空：保持充气弹性膜框的压力充气，彻底排出压滤机中的洗糟水。

⑨ 减压及排糟：打开空气调节部分的排气阀，使充气弹性膜框的压力恢复至大气压。同时打开压滤机，麦糟落入麦糟盆中，并检查滤框内应无残渣，排糟过程一般需要约 10min。

每周糖化结束后要清洗压滤机，以除出滤布中的脏物，保证滤布通透性，延长滤布的使用寿命。

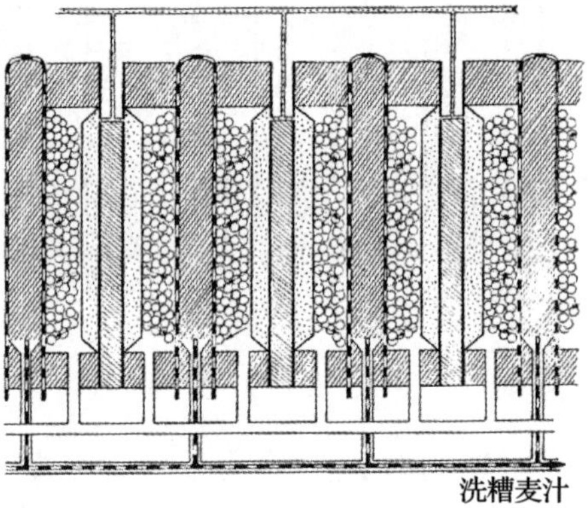

图 3－33 第二次压空

（3）莫拉 2001 型压滤机优点

① 过滤麦汁的固形物含量低，浊度低。

② 每锅过滤时间小于 2h，糖化设备利用率高。

③ 受原料质量影响小。

④ 由于原料粉碎得非常细，洗糟前对麦糟挤压，糖化收得率非常高。

⑤ 由于醪液从底部进入压滤机，吸氧少。

⑥ 原料粉碎简单，适合于高比例辅料的麦汁生产，原料配比灵活。

⑦ 产生干的废麦糟。

⑧ 自动化程度高，操作简单。

臭拉 2001 型压滤机也具有购买价格高、更换膜的成本高等缺陷。

2. TCM 薄层压滤机（德国 Ziemann 公司）

（1）TCM 薄层压滤机的结构特点（图 3－34，图 3－35） Ziemann 公司生产的薄层 TCM 压滤机中，采用特制的过滤板框顶端悬挂结构、可回转的过滤板框输送装置、带刮刀的高压滤膜清洗机，使过滤板框的移动、排糟过程、滤膜清洗能自动控制，大大减轻劳动强度。

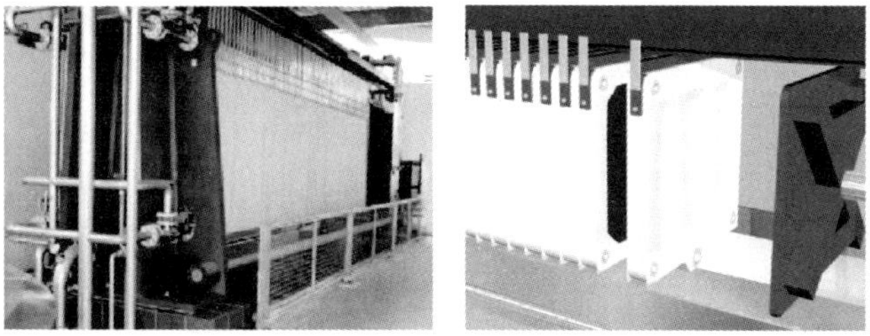

图 3-34 TCM 薄层压滤机外形结构

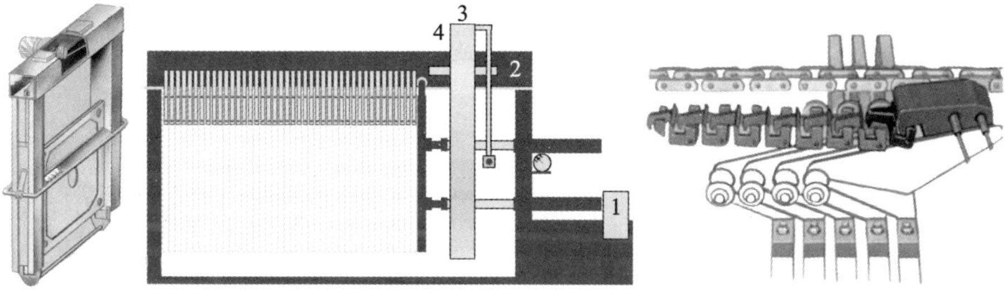

图 3-35 TCM 薄层压滤机内部结构

1—液压装置 2—过滤板框回转输送装置 3—喷嘴输送 4—刮刀滤布清洗机

这种新型的压滤机放弃使用弹性膜，没有滤膜更换的问题；滤框、滤板的材质由聚丙烯制成，聚丙烯具有质量轻、抗碰撞、不易传热、适合 CIP 清洗和消毒的特点。滤布也由聚丙烯制成，具耐热、抗机械冲击等优点。

由于原料粉碎细，滤框中麦糟层的厚度为 4～4.5cm，过滤面积大，所以每批次过滤时间占用短（90min），理论上每天可生产 16 锅。投料量最大到 21t，适合高浓麦汁生产。

与莫拉 2001 型压滤机相比，这种薄层 TCM 压滤机，尽管没有采用弹性膜，洗糟前、排糟前没有对麦糟层进行挤压，但由于原料粉碎很细，同时洗糟时，首先尽可能用洗糟用水将麦糟层中的麦汁在没有混合的情况下逐层顶出，其次利用洗糟用水与麦皮吸附的麦汁浓度差，洗出浸出物，所以也能保证很高的糖化收得率，可洗出浸出物小于 0.6% ，同时消除更换弹性膜的成本；而洗糟时洗糟方向必须进行更换，在一定程度上起到对滤膜的反冲洗作用，延长了滤膜的寿命。

这种薄层 TCM 压滤机放弃弹性膜后，又与老式压滤机的过滤原理相似，但过滤效果明显改善，这是由于采用特制过滤滤膜，加上粉碎很细的原料起到真正过滤滤层的作用，确保过滤麦汁质量好，过滤麦汁浊度非常低（2～3EBC）、固形物含量少（2～3mg/L 麦汁），有利于啤酒的口味稳定性。

这种薄层 TCM 压滤机的膜因磨损也需要更换，增加了设备运行费用，也具有设备自动化控制复杂，投资、维护的费用大等缺陷。

（2）TCM 薄层压滤机的麦汁过滤流程

① 进醪（图 3-36）：从底部对设备进行填充大约 3.5min，头道麦汁从底部

开始过滤。不需要回流。麦汁收集罐的填充不需要泵。通过上部进行排空（醪液吸氧很低）。

② 头道麦汁过滤（图 3－37）：彻底排气后头道麦汁从下部和上部麦汁管流出，开始头道麦汁过滤；当滤框充满后，醪液进口从下部改为上部通道，下部通道关闭，这种独立的上部通道确保过滤面上流量稳定，有利于均匀的进醪过程。

③ 洗糟过程 1（图 3－38）：洗糟过程采用从“水滤板”经滤框内的糟层，流向另一个“麦汁滤板”，而下一锅麦汁过滤时正好相反。

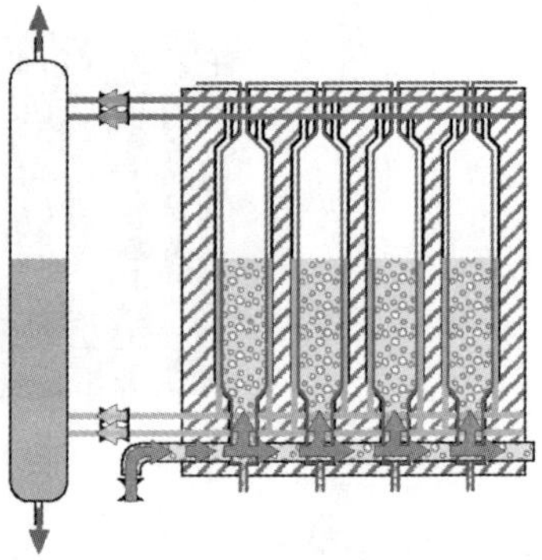

图 3－36　进醪

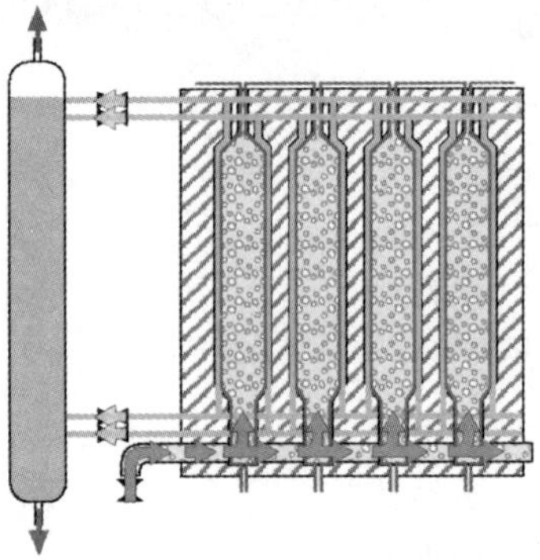

图 3－37　头道麦汁过滤

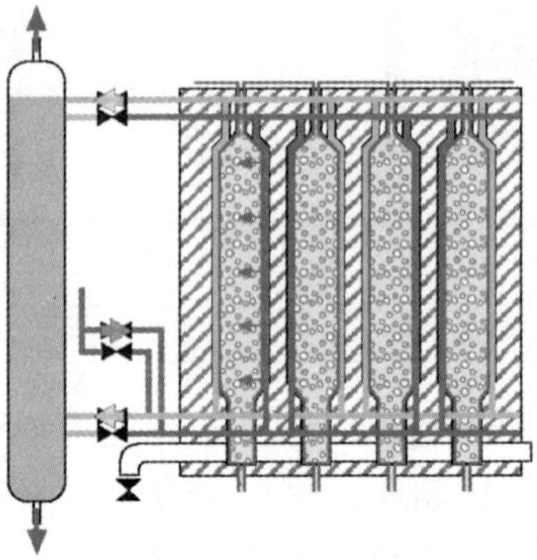

图 3－38　洗糟过程 1

④ 洗糟过程 2（图 3－39）：下一锅麦汁洗糟方向与上一锅相反，洗糟过程采用从“麦汁滤板”经滤框内的糟层，流向另一个“水滤板”，相当于对滤膜进行反冲洗，延长滤膜的寿命，使用次数可达到 3500 锅次。

⑤ 压出洗糟残水（图 3－40）：采用气体压出洗糟残水，麦糟含水量小于 75%，易于运输，对环境的影响小，随后排糟，全自动清洗滤膜。

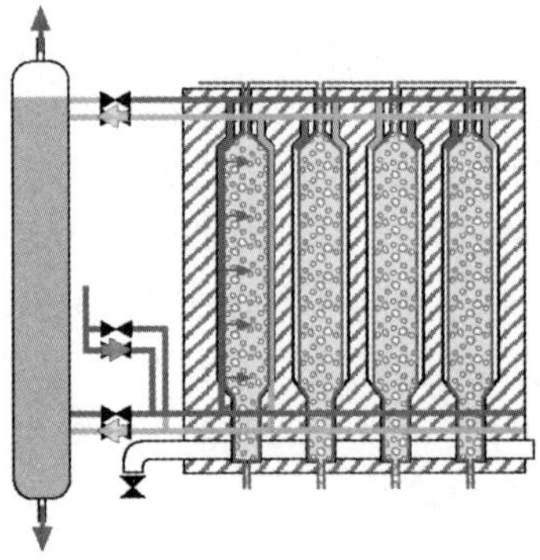

图 3－39　洗糟过程 2

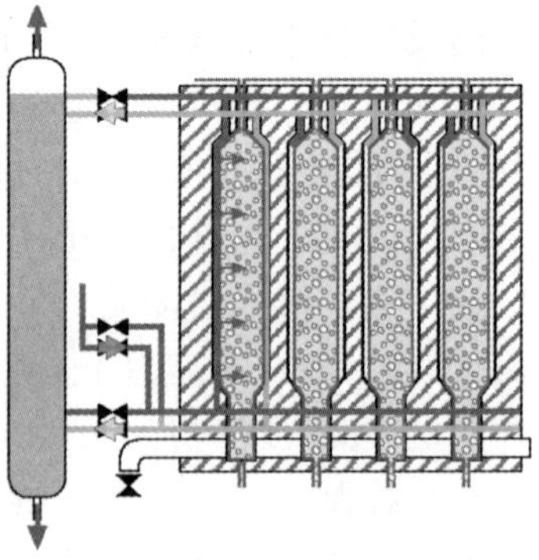

图 3－40　压出洗糟残水

第三节 麦汁过滤过程的检查

一、头道麦汁的检查

1. 外观、气味和口味的检查

头道麦汁过滤约 10min 后，以小烧杯取样检查，麦汁必须清亮透明有光泽，基本无悬浮颗粒，也不应呈雾状浑浊。清亮度在不同的过滤阶段中均具有意义。应在过滤开始约 10min 达到满意的清亮度。随着过滤层密度的不断增加，使麦汁的光泽也得以提高。如果这种现象发生得过早，则说明糟层由于某种原因已压紧，并且将出现过滤困难。湿法粉碎的麦汁通常并不清亮，耕糟对于麦汁的清亮度也有影响，这与耕刀的特性和疏松技术有关。麦汁的浊度可以用浊度计进行检测并将结果记录下来。

对于头道麦汁的气味和口味也应每锅进行检查，可以及早地发现问题，以便及时采取措施进行校正。口尝麦汁应有麦芽的清香且甜度较高，不得有其他异味或霉味。

2. 头道麦汁浓度的测定

头道麦汁过滤大约一半时（对于过滤槽过滤一般在 25 ~ 30min），测其浓度，应在工艺规定的范围内。

3. 过滤速度的检查

在头道麦汁过滤过程中，要经常对过滤速度进行检查，并根据过滤速度调整阀门的大小。在不影响清亮度的前提下，适当开大阀门。当过滤速度较慢时，可开动耕糟机进行耕糟。

4. 碘试验

在头道麦汁过滤约 10min 后，要经常进行碘检，以检查糖化效果，要求碘检不显色。若碘检显色，可在麦汁煮沸锅中添加适量的耐高温 α – 淀粉酶，在 93℃ 以下保温并经常检查。头道麦汁过滤结束时也需要进行碘检，以检查糊精进入麦汁的情况，从而防止淀粉糊流入麦汁中，

5. 头道麦汁数量的测定

通过测定，可推测糖化用水量是否准确、糖化收得率是否正常，并与头道麦汁浓度一起作为加洗糟用水多少的依据。

另外，如有可能，还需检查头道麦汁的 pH 及氧含量。

二、洗糟麦汁的检查

洗糟麦汁的检查项目和头道麦汁的检查一样，另外还要加上以下几项。

1. 洗糟水温度

洗糟水温度必须适宜，一般控制在76～78℃，最高不超过80℃，最低不低于70℃。洗糟水温大于80℃，会导致麦糟中的部分淀粉溶解和糊化，从而造成洗糟麦汁碘检显色；洗糟水温过低，易造成黏度上升，过滤困难，残糖洗不干净，麦汁浑浊，影响洗糟效果。合适的水温既能保证糊精和蛋白质颗粒继续分解，又能抑制麦皮中不良成分的溶出。

2. 洗糟水的pH

洗糟水pH一般控制在5.6～6.2。这样不仅可以防止不良物质过多浸出，而且还有利于麦汁煮沸过程中蛋白质的凝固，以及降低麦汁的色度。

3. 洗糟残水浓度

洗糟应有一定的限度，残糖的大量回收固然可以提高原料利用率，但洗糟过度，会将麦皮中的不良成分，如多酚物质、色素类物质大量洗出，对啤酒的口味和保存期不利。此外，过多的洗糟会使煮沸锅混合麦汁浓度降低，要用大量的热能，这对能源消耗也是不利的。一般残糖浓度控制在1.5%左右较好，最好不超过2%，不低于1%。

三、麦糟分析

由于糖化和洗糟并不能完全将原料中的浸出物彻底分解和完全洗净，故麦糟中仍有少量浸出物。根据其性质分为以下几类。

1. 可洗出浸出物

可洗出浸出物是指在糖化过程中已被分解成可溶形式，而在过滤时没有被滤出的浸出物。通过它，可以评价过滤工作的好坏。大多将麦糟压榨后测定可洗出浸出物，其正常值一般为0.5%。如果含量过高，说明洗糟不彻底。

2. 可分解浸出物

可分解浸出物是指在糖化过程中没有被分解成可溶形式，而它们却是可以被分解的。通过它，可以评价过滤前糖化工作的好坏。可分解浸出物量可通过实验和计算求出，即将25g已粉碎的干麦糟煮沸15min，再添加酶，按协定糖化法进行糖化。用这种方法得到总浸出物。

$$总浸出物-可洗出浸出物=可分解浸出物$$

可分解浸出物正常值一般为0.8%。

在麦糟中，可洗出浸出物和可分解浸出物越高，糖化收得率就越低。

不同的过滤方法可洗出浸出物和可分解浸出物含量不同。通常过滤槽过滤麦糟中可分解浸出物含量比压滤机过滤要高，而可洗出浸出物含量却比压滤机过滤要低。

复习思考题

1. 写出麦汁过滤的目的和要求。
2. 为什么湿法粉碎比干法粉碎单位面积投料量要大?
3. 耕糟机的作用是什么? 主要由哪几部分组成?
4. 麦汁出口的结构有哪几种形式? 各有什么特点?
5. 麦汁出口管如何同麦汁过滤槽底部的麦汁收集器联结? 为什么?
6. 过滤槽过滤倒醪前为何要压入热水?
7. 从下部泵入糖化醪如何防止吸氧?
8. 过滤槽过滤、预过滤（预喷）的目的是什么? 怎样操作?
9. 麦汁过滤必须遵守的基本原则是什么?
10. 头道麦汁浓度什么时候测定? 为什么?
11. 什么时候停止头道麦汁过滤进行洗糟?
12. 导致麦汁在过滤槽过滤时速度过慢的原因有哪些?
13. 造成过滤槽滤出麦汁出现浑浊的可能原因有哪些? 各采取哪些对应的处理措施?
14. 压滤机的滤板有何作用? 压滤机的滤框有何作用? 其结构是怎样的?
15. 压滤机组合滤板由哪几部分组成? 滤板上、下两个眼怎样与滤板内部接通? 为什么?
16. 压滤机过滤要求麦芽粉碎度较细会不会影响麦汁质量? 为什么?
17. 头道麦汁的检查项目一般有哪些?
18. 请写出压滤机的操作步骤。
19. 试分析在过滤操作时, 减缓滤层渗透性变差的措施有哪些?
20. 在过滤槽过滤时, 导致麦汁吸氧多的原因有哪些?

第四章 麦汁煮沸

知识目标

1. 掌握麦汁煮沸中的各种变化、要求及影响因素。
2. 掌握各种麦汁煮沸的方法、设备及相关的辅助设施。
3. 理解麦汁煮沸中热能回收的方法。
4. 熟练掌握添加酒花的目的、酒花添加量的确定及酒花添加方法。
5. 掌握糖化收得率的含义、计算及影响因素。

技能目标

1. 熟练掌握麦汁煮沸的各项操作。
2. 能对麦汁煮沸设备的运行状况进行检查并做到预防发生故障。
3. 能预见麦汁煮沸中出现的质量和设备问题并及时处理。
4. 能对麦汁煮沸质量及煮沸过程进行正确控制。
5. 能对煮沸终了的麦汁进行检查。

麦汁煮沸是糖化车间在粉碎、糖化、过滤后制备麦汁的第四道工序。

麦汁煮沸的设备称之为麦汁煮沸锅，煮沸锅的设计必须满足麦汁剧烈煮沸的要求。

经过头道麦汁过滤、洗槽麦汁过滤后得到清亮的满锅麦汁，由于麦汁浓度低，可能还含有其他的啤酒有害菌，所以还不能马上进行啤酒发酵，须经 1 ~ 2h 的煮沸。在煮沸期间必须添加酒花，酒花中的苦味物质和香味物质在麦汁煮沸时溶解到麦汁中，同时，麦汁中的一部分蛋白质被析出。

第一节　麦汁煮沸中的变化（目的）

在麦汁煮沸过程中会发生一系列的变化，这些变化对酿造过程具有重要的意义。

（1）多余水分的蒸发，以达到工艺规定的麦汁终了浓度。

（2）酒花有效成分的溶解和转变。

（3）热凝固物的形成。

（4）麦汁灭菌。

（5）酶的彻底破坏。

（6）麦汁的色度增加及还原性物质的形成。

（7）麦汁酸度的增加。

（8）二甲基硫含量的变化。

一、多余水分的蒸发

在麦汁过滤中，为了从麦糟中洗出内含物，洗糟麦汁将头道麦汁稀释到满锅麦汁，满锅麦汁浓度低于煮沸终了麦汁的浓度。麦汁煮沸使那些多余的水分挥发，麦汁的浓度随之增大，最终达到工艺规定的麦汁终了浓度。

GB 4927—2008 规定：啤酒原麦汁浓度≥10.0% 允许的负偏差为“ -0.3 ”；<10.0% 允许的负偏差为“ -0.2”。因此对于酿造者来说，浸出物浓度的检查控制是非常重要的。麦汁煮沸结束时，浸出物浓度必须这样调节，既不由于麦汁冷却（由于水分的继续蒸发而浓度增加），也不由于酒头或酒尾（会使浓度降低）而引起啤酒原麦汁浓度不同于所期望的要求。

强烈煮沸意味着：煮沸锅内的麦汁要剧烈运动，以及产生剧烈的水分蒸发。水分蒸发越多，那么在此之前所用的洗糟水就要越多，洗出的浸出物也越多，有利于糖化收得率的提高，但能源消耗高，同时对麦汁的质量也是不利的。

麦汁煮沸质量是以麦汁在煮沸锅中的沸腾程度以及蒸发率、煮沸强度作为评价标准的。

蒸发率是指麦汁在煮沸时，蒸发的水分量占混合麦汁量的百分比。

计算公式：

$$\text{麦汁蒸发率} = \frac{V_1 - V_2}{V_1} \times 100\%$$

式中　V_1——满锅麦汁体积（100℃）

V_2——终了麦汁体积（100℃）

煮沸强度：麦汁在煮沸时，每小时蒸发的水分量（体积），相当于满锅麦汁量（体积）的百分数，即为煮沸强度。

计算公式：

$$煮沸强度=\frac{V_1-V_2}{V_1 t}\times 100\%$$

式中 V_1——煮沸前麦汁体积（100℃）

V_2——煮沸后麦汁体积（100℃）

t——煮沸时间，h

若忽略煮沸前后麦汁密度的差别及煮沸前后麦汁中浸出物数量的变化，可推导出如下结果：

$$煮沸强度=\frac{\omega_2-\omega_1}{\omega_2 t}\times 100\%$$

式中 ω_1——满锅麦汁浓度

ω_2——终了麦汁浓度

例如，煮沸前满锅麦汁体积为500L，煮沸后的麦汁体积为420L，煮沸时间为1.5h，则：

$$煮沸强度=\frac{500-420}{500\times 1.5}\times 100\%=10.67\%$$

煮沸强度是反映常压麦汁煮沸锅性能的指标。煮沸强度越高，意味着煮沸时形成的麦汁对流越剧烈，也越有利于蛋白质的凝聚。热凝固物的形成程度取决于煮沸强度。如果已预定好所希望的煮沸终了浓度、煮沸强度等条件，人们就能估算出满锅麦汁浓度。

传统的麦汁煮沸是在常压100℃条件下进行的。要求麦汁煮沸强度>8%，可以促进蛋白质变性和凝聚。

二、酒花有效成分的溶解和转变

在麦汁煮沸过程中需要添加酒花，将其中有用的内含物溶出或转变，以提高啤酒的生物和非生物稳定性，并赋予啤酒（麦汁）独特的苦味和香味。

对于啤酒生产来说，下列酒花组分具有重要意义：酒花树脂或酒花苦味物质、酒花油、酒花多酚物质。

（一）酒花树脂或酒花苦味物质

1. 酒花树脂或酒花苦味物质的作用及特点

酒花树脂或酒花苦味物质是酒花中最有价值的组分，能赋予啤酒爽口的苦味并抑制微生物的生长。酒花苦味物质最重要的是α-酸，酒花α-酸含量的高低常用来作为衡量其酿造价值高低的标准（一般酒花中的α-酸含量为4%~7%）。α-酸不溶于冷麦汁，在麦汁煮沸时其结构发生改变，人们称之为“异构”，即从α-酸异构为异α-酸，异α-酸易溶于麦汁中，由此使啤酒具有独特的苦味。

麦汁煮沸时，α－酸不可能完全异构，所添加的α－酸中，平均只有1/3转变为异α－酸。在麦汁煮沸过程结束后，还有部分苦味物质被析出，所以在麦汁煮沸时要注意此损失（表4－1）。

表4－1　啤酒生产过程中酒花苦味物质的损失量

项目	苦味物质数量	相对苦味值
在酒花糟中	20%	7%
在凝固物中	50%	18%
在酒液泡盖和酵母中	10%	25%
在成品啤酒中	20%	50%

2. 影响α－酸异构及苦味物质收得率的因素

（1）α－酸不同组分的含量　在使用酒花时，不仅要注意所使用酒花的α－酸含量，还要了解其在使用时的异构程度。α－酸由5种同系物组成，其差别表现在侧链（R）上的碳原子上，它们是葎草酮、合葎草酮、加葎草酮、后葎草酮、前葎草酮。α－酸的不同组分在麦汁煮沸时的异构强度是不同的。合葎草酮比其他葎草酮更容易从苦味α－酸转变成异构物，因此，合葎草酮在酒花树脂中具有特别的作用。使用含合葎草酮较高的酒花品种（北酿30%，其他品种一般为20%），其α－酸的异构化程度较高。

（2）煮沸时间　酒花α－酸的异构化需要一定的时间，煮沸时间越长，苦味物质收得率就越高。α－酸的绝大部分异构发生在煮沸初始，煮沸时间的前半段异葎草酮的生成量最大，在这以后随着煮沸时间的延长，收得率的提高会越来越慢。煮沸1h后，苦味物质的大部分已完成异构。

苦味物质的异构化在麦汁煮沸结束时并未停止，在温度为90℃以上时仍在继续进行，对于煮沸时间较短和酒花添加较迟的情况会产生明显的“后异构化”现象。

（3）麦汁的pH　由于α－酸呈酸性，α－酸的溶解度主要取决于麦汁的pH，并且只有溶解的α－酸才可能发生异构反应，所以麦汁中异α－酸的含量受麦汁pH的制约（表4－2），较高的pH有利于α－酸的异构。

表4－2　麦汁pH对酒花异构的影响

麦汁pH	4.75	5.03	5.28	5.52	5.85
α－酸/（mg/L）	3.4	4.0	4.3	4.6	6.7
异α－酸/（mg/L）	28.9	33.1	34.0	36.5	39.5

麦汁pH降低，α－酸溶解度下降，苦味物质异构率降低。但苦味物质以胶体状态分布，与蛋白质“缔合”，酒花苦味更细腻、纯正、柔和、协调。在pH

较高时，苦味物质以盐的形式溶解，苦味质量差。故生产优质特种啤酒时，一般不强调苦味物质的利用率。

（4）酒花添加量　随着酒花添加量的提高，α－酸的收得率反而降低（表4－3）。

表4－3　酒花添加量与酒花利用率

添加量	在麦汁中的利用率
80mg α－酸	50%～60%
160mg α－酸	35%～50%

（5）凝固物的析出情况　凝固物的析出越多，则吸附的苦味物质也越多，造成苦味物质收得率下降。

（6）麦汁的煮沸强度　麦汁煮沸得越剧烈，越有利于α－酸的异构。

（7）酒花的粉碎程度（仅针对全酒花而言）　对于全酒花而言，酒花粉碎得越细，浸出速度就越快，就可提高苦味收得率。

（二）酒花油

酒花中含有0.5%～2.0%的酒花油。酒花油在蛇麻腺中形成，赋予啤酒典型的酒花香味。酒花油是芳香油，不易溶于水和麦汁，易挥发，并且是水蒸气挥发性的。在麦汁煮沸时，绝大多数酒花油随水蒸气蒸发而被挥发掉，煮沸时间愈长，挥发愈多，所以含酒花油丰富的酒花及其制品在麦汁煮沸时不要太早加入。

不同的酒花油，其气味强度和舒适感是不同的。因此人们一直在尝试至少要使最好的酒花油部分溶解到麦汁中。为达这一目的，大多数的啤酒厂都在麦汁煮沸结束前5～10min添加含酒花油丰富的酒花及其制品，以使酒花油至少有一部分进入麦汁中。

（三）酒花多酚物质

酒花多酚物质是水溶性的，能很快溶解在麦汁中，它在麦汁煮沸过程中促进蛋白质的凝聚，大量参与凝固物的形成，同时对麦汁和啤酒的特性起辅助作用。

三、热凝固物的形成

1. 煮沸过程中麦汁的外观变化及热凝固物的组成

在麦汁开始煮沸时，可以看到清亮的满锅麦汁变浑浊。这些细微的小颗粒，在麦汁煮沸过程中彼此靠近，形成较大的和膨胀的沉淀物质——絮片状物，人们称之为“热凝固物”。

热凝固物，或称为“煮沸浑浊物”，是在麦汁煮沸过程中，由高分子蛋白质加热变性凝固或者蛋白质和多酚物质凝结形成的。热凝固物的主要组成见表4－4。

表 4-4 热凝固物的主要组成（干物质）

组成	蛋白质	苦味物质	多酚物质	碳水化合物	灰分
含量	50% ~60%	15% ~20%	20% ~30%	1% ~10%	3% ~10%

2. 热凝固物凝聚的方式

（1）蛋白质变性

① 经煮沸发生蛋白质的脱水作用。

② 在等电点时，则发生了两性蛋白质物质的正负电荷相互中和，加大了蛋白颗粒的变性析出。

（2）蛋白质和多酚物质发生聚合反应，形成“蛋白质—多酚物质”复合物。

3. 热凝固物形成的影响

高分子蛋白质析出过程从绿麦芽焙焦时就已经开始。在采用煮出糖化法的糖化过程中，在麦汁煮沸、麦汁冷却、发酵、低温储存、啤酒过滤时会继续进行（高分子蛋白质高温变性凝固，低温析出），从而减少了啤酒在保存期内蛋白质析出、蛋白质与多酚物质凝结，使啤酒能保持清亮、有光泽，非生物稳定性好。所以煮沸过程中蛋白质凝聚析出、变化是啤酒酿造过程中最重要的排除高分子蛋白质的过程之一，是麦汁煮沸过程中最重要的变化。在麦汁煮沸过程中形成了热凝固物，改变了接种麦汁、成品啤酒中的高分子蛋白质和多酚物质含量。因此人们把蛋白质凝聚、变化作为评价麦汁煮沸效果的依据之一。

如果麦汁煮沸时热凝固物形成较少，终了麦汁中残留的高分子蛋白质分解产物的含量高，会使啤酒酵母的“负担”增加，影响酵母活力、发酵时代谢产物的形成以及成品啤酒发酵度，不利于啤酒的可滤性，会使非生物稳定性变差。反之，如果麦汁煮沸时热凝固物形成较多，终了麦汁中残留的高分子蛋白质分解产物的含量过低，又会使啤酒泡沫性能、醇厚性下降。所以煮沸过程中在能确保啤酒非生物稳定性的前提下，还要平衡啤酒泡沫、醇厚性的要求。

4. 煮沸过程中热凝固物形成的要求

（1）热凝固物的外观要求　要求煮沸时凝聚析出的热凝固物量多块大，热凝固物必须是大的絮状物。热凝固物的形成情况如何，可在麦汁煮沸结束时取一玻璃杯麦汁对着光线检查，应尽最大可能形成“大块絮状物”。开始时浮于液面，然后应尽快以丘状形式沉积于杯底。经验表明：形成的絮状物越大，则蛋白质凝固的效果就越好。

（2）煮沸终了麦汁中可凝固性氮含量　作为煮沸强度和热凝固物形成的度量，在煮沸终了麦汁中可凝固性氮含量应该为：15 ~20mg/L（12% 计算）。

5. 促进热凝固物形成的因素

（1）煮沸时间　在煮沸温度、煮沸强度一定时，在一定煮沸时间范围内，煮沸时间越长，蛋白质变性越多，蛋白质和多酚物质发生聚合的概率越大，热凝固物形成越多。

（2）煮沸压力（温度） 煮沸压力越高，煮沸温度就越高，在一定时间内，蛋白质变性越多，则热凝固物形成越多。但煮沸温度高会导致 TBA 值上升幅度过大（TBA 值是近来在啤酒生产中普遍使用的一种反映啤酒老化程度的指标），影响啤酒口味和口味稳定性。所以即使采用低压麦汁煮沸，麦汁煮沸温度一般选择 102～104℃，与常压的麦汁煮沸相比有利于蛋白质凝固。

（3）煮沸强度 在常压下麦汁煮沸时，煮沸温度一定，煮沸强度高，意味着麦汁煮沸时对流强烈，在加热面上形成大量细小的蒸汽泡，这些细小的蒸汽泡会吸附变性蛋白质，使细小的变性蛋白质聚合成为大的絮状物，有利于热凝固物与麦汁分离，降低了麦汁中残留的可凝固性氮；另外，剧烈沸腾运动也可以加剧蛋白质与多酚物质之间的反应。反之煮沸强度过低，则不利于麦汁煮沸时蛋白质凝聚。所以通过及时的设备清洗、稳定压力的蒸汽供给、正确的操作、现代化的煮沸锅结构，能保证每锅麦汁煮沸时煮沸强度高，麦汁能保持对流强烈。现代化煮沸锅在考虑能耗或低压煮沸时，尽管一般不强调煮沸强度，但也能确保煮沸时形成非常强烈的对流，并充分利用其他因素，促进煮沸时蛋白质的凝聚变性及加剧蛋白质与多酚物质之间的聚合。

（4）麦汁的 pH 麦汁中许多高分子蛋白质的等电点 pH 为 5.2。因此麦汁的 pH 在 5.2 时，蛋白质的凝聚效果最好（表 4－5）。但由于在煮沸过程中，麦汁的 pH 会有所下降。因此，煮沸前加酸只能使满锅麦汁 pH 接近 5.2，最终有利于煮沸时蛋白质的凝聚。这是非高温促进蛋白质凝聚的手段。

表 4－5 满锅麦汁的 pH 与终了麦汁中可凝固性氮含量的关系

pH	6.5	6.0	5.5	5.2
可凝固性氮/（mg/L）	52	38	25	15
麦汁澄清情况	很浑浊	浑浊	较清亮，絮状	清亮，絮状

（5）满锅麦汁的可凝固性氮 采用蛋白质含量低的麦芽、合适的辅料比例、麦芽焙焦强度适当，如果允许采用煮出糖化法，这些措施都有利于降低满锅麦汁的可凝固性氮含量。满锅麦汁的可凝固性氮低，相当于降低了麦汁煮沸时蛋白质凝聚的负担，蛋白质凝聚容易达到工艺要求。控制好麦芽质量、蛋白质溶解度、辅料比例，对煮沸时蛋白质凝固效果的影响非常大。

生产高浓麦汁、小麦啤酒的麦汁时，满锅麦汁可凝固性氮高，在煮沸时应加强蛋白质凝聚。反之生产低浓度啤酒时，满锅麦汁的可凝固性氮低，就没有必要过于强调蛋白质凝聚。

（6）煮沸时酒花中多酚的作用 目前啤酒苦味值相对来说较低，酒花添加量也少；随着酒花制品的广泛应用以及两次酒花添加技术可以大大提高酒花利用率，从而使酒花添加量更低。因此，通过合理调整酒花制品类型，利用酒花中的多酚沉淀蛋白质的能力，降低麦汁中的高分子蛋白质分解产物，才能有利于啤酒非生物稳定性。

(7) 添加有利于蛋白质凝聚的添加剂

① 酸或钙盐：通过添加酸类（如乳酸、磷酸等）或钙盐（石膏、氯化钙），以降低麦汁 pH，有利于蛋白质沉淀以及降低麦汁的色泽。

② 粗硅藻土：麦汁煮沸时通过添加粗硅藻土，可以增加煮沸麦汁的表面积，促进含氮物质的凝聚以及 α－酸的异构化。

③ 硅胶：由于满锅麦汁的 pH 为 5.3～5.4，呈酸性，蛋白质在酸性溶液中带正电荷，而硅胶带负电荷，能够吸附高分子蛋白质，同时，正、负电荷相互中和，更加大了蛋白质的变性析出。

④ 单宁：麦汁煮沸时添加单宁，用以沉淀蛋白质，可使麦汁中的含氮物质在煮沸中的分离增加，改善啤酒的澄清状况，提高啤酒的非生物稳定性。

⑤ 麦汁澄清剂：常用的麦汁澄清剂如卡拉胶，不但有助于热麦汁中热凝固物的絮凝沉淀，而且麦汁冷却后，对一些极微小的冷凝固物粒子也可以排除，可显著改善啤酒的过滤性能以及非生物稳定性。因此，麦汁煮沸时添加卡拉胶，可以加速麦汁澄清，改善啤酒的非生物稳定性。

在麦汁煮沸中添加蛋白质凝聚的稳定剂，不仅有利于蛋白质的凝聚，而且还可以缩短煮沸时间以及降低色度，但是成本会增加。

四、麦 汁 灭 菌

很多细菌随着麦芽中的灰尘而进入醪液中，以及通过种种途径（如空气、水、管道、容器、酒花）而进入满锅麦汁中，如果这些细菌不被杀灭，那么，它们很快会使麦汁变酸变质感染而影响发酵正常进行和啤酒质量。因此，通过发酵之前唯一一次灭菌处理——“麦汁煮沸”，可使麦汁中的所有微生物全部杀死，以保证进入“麦汁处理”中的麦汁呈无菌状态并保证最终产品的质量。

五、酶 的 破 坏

麦汁煮沸使满锅麦汁中残留的少量酶彻底破坏，使之停止作用，煮沸终了麦汁的组成不再变化，故煮沸终了麦汁也称之为“定型麦汁”。

六、麦汁的色度增加及还原性物质的形成

麦汁煮沸过程中的色度变化取决于如下两因素。

(1) 类黑素的形成　类黑素是还原糖与氨基酸、低肽在高温下发生美拉德

反应形成的。类黑素是一种着色物质、酸性物质、还原性物质、香味物质和胶体物质，有利于啤酒的泡沫性能和醇厚性的提高。

（2）麦汁中多酚物质的氧化　煮沸过程中形成的类黑素和多酚物质的氧化会使麦汁色度不断上升，煮沸时间越长，则麦汁色度增加越多。所以影响麦汁煮沸过程中麦汁色度上升的因素如下。

1. 麦汁在高温下停留时间长或温度过高使类黑素的形成较多

① 由于煮沸时蒸汽的压力低，煮沸锅清洗不够，或煮沸锅的结构、性能差导致麦汁煮沸强度低、麦汁煮沸时间长。

② 满锅麦汁浓度过低，使麦汁煮沸时间长。

③ 头道麦汁过早预热到90℃以上。

④ 终了麦汁倒入回旋沉淀槽以及回旋沉淀静置的时间长。

⑤ 麦汁预热或煮沸时加热介质与麦汁的温差过大。

2. 多酚物质过多溶出和氧化

① 洗糟用水未酸化，满锅麦汁的 pH 高，使多酚物质过多溶出。

② 开口式麦汁煮沸，造成多酚物质氧化。

③ 过滤的麦汁不清亮，带入大量的麦屑。

④ 酒花添加过早、添加量多，使多酚物质过多溶出。

随着煮沸时间的延长，麦汁中的还原性物质（如类黑素）不断形成、增加，还原能力呈上升趋势。麦汁或成品啤酒中的还原性物质能和氧结合，使氧不具备活性，有利于啤酒口味稳定性。

在形成类黑素的过程中会发生一系列反应，形成一些易挥发的含氮、含氧的杂环化合物，影响啤酒口味、风味稳定性。目前可以通过 TBA（硫代巴比妥酸值）的变化，反映高温下形成羰基化合物的数量，预测啤酒风味稳定性的好坏。

硫代巴比妥酸值（TBA）是近来在啤酒生产中普遍使用的一种反映啤酒老化程度的指标。

TBA 高，说明麦汁在高温下停留时间长，所以煮沸时在保证蛋白质凝聚以及 DMS 排除的前提下，缩短麦汁在高温下的停留时间，可降低 TBA 的上升幅度，有利于啤酒的口味稳定性。

温度比加热时间对其的影响更大。高温麦汁煮沸，虽然会使煮沸时间缩短，麦汁色度浅，但是 TBA 上升幅度大，不利于啤酒口味及口味稳定性。

七、麦汁酸度的上升

1. 麦汁酸度上升的原因

（1）麦汁煮沸时会形成呈酸性的类黑素。

（2）酒花中呈酸性的酒花苦味物质进入麦汁。

（3）水分的蒸发使酸性浓缩。

（4）由于钙、镁离子与酸性蛋白质反应，同时释放氢离子而增酸。

（5）水中的离子与部分碱性磷酸盐反应而增酸。

2. 低 pH 的影响

（1）低 pH 有利于蛋白质凝固变性、蛋白质与多酚物质结合，有利于啤酒非生物稳定性。

（2）低 pH，美拉德反应不能充分进行，形成的类黑素少；低 pH，多酚物质溶出、氧化、聚合少；色度上升较小。

（3）pH 低时酒花苦味更细腻、柔和、协调、纯正。

（4）微生物对 pH 低很敏感，对麦汁灭菌有利。

（5）苦味物质利用率较低。

八、二甲基硫含量的变化

二甲基硫（DMS）是一种易挥发的含硫化合物，味阈值低，游离态 DMS 往往赋予啤酒令人不愉快的白菜味、玉米味、蔬菜味或煮熟的芹菜味。

游离 DMS 味阈值：带辅料啤酒 40～80μg/L，全麦芽啤酒 120～150μg/L。

由于在麦汁煮沸过程中麦汁的温度高，会使 DMS 的活性前驱体（DMS－P）转化为游离态 DMS，DMS 易挥发，但需要一定蒸发量才能将其排走。

带入回旋沉淀槽的二甲基硫前驱体 DMS－P 将继续向 DMS 转变，但是不能被挥发掉。麦汁煮沸时就是要尽可能使啤酒中不含二甲基硫。麦汁煮沸时间越长，越剧烈，则越多的二甲基硫前驱体 DMS－P 转变为二甲基硫 DMS 并且蒸发出去。所以在麦汁煮沸过程中采取以下措施会使冷麦汁 DMS 含量低。

1. 在麦汁煮沸时尽可能将 DMS－P 转化为 DMS 并排除

DMS－P 转化为 DMS，不仅需要高温而且还需要一定的煮沸时间，至少 70min，而且随着 DMS－P 含量的降低，反应速度也降低，因此麦汁煮沸结束 DMS 还会形成，所以在麦汁煮沸时尽可能将 DMS－P 转化为 DMS 并排除，使残留的 DMS－P 少，在麦汁处理的高温阶段转化为 DMS 少。

2. 在麦汁煮沸中必须保证一定的蒸发率

在麦汁煮沸过程中为了节约能源，一般采取提高麦汁煮沸温度、降低蒸发率等措施，所带来的后果是 DMS 排除不充分。因此在麦汁煮沸中必须保证一定的蒸发率，至少 5%～6%，才能保证 DMS 的排除效果。

3. 麦芽的 DMS－P 以及糖化工艺

麦芽的 DMS－P 主要受麦芽焙焦温度的影响，采用焙焦温度不足及 DMS－P 含量高的麦芽，或麦芽比例高，采用浸出糖化法，都会导致满锅麦汁 DMS－P 含量高，给麦汁煮沸排除 DMS 增加负担。

第二节　麦汁煮沸的方法和设备

麦汁煮沸采用的设备为：麦汁煮沸锅。在不同的设备组合形式中煮沸锅的用途有所区别。二器式的糖化设备中为糊化兼煮沸锅，四器式的糖化设备中配备麦汁暂存槽和麦汁煮沸锅，如果采用外加热麦汁煮沸锅时，煮沸锅还能兼作回旋沉淀槽。麦汁在煮沸锅中强烈煮沸 1 ~2h，因此煮沸锅必须具有加热装置。随着加热方式的改变，煮沸锅的样式也在不断改进。

一、麦汁煮沸设备的基础知识

(一) 麦汁煮沸锅的类型

1. 依据加热方式的不同分类

(1) 直接火加热　采用油、煤、天然气等为加热介质。现已淘汰。

(2) 间接加热　采用过热水、蒸汽为加热介质。目前基本采用饱和蒸汽加热。蒸汽压力越大，蒸汽温度越高（表4 –6)。

表4 –6　饱和蒸汽温度与压力

温度/℃	蒸汽压力/MPa	温度/℃	蒸汽压力/MPa
98	0.09430	105	0.12080
99	0.09776	106	0.12504
100	0.10133	107	0.12941
101	0.10500	108	0.13390
102	0.10878	109	0.13852
103	0.11267	110	0.14327
104	0.11668		

2. 依据加热面的不同分类

(1) 煮沸锅底部直接加热　现已淘汰。

(2) 煮沸锅底部夹套间接加热。

(3) 列管式加热　① 内加热器煮沸锅。② 外加热器煮沸锅。

3. 依据加热面上液层的厚度不同分类

(1) 薄层蒸发煮沸锅。

(2) 非薄层蒸发煮沸锅。

4. 依据煮沸锅锅内的压力不同分类

(1) 常压麦汁煮沸锅　锅内压力为当地的大气压，麦汁达到相应沸点的温度。

（2）带压麦汁煮沸锅　锅内压力大于当地的大气压，麦汁温度大于100℃。压力越大，沸点越高。

（二）煮沸锅体积的设计要求

一般来说，每100kg糖化投料量可产生约650L的满锅麦汁（按12%原麦汁浓度）。添加辅料时可达到900L/100kg。对于内加热器来说，要使麦汁强烈翻腾煮沸并避免溢锅，就必须另外要有约30%的空余空间；对于外加热器来说，由于在锅体外加热，不会在锅体内产生很多泡沫，因此锅体可相对小些，需约15%的空余空间。目前大多数啤酒厂还配备麦汁暂存槽。麦汁暂存槽的作用是在麦汁煮沸锅还未腾出时，就可以进行头道麦汁过滤，过滤出的头道麦汁流入到麦汁暂存槽中暂存。麦汁暂存槽一般不需要安装加热装置，但必须有保温层，过去被称为头道麦汁暂存槽，现在日糖化锅次高、配备麦汁预热器，所以麦汁暂存槽容量大些，便于生产安排，但要求每次空出后及时清洗。

（三）煮沸锅体的材料及高径比

1. 煮沸锅体的材料

通常选用碳钢、铜、不锈钢。材料不同，其性能是不同的。

碳钢易腐蚀，易生锈，在煮沸过程中易在板材的表面结“水垢”（水中碳酸盐所致）和麦汁沉积物垢（如磷酸盐），因此，今天很少有用它作加热面的，可作为顶盖和排气筒使用。

铜材选用紫铜，从吸引消费者这一角度来说外观漂亮，古老传统。当以蒸汽或高温热水为加热介质时，其传热系数大于钢材，即传热性能好。但由于铜材在化学清洗剂的作用下，会有一定程度的腐蚀；同时也可能使铜材中的铜离子游离于麦汁中，会对麦汁、啤酒的性质产生不利的影响；另一方面铜材价格昂贵，因此在今天很少使用。

不锈钢易清洗、耐腐蚀，今天越来越多地用于食品、饮料行业中。不过，它的传热系数比铜、碳钢都要差。锅体外一般要安装保温层以及保护外壳。

2. 煮沸锅体内的高径比

液体高度与煮沸锅直径的比例一般为1:(1~2)，有利于加热装置安装，有较大的水分蒸发表面，有利于煮沸时形成强烈对流，避免麦汁溢出。高径比越大，对麦汁的质量越不利。如麦汁高度为2.5m，那么就意味着煮沸锅底的麦汁处于0.025MPa的“过压”，也就是说，它的麦汁压力为0.125MPa，沸点超过100℃，高温使麦汁色度大大上升。

（四）麦汁煮沸的辅助设施

1. 蒸汽减压阀

一般的煮沸锅蒸汽压力为0.20~0.30MPa。如果进入锅内的新鲜蒸汽压力过大，煮沸锅肯定会破裂，蒸汽减压阀可将蒸汽压力降到煮沸锅加热器许可的压力。

2. 安全阀

如果蒸汽供应压力超过设备限定，就卸压，否则可能造成设备损坏甚至伤及人员。

3. 环形冷凝水收集槽

能保证二次蒸汽冷凝水顺利排出，如果回流到锅内，则不利于不良气味物质的排除。

4. 冷凝水排管

在麦汁和蒸汽之间存在热差，此热差可通过传热的加热器而得以平衡。麦汁被升温加热，而蒸汽则被冷凝成冷凝水。冷凝水比蒸汽重，它们聚集于加热器的最底位置。由于冷凝水再也没有热量传递，因此它可以通过冷凝水排管进入汽液疏水器被排出。

5. 汽液疏水器

位于夹套底部，它只让水通过而不让蒸汽通过。疏水器大多利用浮漂工作原理。

二、常见的煮沸锅

(一) 圆形夹套加热煮沸锅

夹套加热的麦汁煮沸锅结构见图4－1。

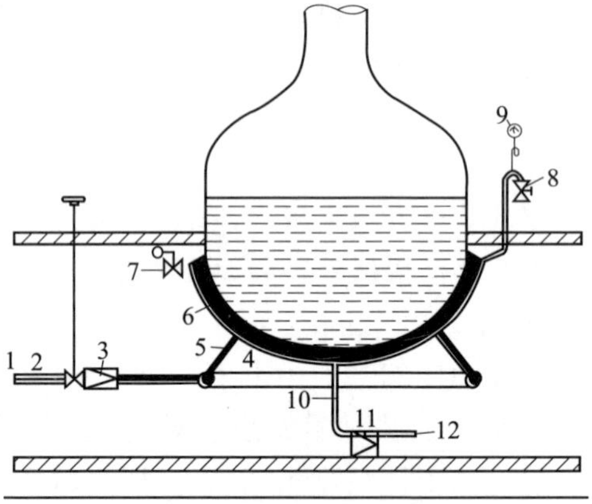

图4－1 夹套加热的麦汁煮沸锅结构

1—蒸汽管道 2—蒸汽进口阀 3—蒸汽减压阀 4—蒸汽环管 5—夹套进管 6—加热夹套 7—安全阀 8—排气阀 9—压力表 10—冷凝水排管 11—汽液疏水器 12—冷凝水排出管

为了防止蒸汽热量损失，蒸汽必须用带有隔热层的蒸汽管道1引入煮沸锅。在蒸汽进口阀2之后有一个蒸汽减压阀3，它将蒸汽减压到许可的压力。

通过带有保温层的蒸汽环管4使蒸汽均匀地由许多小夹套进管5进入煮沸蒸汽夹套内6。蒸汽夹套也带有保温层，以防止热量损失。蒸汽夹套作为一个压力容器，根据法规，必须装有安全阀7和压力表9。在煮沸开始时，必须用蒸汽赶走夹套中的空气。由于空气比蒸汽轻，因此可通过焊接在夹套上部的1～4个排气管排气，排气管在糖化车间上部的某一个位置汇合，各端点连有一个排气阀8。

在煮沸开始及煮沸过程中，这些排气阀要一直排气到有蒸汽出来为止，确保夹套中的空气全部被排放干净。煮沸结束时要将这些排气阀打开，以避免因夹套中蒸汽冷凝而形成真空，真空会使锅体吸瘪。如今这些操作已实现自动化。

蒸汽被冷凝成冷凝水后，可通过冷凝水排管10进入汽液疏水器11被排出。

冷凝水最终通过冷凝水排出管12排入收集罐中。冷凝水为纯净水，可将它作为锅炉用水而重新注入锅炉中。夹套加热具有易清洗的优点，但是随锅容量的增加，圆形夹套加热煮沸锅的加热面积不呈比例上升，具有煮沸时形成的麦汁对流不强烈，煮沸强度小（6%～8%），麦汁沸腾不剧烈，蛋白质凝聚不好，α-酸异构率低，酒花利用率低等缺点。因此，这种圆形夹套加热的煮沸锅一般应用在生产能力小的啤酒厂。目前应用越来越少。

（二）内加热器煮沸锅

传统的麦汁煮沸锅随着容量不断增加，其底部加热面积的比例则相对减少，而且使用的材料多为不锈钢，不锈钢的热传导系数较铜的热传导系数低得多，为了加强煮沸效果，改善麦汁的对流情况，煮沸锅内部可设置各种型式的内加热装置。

1. 内加热器煮沸锅的结构特点（图4-2）

麦汁穿过垂直安装在煮沸锅内的列管式加热器（图4-3）中的列管而被加热向上沸腾。为了控制麦汁流动的方向，必须用外套把加热器围起来。麦汁从下向上穿过列管束而被0.2～0.5MPa的蒸汽加热，从而产生由内向外的麦汁循环。内加热器的直径及加热麦汁所形成的“煮沸喷泉”直径必须与煮沸锅的内壁直径相对应（图4-4）。如果加热器的直径过大，则“煮沸喷泉”并非下落至锅内的外缘，会导致出现溢锅或加热器的加热能力未能全部利用的问题。如果加热器的直径过小，则会导致锅内外缘四周的麦汁不能充分煮沸而影响煮沸质量。在加热器的上方，安装一个高度可调节的单或双层伞形罩，借此可使上升的“麦汁喷泉”反射向四周散落扩展，可避免泡沫的形成并使麦汁在煮沸锅中循环良好。

2. 内加热器煮沸锅的优点

（1）投资少，无需维护，没有磨损。

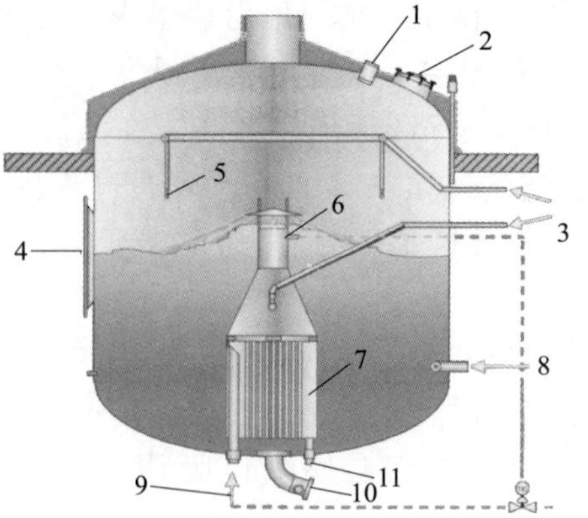

(1)

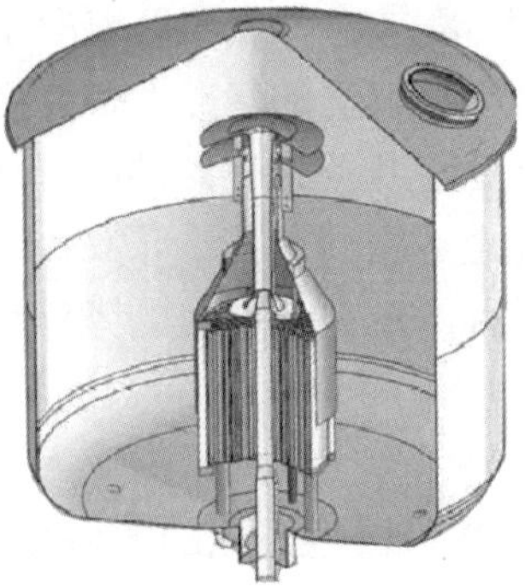

(2)

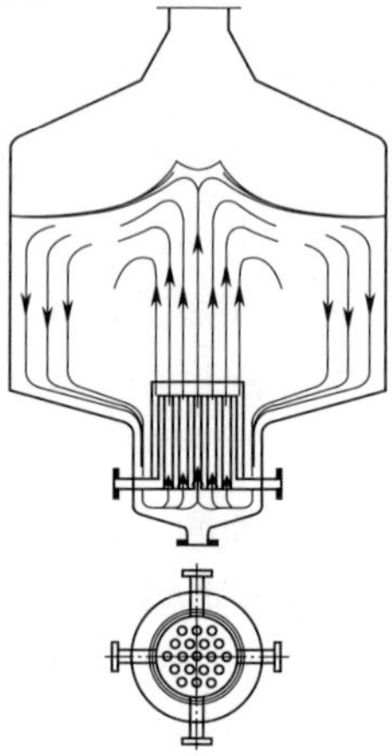

(3)

图 4－2　内加热器煮沸锅结构

1—照明　2—人孔　3—CIP 进口　4—视镜　5—清洗球　6—伞形罩

7—内加热器　8—麦汁入口　9—蒸汽进口　10—冷凝水出口　11—麦汁出口

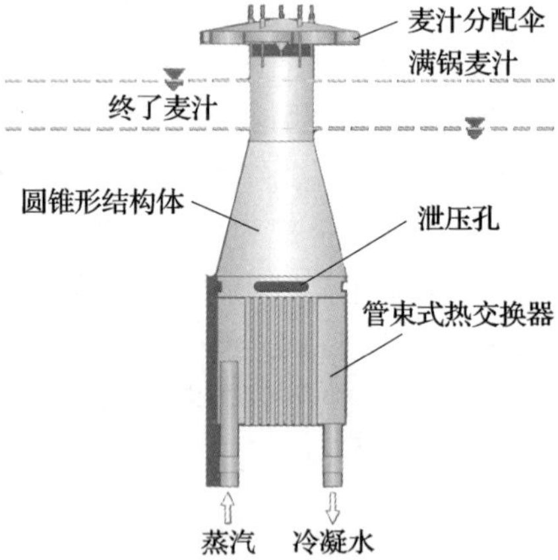

图 4－3　列管式加热器结构

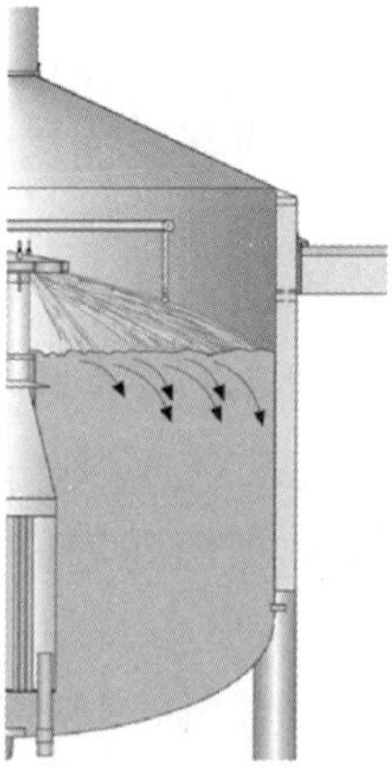

图 4－4　“煮沸喷泉”

（2）无需更多的电耗。

（3）没有热辐射损失。

（4）采用密封式麦汁煮沸，带入空气少，二次蒸汽温度高，便于废热回收。

（5）内加热器管束中的流速低。

3. 内加热器煮沸锅的缺点

（1）内加热器的清洗较困难（图 4－5） 预热时麦汁在管束中呈自然对流，流速低，麦汁与加热介质的温差大，如果蒸汽阀门开得过大，就很容易出现焦煳现象，在加热面上形成垢层。因此，内加热器煮沸锅应根据生产情况及时进行碱洗。

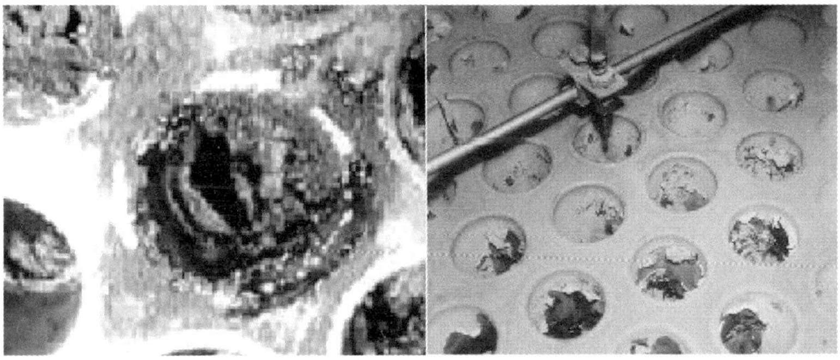

图 4－5 内加热器煮沸锅形成的垢层

（2）内加热器管束中的流速低，会出现麦汁局部过热，导致麦汁色泽加深、口味变差。

（三）外加热器煮沸锅

1. 外加热器煮沸锅的结构特点

煮沸锅与外加热器分开安置，即外加热器独立安装在锅体外。从煮沸锅底流出的麦汁借助一个循环泵通过外加热器进行每小时 7～12 次的循环加热。外加热器由列管或板式加热系统组成。材质为铜或不锈钢。麦汁以 0.5～1.0m/s 的流速从下部进入加热器而直接从上部流出（直通式）；或以 2.5m/s 的流速从下部进入加热器后，再在其内部经过多次弯曲转向而从上部流出（转向式）。为使麦汁循环加热，须在煮沸锅的出口与外加热器之间安装一个“麦汁循环泵”，它应使麦汁循环次数达 7～12 次。麦汁可在常压下在外加热器内加热，加热煮沸后，由上部排出并以切线方向进入麦汁煮沸锅，此类型煮沸锅同时兼回旋沉淀槽使用［图 4－6（1）］。也可在 0.01～0.03MPa 的过压下进行低压加热，此过压可通过这样产生：通过节流阀的作用使麦汁在外加热器中的压力升高，使麦汁温度在外加热器内达到 102～108℃。从外加热器出来的麦汁进入煮沸锅后，压力马上降至常压，卸压效应使麦汁进入煮沸锅后水分得到强烈蒸发，不良气味物质排除，煮沸强度高，有利于锅内麦汁均匀地混合，并形成强烈的对流。外加热器内麦汁温度高，有利于蛋白质凝聚、α－酸异构化，使麦汁煮沸时间能缩短到 60～70min，且保证麦汁煮沸效果，煮沸锅占用时间也少，有利于日糖化锅次的提高，提高麦汁产量。为了充分利用这一效应，外加热器出来的麦汁被导入一直径为 20cm 的管内，锅底麦汁从底部具有开口的套管中以喷射方式一起被吸出来，加强麦汁的运动。在卸压管的上方安装一个伞形罩，既可避免麦汁喷射过高，又可将麦汁向四周分散，加热后的麦汁也可以切线经喷嘴从麦汁液面下进入锅内［图 4－6（2）］。为避免热量损失，外加热器须具有保温层。

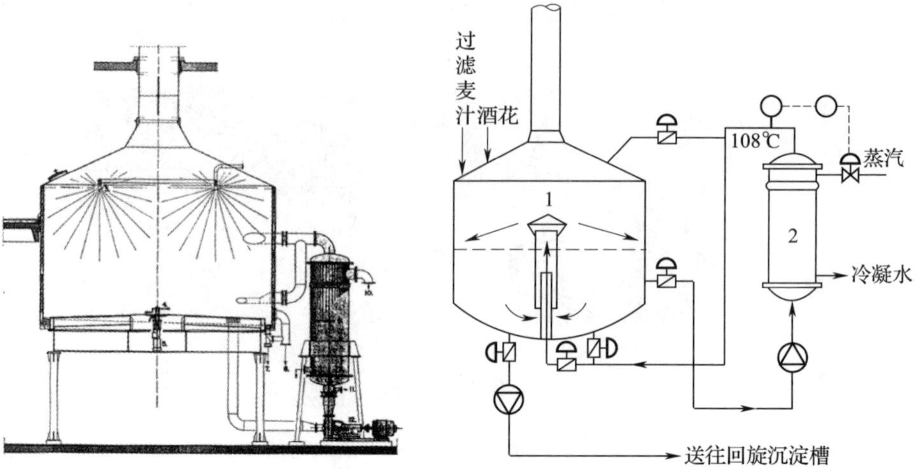

(1)麦汁煮沸锅　　(2)外加热器

图 4－6　外加热器煮沸锅

加热面积：11m^2/100hL 终了麦汁。

外加热器电耗：一般为 38kW/600hL 终了麦汁。

由于加热器外置，因此提供了利用的多种可能性：既可对两个或三个煮沸锅的麦汁进行加热，也可对暂存罐、热麦汁罐进行加热保温。

2. 外加热器煮沸锅的优点

（1）不占用锅内体积。

（2）煮沸时间可缩短 20%～30%。

（3）酒花苦味物质收得率高，可凝固性氮析出彻底。

（4）循环次数可调节。

（5）流速高，在加热面上不易产生垢层。

（6）只需压力很低的饱和蒸汽。

（7）煮沸强度和煮沸温度可调节。

（8）借助卸压效应，可使更多的对香味不利的挥发性物质被蒸发掉。

3. 外加热器煮沸锅的缺点

（1）由于需要泵循环，因而耗电量增加。

（2）外加热器可产生大量辐射热损失。

（3）增加额外投资费用。

（4）外加热器中高速产生很大的剪切力。

三、新的麦汁煮沸系统

传统加热方式存在的缺陷：麦汁质量均匀性差，特别是在加热时；煮沸时间长，总蒸发量大，导致相应能源消耗大、糖化间隔长、麦汁热负荷增加；不利口味物质排除不够，特别是在回旋静置以及冷却过程中再次转化的物质无法排除；加热器清洗困难。

新式煮沸系统希望达到的目标：煮沸过程能够更好地对有利物质进行保护（如可凝固性氮）；接种麦汁中尽可能含有较少的游离二甲基硫；热负荷低（TBA 低）；降低总蒸发量，节约能源。

（一）低压麦汁煮沸

带压麦汁煮沸工艺是指锅内的压力大于当地大气压，使锅内麦汁沸点提高，麦汁煮沸温度也上升，随着煮沸温度上升，可大大促进蛋白质凝聚、α－酸溶出及异构化，DMS－P 转化为 DMS 的速度也加快，不仅缩短了煮沸时间，适合于日糖化锅次多的麦汁生产，而且二次蒸汽温度高，便于回收二次蒸汽、降低能耗。但也要避免、平衡因温度高导致类黑素形成多、煮沸时的高温负荷高、多酚物质聚合程度大等负面影响。

依据煮沸锅内压力大小或者煮沸时麦汁温度高低，可分为低压麦汁煮沸、连续高温麦汁煮沸。目前广泛应用低压麦汁煮沸工艺。低压麦汁煮沸，是指锅内的压力略高于当地大气压。目前较多采用内加热煮沸锅进行低压麦汁煮沸工艺。低压内加热煮沸锅应考虑锅属于压力容器，所以在乏汽排汽管必须安装安全阀、真空阀、排汽阀、密闭的乏汽排汽管闸板，并且锅壁厚度、焊接质量也要满足压力容器的规范要求。

低压内加热煮沸锅由于是密封式的带压煮沸，所以要采用密封式的人孔、酒花自动添加系统。目前低压麦汁煮沸的温度较多采用 102～104℃，锅内压力为 0.11～0.12MPa。

1．静态低压麦汁煮沸

静态低压麦汁煮沸过程如下（图 4－7）。

（1）在 100℃预煮沸 10min 左右。

（2）在 10～15min 内将煮沸的麦汁温度从 100℃升至 102～104℃。

（3）在 102～104℃的低压煮沸 15min 左右。

（4）在 15min 内将锅内的压力降至大气压，麦汁的温度降至 100℃。

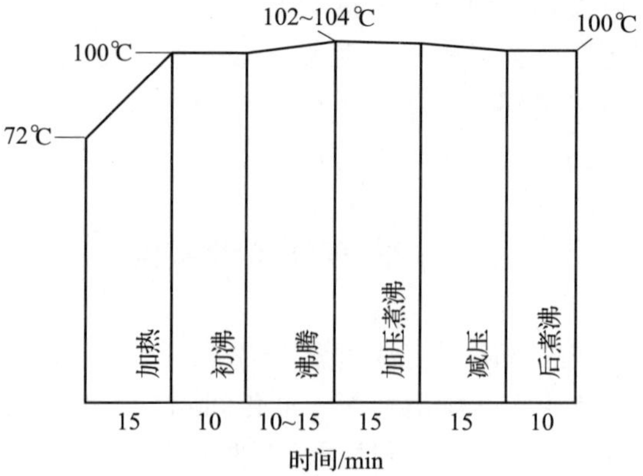

图4－7　静态低压麦汁煮沸工艺

（5）降压后麦汁在100℃下后煮沸约10min。

低压麦汁煮沸工艺相对于传统的麦汁煮沸工艺来说总煮沸时间缩短至60～70min，使煮沸锅的占用时间下降，有利于日糖化次数的提高，蒸发率约为6%，大大降低了煮沸时的蒸汽消耗，同时二次蒸汽的温度高，便于二次蒸汽的回收利用，产生96℃热水，用于麦汁的预热。

2. 动态低压麦汁煮沸（图4－8）

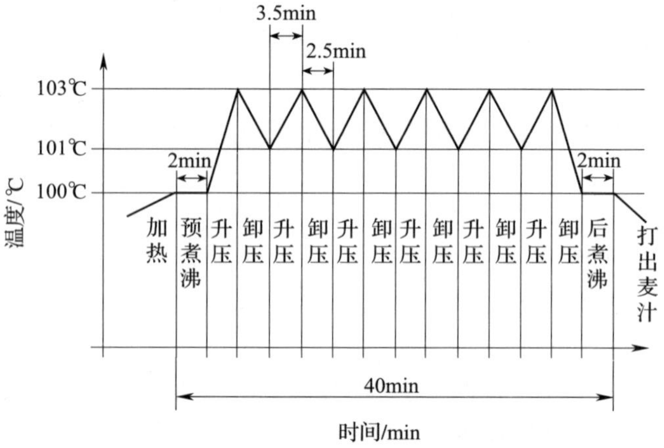

图4－8　动态低压麦汁煮沸工艺

尽管低压麦汁煮沸中煮沸温度降至102～104℃，TBA上升幅度也小了，但是人们对啤酒质量的要求越来越高，总认为传统低压麦汁煮沸过程中DMS排除不彻底，TBA值上升幅度依然较高，于是出现了动态的低压麦汁煮沸。

低压动态麦汁煮沸的步骤如下。

（1）常压预煮沸　为了除去煮沸锅、压力调节系统和蒸汽冷凝器中的空气，时间为5min。

（2）动态煮沸　在煮沸锅中增压至约0.11MPa（103～104℃），然后再释放压力，在103～104℃与101～102℃多次升压、降压，这个过程重复6～8次。

（3）常压后煮沸　常压下的后煮沸使麦汁达到需要的浓度，添加香花。

总煮沸时间：40～60min。

总蒸发量：约5%。

由于多次的升压、降压过程，压力排放时形成大量气泡，麦汁运动强烈，气味物质排出强烈，从而提高了煮沸时的蒸发率，有利于DMS的排出。并且相对于静态低压麦汁煮沸过程而言，在动态低压麦汁煮沸中，TBA值上升幅度更低，有利于啤酒口味稳定性。产生101℃的二次蒸汽，比静态低压麦汁煮沸时产生的二次蒸汽温度还要高些，便于二次蒸汽的回收。

3．低压煮沸过程中的要求

（1）每次煮沸时应保持相同的最高煮沸温度。

（2）在带压、升压、降压的煮沸过程中应都保持相同的时间。

（3）应在相同时刻添加酒花。

（4）在低压麦汁煮沸时应适当排气，以便达到工艺要求的蒸发率。

（二）薄层蒸发煮沸系统

1．薄层蒸发煮沸系统的构成

薄层蒸发煮沸系统（图4－9）主要由薄层蒸发锅、回旋沉淀槽构成。薄层蒸发锅带锥形加热面（图4－10），进行麦汁加热以及煮沸，麦汁以薄层形式在加热面上流动；回旋沉淀槽作为麦汁收集槽。既具备外加热煮沸锅的优点，又具备薄层蒸发煮沸的独特优势，完成麦汁预热、煮沸、回旋沉淀除去热凝固物、DMS汽提的作用。

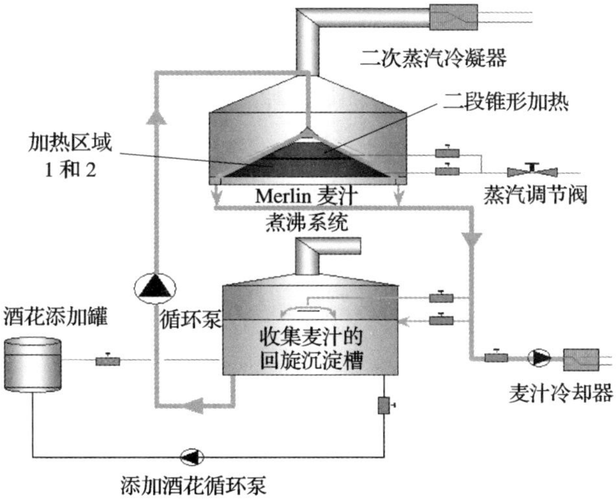

图4－9　薄层蒸发煮沸系统（Merlin）

图 4－10　锥形加热面

2. 麦汁煮沸的过程

（1）加热（图 4－11）　洗糟结束后的满锅麦汁储存在回旋沉淀槽中，通过泵将麦汁打到带锥形加热的薄层蒸发锅中进行预热，按 5～6 次/h 循环流量通过两个加热面加热至煮沸温度，然后从两个出口返回到回旋沉淀槽中。饱和蒸汽压力 0.15MPa。由于是薄层加热，能做到边加热、边煮沸，既有利于水分的蒸发，又有利于蛋白质凝聚，时间约 40min。

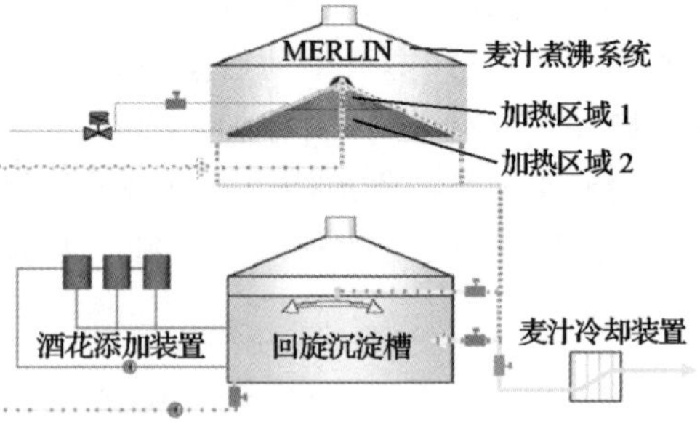

图 4－11　加热

（2）煮沸（图 4－12）　煮沸开始后，加热区 2 被打开，按 3～4 次/h 循环流量一段锥形加热进行煮沸，蒸汽压力调整到 0.08～0.11MPa。然后返回到回旋沉淀槽中。水分蒸发在锥形加热的薄层蒸发锅进行，可回收利用二次蒸汽。时间 35min。

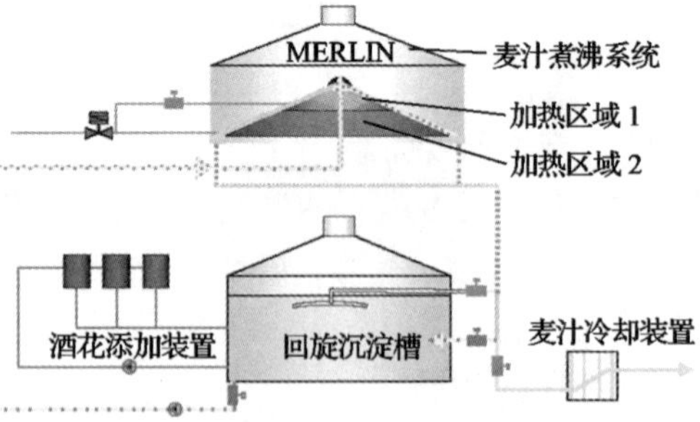

图 4－12　煮沸

（3）回旋沉淀（图4－13） 煮沸结束后，停止加热。通过循环泵使麦汁从回旋沉淀槽的下部进口切线进入，产生回旋效果，并静置15min。

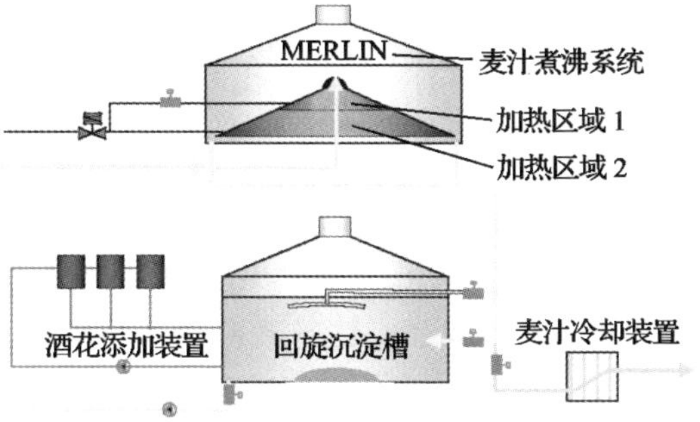

图4－13 回旋沉淀

（4）汽提（图4－14） 静置结束后，将澄清麦汁再次流经锥形加热的薄层蒸发锅中，加热区2打开，饱和蒸汽压力0.12MPa。麦汁加热后产生汽提效应，有利于排除在回旋沉淀过程中再次形成的DMS。根据薄板冷却器的设计时间约持续1h。

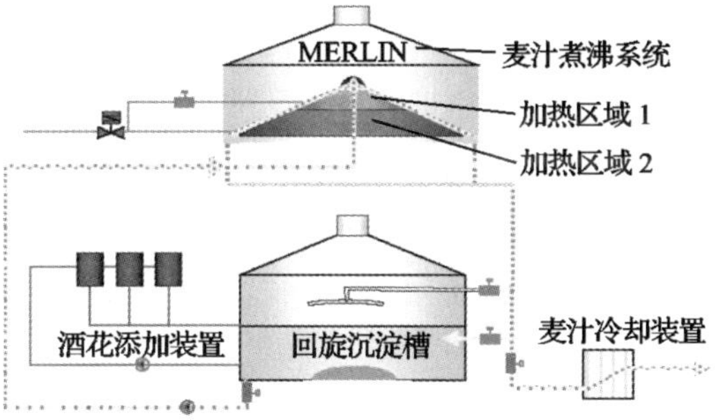

图4－14 汽提

由于Merlin煮沸系统采用薄层加热，使麦汁在加热过程中也发生强烈水分蒸发，采用阶段优化的煮沸过程，省去打麦汁过程，所以TBA的上升幅度小、麦汁色度浅、节约能源，避免了强烈的蛋白质凝聚，有利于啤酒泡沫、醇厚性。

四、麦汁煮沸中的热能回收

在麦汁煮沸过程中所产生的“水蒸气”人们称之为“二次蒸汽”或“乏气”。此“乏气”如果不加处理地自由排放于空气中，一方面将会对周围环境造成污染（异常气味的污染），特别是建在城市居民区的啤酒厂尤为注意（城市中高层建筑较多，受害尤甚）。许多国家已将啤酒厂的排放蒸汽列为行政法律上的规定之列。另一方面，麦汁煮沸时的能源需求很高，煮沸时的能耗主要涉及麦汁的预热、麦汁煮沸时的能耗。麦汁预热即将麦汁从72℃加热至100℃，能源的消耗为17640kJ/hL；当麦汁煮沸总蒸发量为12.5%时，能源的消耗为36300kJ/hL。由于能源价格不断上涨，就迫使许多厂家不得不在节能、能源回收上做文章。

降低煮沸时能耗的措施为：避免蒸汽跑、滴、漏的现象；良好的设备保温；回收蒸汽冷凝水；多次利用蒸汽，将蒸汽冷凝水继续进行热交换，然后将冷凝水回收到锅炉；在保证煮沸效果——蛋白质凝聚效果、DMS不良气味物质排除效果好的前提下降低煮沸时的总蒸发率；注意煮沸设备的清洗工作。

麦汁煮沸过程中热能回收的途径主要为：将二次蒸汽冷凝产生热水，用于麦汁的预热，降低新鲜蒸汽的消耗；通过二次蒸汽的增压来替代部分新鲜蒸汽用于麦汁的煮沸。

（一）二次蒸汽冷凝

1. 二次蒸汽冷凝的目的

二次蒸汽冷凝的目的是将二次蒸汽中的热能回收，二次蒸汽以冷凝水的形式排放至下水道，另外还能起到减少排出蒸汽异味的作用。基于以上原因，至少应部分回收二次蒸汽的热量。二次蒸汽能源回收可通过安放在排气管中的冷凝器进行。将二次蒸汽冷凝可回收蒸发所需热量。

2. 二次蒸汽冷凝器的结构及原理

二次蒸汽冷凝器是由立式或卧式（较好）的铜或不锈钢的板式或列管组成（图4-15）。按逆流原理将除硬后的水泵入列管中而被乏汽加热，由风机抽出的乏汽则被除硬后的水冷凝成“冷凝水”，由此进行“乏汽”的热能回收利用。

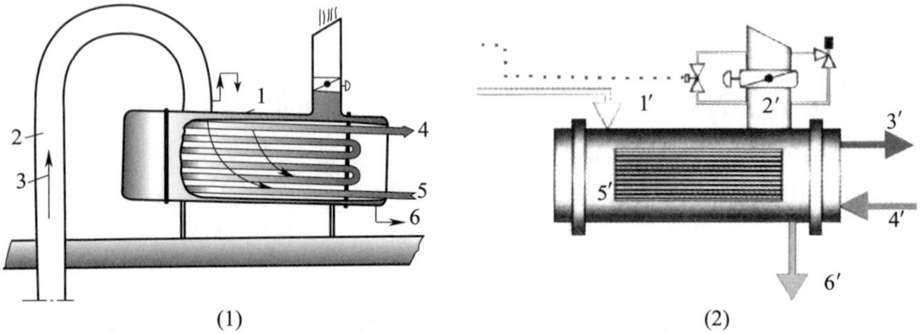

图4-15 二次蒸汽冷凝器

1—热交换器 2—排气筒 3—二次蒸汽 4—高温水出 5—热水进口 6—冷凝水

1′—二次蒸汽进口 2′—排气筒 3′—高温水出 4′—热水进口 5′—热交换器 6′—冷凝水

在冷凝器中，二次蒸汽穿过中间有水流动的薄板或列管，水被升温。二次蒸汽将它的热量传递给水后自身冷凝下来。根据不同用途，乏气可进行一级或二级冷却，得到高水温。如果进行二级冷却，则第一级冷却可将热水加热成高温水，此高温水可用于麦汁的预热（图 4－16）。第二级冷却可将冷水加热成热水。这样可最大限度地将乏气的热量转移到可重新使用的热水中。一天生产多锅麦汁时，如此生产热水量会超过需求量，所以现今大多使用一级式冷凝器。

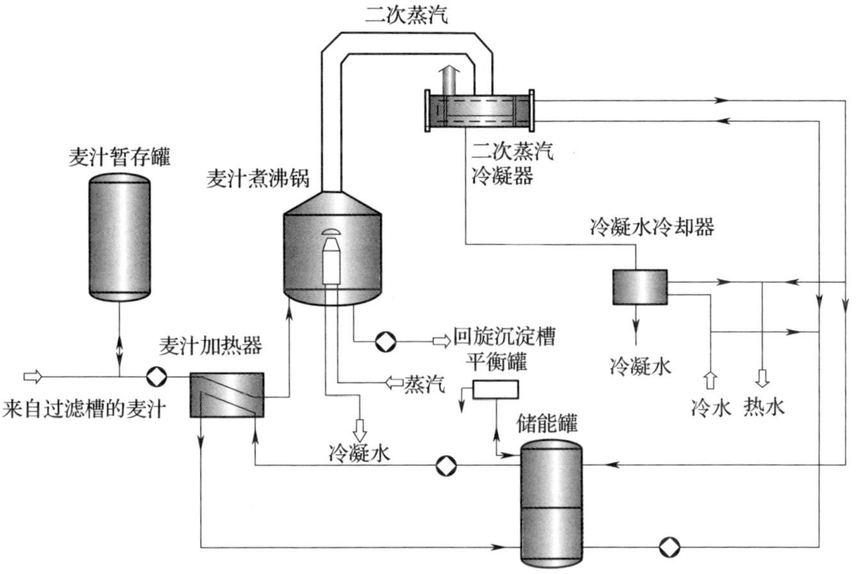

图 4－16　二次蒸汽冷凝、麦汁预热（来自兹曼股份有限公司）

注意：每 100L 麦汁煮沸终了可产生 80℃ 的高温水 80L。产生的热水储存于一个大容量的带保温层的“热水储罐”中。密闭的麦汁煮沸系统所产生的乏汽具有 90℃ 以上的高温，因此产生的热水温度也较高。

（二）二次蒸汽压缩或增压

1. 二次蒸汽压缩的原理

将从排汽筒抽出来的乏汽通过一台热泵将乏汽压缩成 0.02～0.05MPa 的过压蒸汽，使蒸汽的温度升至 107～115℃，再将它直接用于麦汁煮沸。

2. 乏汽压缩机工作的前提

在煮沸刚开始时，使用新鲜蒸汽进行加热，直至整个系统无空气的存在，然后才换到“乏汽压缩机”工作系统。与高温灭菌设备一样，如果此压缩系统中混入了空气，则达不到高温的目的，因此乏汽压缩机工作的前提是：整个系统无空气存在，这一点非常重要，否则达不到良好的“高温过压”蒸汽的形成效果。大多数的带有乏汽压缩机的煮沸系统为外加热煮沸系统（图 4－17），因为外煮沸的加热面积非常大。不过在内加热系统中也可安设乏汽压缩机（图 4－18）。

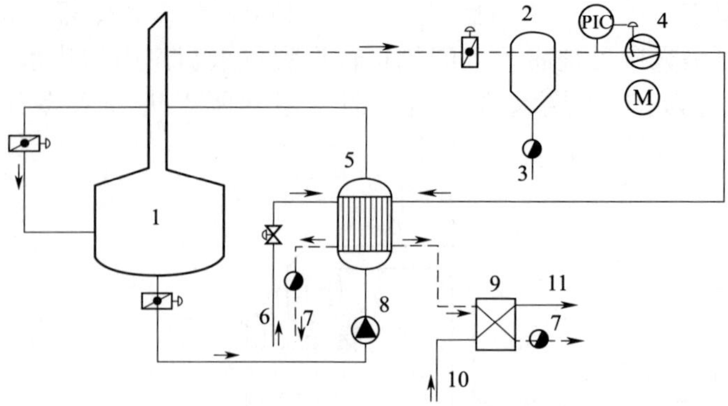

图 4－17　带乏汽压缩机的外加热煮沸系统

1—麦汁煮沸锅　2—蒸汽分离器　3，7—冷凝水　4—乏汽压缩机　5—外加热器　6—新鲜蒸汽　8—麦汁泵　9—乏汽冷凝水冷却器　10—冷水　11—热水

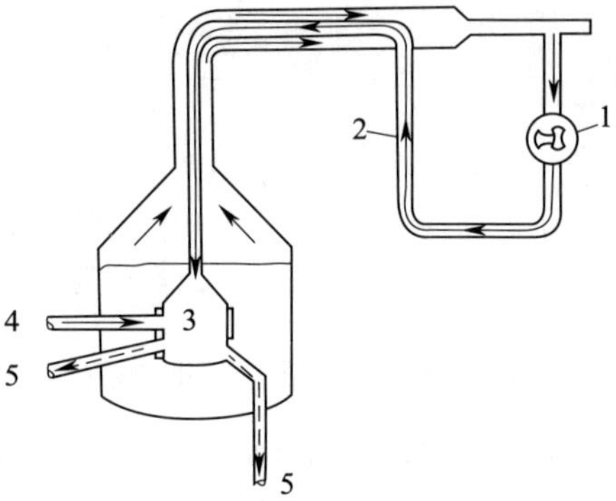

图 4－18　带乏汽压缩机的内加热煮沸系统

1—乏汽压缩机　2—已压缩蒸汽　3—内加热器　4—新鲜蒸汽　5—冷凝水

第三节　麦汁煮沸的操作

在麦汁煮沸的实施进程中，有两个特别的相互关联的重要基本点，这就是：麦汁本身的煮沸和酒花内容物的转化。

一、麦汁本身的煮沸

一般来说，麦汁一进入煮沸锅后，就开始进行加热煮沸（如为内加热煮沸锅，必须等麦汁淹没内加热器后才开始加热）。

（一）麦汁煮沸过程

1. 麦汁预热

麦汁预热是在过滤麦汁没过加热器表面后进行的，这个时候的蒸汽量开得较小，或用高温水通过薄板换热器进行预热。

2. 麦汁小蒸发

麦汁小蒸发即麦汁开始沸腾，小蒸发的时间不应超过 30min，此阶段的蒸汽量还没开足，蒸汽量不是很大，洗糟过程仍在进行。此阶段的作用是：为蒸发做准备，一旦洗糟完毕，立即可以进行蒸发；同时沸腾也可使煮沸锅中的麦汁混合均匀，便于准确地测定满锅麦汁浓度。

3. 水分蒸发

水分蒸发即正式煮沸阶段，此阶段蒸汽量开到最大，使麦汁保持激烈的沸腾状态。麦汁煮沸时间为 60 ~ 100min，煮沸时间必须足够并且煮沸要强烈。

（二）煮沸时间足够并且煮沸强烈的好处

（1）可使酒花中的苦味物质更好地溶解于麦汁中。

（2）可使可凝固的蛋白质更好地从麦汁中分离。

（3）DMS 及其他不良气味可更多地排出。

但同时也应注意，多一分钟煮沸就意味着多一分钟的能量消耗，因此不要进行不必要的“延长煮沸”，在麦汁煮沸后，即打出麦汁时，一定要达到所要求的“煮沸终了麦汁浓度”，因为只有这一过程可以达到所要求的原麦汁浓度，这一点在煮沸一开始就必须清楚。

另外一个重点是：在煮沸开始前，一定要检查麦汁中的淀粉是否分解完全（后糊化），即进行“碘检”。

二、酒花的添加

（一）添加酒花的目的

酒花中含有酒花树脂或酒花苦味物质、酒花油、酒花多酚物质等成分，必须在麦汁煮沸过程中添加酒花，将其中有用的内含物溶出或转变，并达到以下目的。

1. 酒花树脂或酒花苦味物质溶出、异构化，赋予啤酒（麦汁）独特、爽快的苦味

酒花中价值最高的苦味物质组分 α – 酸应较好溶出、转化为异 α – 酸。异 α – 酸在水中、麦汁中、啤酒中或者在较低 pH 中溶解性好，比 α – 酸苦味强度大，且苦味舒适、苦味质量好。而 α – 酸在水中和麦汁中的溶解性较低（在 100℃、pH 为 5.9 时溶解 480mg/L，在 pH5.2、100℃时溶解仅 84mg/L）；发酵时大部分又转化为不溶性；必须在煮沸时通过溶出、异构化，转化为异 α – 酸，才具有较高的溶解性（在 pH 为 3.4、100℃时溶解 2000mg/L）（表 4 – 7）。

表 4-7　酒花中苦味物质的组分、含量及特性

组分	含量	特性
软树脂	3% ~4%	一定的苦味、溶解性好
硬树脂	1% ~2%	基本无苦味、溶解性好
β-酸	4% ~6%	对啤酒的苦味几乎没有作用
氧化的 β-酸	—	具有细腻的苦味、溶解性好
α-酸	4% ~8%	酒花中最重要的苦味物质、很难溶解

通过煮沸，使酒花中的非水溶性的 α-酸转化为“异 α-酸”，以使麦汁和啤酒具有苦味。酒花煮沸时间越长越强烈，就有越多的 α-酸被异构溶解，其苦味作用越强烈。

2. 酒花多酚物质与蛋白质结合，提高啤酒非生物稳定性

因为多酚物质可促进蛋白质的凝聚，并有助于麦汁和啤酒的特性（如醇厚性、非生物稳定性）。酒花多酚与蛋白质结合的能力比麦芽中的多酚要强，为了充分利用酒花多酚促进煮沸时蛋白质凝聚，降低啤酒中导致啤酒浑浊的高分子蛋白质，从而提高啤酒的非生物稳定性，最好是在煮沸开始后 5 ~10min 添加还原能力强、多酚物质含量多的酒花。煮沸时间越长，酒花多酚物质与蛋白质的反应越强，一般来说，形成的沉淀也越多。因此在开始煮沸时，应添加多酚物质丰富的酒花制品，如 90 型颗粒酒花。

3. 酒花油中的某些成分进入麦汁中，赋予啤酒（麦汁）独特酒花香味

酒花油可赋予某些类型的啤酒以“酒花香气”。为了在啤酒中得到典型的酒花香味，需要添加香型酒花或细香型酒花，细香型酒花在煮沸结束前 5 ~10min 或者就在倒麦汁时添加。

(二) 酒花添加的实际操作

1. 酒花添加量的确定

过去是以每百升成品啤酒来计算添加酒花的克数，一般按 150 ~250g 酒花量/hL。但由于各种酒花中所含苦味物质（α-酸）的量是千差万别的，酒花平均煮沸时间也是很不同的，因此不能再用“g 酒花/hL 成品啤酒”来计算添加酒花量，而应以 α-酸含量的多少来计算酒花的添加量。

啤酒苦味的高低取决于啤酒类型。啤酒类型品种不同，所要求的苦味值也就不同。苦味以苦味值单位“BU”或“BE”表示：1 苦味值（BU） =1mg 苦味物质/L 成品啤酒

即，1BU 为每升成品啤酒中所溶解的苦味物质（α-酸）量大约为 1mg。

每种啤酒类型都有一个一定波动范围内的苦味值（表 4-8）。

表 4-8 啤酒类型及苦味值

啤酒品种	α-酸添加量/（mg/L 打出麦汁）	苦味值/BU
小麦啤酒	50～70	14～20
三月啤酒	70～85	20～25
无醇啤酒	70～90	22～28
出口啤酒	75～110	22～30
比尔森啤酒	100～160	28～40
高浓啤酒	60～80	19～23

当然，啤酒苦味值的高低确定，最终取决于消费者对苦味的要求。就是同一类型的啤酒，由于各个啤酒厂生产工艺的不同，而生产的啤酒“苦味值”也是有区别的。对于小麦啤酒，由于要突出酯香味和小麦麦芽香味，因此酒花添加量要低一些；对于深色啤酒，由于要突出典型的麦芽香味，也不能添加太多的酒花。

生产工艺不同，酒花苦味利用率也不同，一般来说，此值在 25%～35%。另外，影响酒花苦味利用率的一个重要因素是“酒花平均煮沸时间”。酒花平均煮沸时间一般为 50～60min。

酒花平均煮沸时间的计算实例：

某厂第一次酒花添加选用苦型酒花，添加量为 2.5gα-酸/hL，添加时间为煮沸后 10min；第二次添加香型酒花，添加量为 2gα-酸/hL，添加时间为煮沸后 30min；第三次添加细香型酒花，添加量为 1gα-酸/hL，添加时间为煮沸结束前 10min；总煮沸时间 90min。求此次煮沸操作的酒花平均煮沸时间。

酒花平均煮沸时间的计算（以 hL 为计算单位）

苦型酒花第一次添加：$2.5\text{g} \times (90-10)\ \text{min} = 200\text{g} \cdot \text{min}$

香型酒花第二次添加：$2\text{g} \times (90-30)\ \text{min} = 120\text{g} \cdot \text{min}$

细香型酒花第三次添加：$1\text{g} \times 10\text{min} = 10\text{g} \cdot \text{min}$

总 α-酸添加量 = 5.5g；总煮沸“g·min” = 330g·min

则酒花平均煮沸时间 = 330g·min/5.5g = 60min

在酒花添加量相同的情况下，如果调整酒花添加的时刻、酒花添加次数、每次添加酒花比例，会导致酒花平均煮沸时间的变化，影响苦味物质利用率。所以改变酒花添加量时，必须顾及到酒花的平均煮沸时间。如果应用动态低压煮沸工艺，麦汁煮沸时间缩短，为了保证酒花苦味利用率，可采取减少酒花添加次数、增加第一次添加酒花比例、使用苦味物质利用率高的酒花制品等措施，否则酒花利用率会大大下降。

根据所生产啤酒的苦味值、每升终了麦汁（20℃）添加 α-酸的量、酒花利用率以及酒花中的 α-酸含量，就能够计算一定的麦汁中添加的酒花量。

注意：20℃终了麦汁的体积等于 100℃终了麦汁的体积乘以 0.96；煮沸前后的麦汁体积不特指的话，

一般是指 100℃下的体积。

系数0.96 的由来：

麦汁从 100℃冷却到20℃的收缩	-4.08%
热麦汁量测定时由于液面的波动	-0.10%
酒花糟占的体积	-0.10%
锅体受热膨胀	+0.20%
测量时温度略低	+0.08%
共	-4.00%

煮沸锅中酒花添加量的计算实例：某厂生产比尔森啤酒，终了麦汁量 $60m^3$，要求啤酒的苦味值达到25BU，苦味物质收得率为25%。试问：在麦汁煮沸时必须添加多少 α-酸？若酒花分两次添加，第一次添加苦型酒花，添加酒花的苦味物质占总量的70%，添加酒花的α-酸含量10%；第二次添加香型酒花，添加酒花的苦味物质占总量的30%，添加酒花的 α-酸含量6%。求每次的酒花添加量。

α-酸/L = 25mg/L ÷ 25% = 100mg/L = $100g/m^3$

在麦汁煮沸时需要添加 α-酸的量为：$100g/m^3 \times 60m^3 \times 0.96 = 5760g$

第一次酒花添加量 = 70% × 5760g ÷ 10% = 40320g = 40.32kg

第二次酒花添加量 = 30% × 5760g ÷ 6% = 28800g = 28.80kg

如采用三次添加酒花方法，计算方法相同。

在添加酒花时，必须考虑到酒花所产生的沉淀物负荷，所谓沉淀物负荷就是每平方米回旋沉淀槽底面积所能容纳凝固物的数量。标准数约为 $2.5kg/m^2$；最高数为 $3.5kg/m^2$，超过此值会造成回旋沉淀的效果差。

实践经验表明：60～100g/hL 的颗粒酒花是合适的，以便形成较好的沉淀球体，在超负荷的回旋沉淀槽内，必须采用浸膏或浓缩颗粒酒花。

2. 酒花添加方法、时机和批次

酒花添加方法、时机和批次与啤酒类型、工艺操作有关。在确定酒花添加方法时首先必须考虑啤酒对啤酒酒花香味、苦味的要求以及所使用的酒花制品，尽可能充分利用和兼顾酒花中的酒花树脂、多酚物质及酒花油对啤酒质量有利一面，一般分为一次、二次、三次、四次酒花添加。

（1）一次添加法　适合不突出酒花香气的啤酒。添加的时机可选择煮沸开始后 5～10min。这种添加酒花的方法可以达到尽可能高的苦味物质收得率，但多酚物质经过长时间煮沸、高温聚合、氧化，麦汁色度会上升，粗糙味增加。

在麦汁煮沸开始后 5～10min，添加酒花的作用如下。

① 能起到一定的消泡作用：酒花多酚能迅速与高分子蛋白质结合，降低麦汁黏度，防止麦汁煮沸时溢锅。

② 使麦芽多酚物质先与蛋白质结合：保存良好的酒花多酚与蛋白质结合的

能力，比麦芽中的多酚要强。在麦汁煮沸开始后 5 ~ 10min，添加酒花，充分利用麦芽多酚与蛋白质结合，既可降低麦汁中的高分子蛋白质，又能减少麦芽多酚残留在麦汁中，有利于啤酒非生物稳定性。

③ 提高酒花利用率：酒花平均煮沸时间较长，酒花利用率高。

（2）两次添加法　适用于“酒花香味”稍突出的啤酒，可分为两种形式。

① 通常第一次将 70% ~80% 的酒花在煮沸开始后 5 ~ 10min 添加。在煮沸结束前 30min 添加剩下 20% ~30% 的酒花。特点是：啤酒的酒花香味稍突出；酒花平均煮沸时间较长，酒花利用率高；酒花中的多酚与蛋白质结合充分，有利于啤酒的非生物稳定性。

与一次添加酒花相比，麦汁色度上升少，但是如果添加 α - 酸含量低、PI 值不合理的酒花，也会导致啤酒色度上升，口味、苦味质量下降。

② 随着煮沸时间的缩短，二次添加酒花可采用如下方式：在煮沸开始后 5 ~ 10min 同样添加 80% ~90% 的酒花（苦型酒花）达到促苦，有利于蛋白质凝聚，促进排出酒花异味，在煮沸结束前 5 ~ 10min 将剩下的 10% ~20% 酒花采用香味酒花添加，可减少酒花香味物质损失，使啤酒具有良好的酒花香味。

（3）三次添加法　在麦汁煮沸时间为 90min 的情况下应用广泛。

第一次添加酒花：在麦汁煮沸开始后 5 ~ 10min，添加总量约 50% 的酒花（苦型），能起到一定的消泡作用，使部分麦芽多酚与蛋白质结合，可使用多酚物质较高且 PI 值合理的新鲜苦型酒花。

第二次添加酒花：在麦汁煮沸开始后 30 ~ 40min，添加总量约 30% 的苦型或 45 型颗粒酒花，能起到促苦作用，有利于 α - 酸的异构化以及蛋白质的凝聚。

第三次添加酒花：在麦汁煮沸结束前 5 ~ 10min，添加香型酒花，甚至在回旋沉淀槽中添加酒花油，添加量约为总量的 20%。由于酒花煮沸时间短，可减少酒花香味物质损失，能促进啤酒的酒花香味，但不利于 α - 酸的异构化以及多酚与蛋白质的结合，所以不应添加多酚物质含量多的酒花制品，或 α - 酸含量高的酒花制品。

通常在第一次添加富含多酚的苦型酒花（或补加少量香型酒花），以使蛋白质较好沉淀分离和较高的 α - 酸异构率；第二次添加 α - 酸含量较高的苦型酒花，以提高酒花利用率；第三次（即最后一次）应该添加质量最好的香型酒花，如细香型酒花。这种三次酒花添加法可使啤酒具有细腻的酒花香味和舒适的苦味。

分次添加酒花对酒花利用率来说并不合理，但从苦味、香味兼顾的角度考虑还是必要的。

（4）低压麦汁煮沸的酒花添加　一般有三种形式。

一次添加：在煮沸开始后升压之前将所应添加的酒花，通常是 α - 酸含量高的酒花浸膏或 45 型颗粒酒花的酒花制品一次性添加。

二次添加：在麦汁开始煮沸后升压之前第一次添加 α - 酸含量高的酒花浸

膏，在降压后进行后煮沸时第二次添加45型香型酒花。

三次添加：煮沸开始时第一次添加α－酸含量高的酒花浸膏或45型苦型酒花，在带压煮沸阶段通过专门的装置第二次添加45型酒花。在煮沸结束时第三次添加细香型酒花，促进啤酒的酒花香味。

（5）酒花添加的实例　见表4－9、表4－10。

表4－9　α－酸添加量为65g/kL终了麦汁

添加批次	添加时机	添加量/（gα－酸/kL终了麦汁）	酒花选型
第一次	煮沸后10min	35	苦型
第二次	煮沸后30min	15	香型
第三次	煮沸结束前10min	15	香型
酒花平均煮沸时间为56min			

表4－10　α－酸添加量为90g/kL终了麦汁

添加批次	添加时机	添加量/（gα－酸/kL终了麦汁）	酒花选型
第一次	煮沸后10min	40（苦）＋10（香）	苦型和少量香型酒花
第二次	煮沸后30min	20	香型
第三次	煮沸结束前10min	20	香型
酒花平均煮沸时间为57min			

3．酒花的添加操作或设备

酒花添加的方式可分为人工添加、半自动化添加以及自动化添加。

（1）人工添加　在开放式煮沸中，可直接将酒花或酒花制品加入到煮沸锅中。缺点是：劳动强度大；氧气容易进入煮沸锅中；存在安全隐患。

具体操作为：按各次添加的酒花品种要求称好酒花的添加量，按每次要求的酒花添加时刻添加；添加前停止煮沸，关闭蒸汽阀门，在确认麦汁对流不强烈的前提下，打开人孔，将所应添加的酒花制品人工添加到煮沸锅中。

由于人工添加酒花必须停止煮沸，所以相当于延长麦汁在高温的停留时间，导致麦汁色度的上升，麦汁高温氧化，使二次蒸汽的温度下降，不利于二次蒸汽的回收利用，不适合密封式麦汁煮沸及低压麦汁煮沸工艺，操作人员必须正确掌握添加酒花的时机，否则影响酒花的平均煮沸时间，导致酒花利用率下降或苦味质量变差。另外操作麻烦，如果操作不慎，麦汁可能逸出，不仅导致麦汁的损失，甚至对操作人员构成危险。

在现代化的糖化车间，不仅糖化容器的布局是平面式，更主要是所有容器、管道等都是封闭式的，即“全自动控制糖化车间”，在此酒花添加必须是自动化加入。这样可以节省人力，保持准确的添加时间以及由于使用大规格包装从而可以节省费用。

（2）半自动式　利用一根管子，在此管子的不同高度处有一插板，可通过电动或气动来控制这些插板；管子上的不同高度值（不同区段的高度）取决于每批次所添加的酒花量，依据各批次的添加时机而打开各自区段。也可利用一“旋转罐”，该罐内部划分有许多“隔离区”；该罐的底部连接有一“下落管道”，通过罐子的旋转就可以把各个“隔离区”中的酒花进入“下落管”中。在使用酒花浸膏（黏度高）时，需在此之前进行稀释溶解（浸膏: 水 =1∶4）或加热，然后泵送。

（3）全自动式　越来越多的啤酒厂采用自动化酒花添加系统（图 4 – 19）。全自动酒花添加装置通常由三个酒花添加罐构成，一般在麦汁煮沸之前将每次所要添加的酒花通过人工或自动装置分别装入酒花添加罐中，由于全自动酒花添加装置带有计数器和可调时间的泵，所以在预定的添加时间内能将煮沸锅中的麦汁抽出，泵入酒花添加罐，麦汁与酒花混合后，将混有酒花的麦汁泵回到煮沸锅，这样在麦汁煮沸过程中能自动添加酒花。对于密封式的麦汁煮沸最好采用全自动酒花添加装置，并具有以下优点。

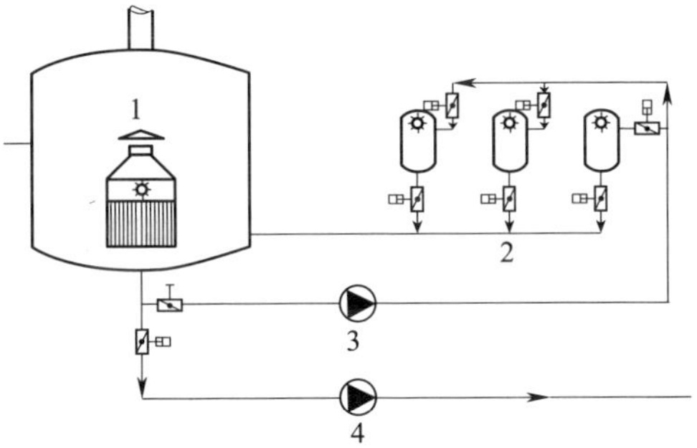

图 4 – 19　酒花添加系统

1—内加热器　2—酒花添加装置　3—酒花添加泵　4—麦汁打出泵

① 减少糖化车间操作人员。

② 能根据工艺要求在任何时机添加酒花。

③ 酒花添加时机及酒花添加量准确，且添加酒花时无需终止麦汁煮沸过程。

④ 减少麦汁高温氧化。

⑤ 有利于提高二次蒸汽的温度，便于回收废热。

在采用全自动酒花添加装置时，也应考虑能方便地添加其他添加剂。酒花浸膏的黏度很高，加热到 45 ~ 50℃时，它的黏度会大幅度下降，浸膏就会成为液体状。可用高温液体（水或洗槽残水）对金属听装盒子进行彻底冲洗、预热，连续循环保持浸膏均匀性，然后在预定时刻加入煮沸锅中。

如果酒花浸膏装在一个很大的容器中，则要把容器中的内容物在 36 ~ 48h 内加热到 50℃以下的温度（绝对不能超过 50℃），这样浸膏就能以液体状进入混合罐，混合均匀后可计量添加。

（三）酒花添加的注意事项

1. 香型、苦型酒花使用顺序

香型、苦型酒花并用时应先加苦型酒花，以得到较高的酒花利用率，还可以使不利的挥发性物质蒸发掉。后加香型酒花（煮沸结束前5～10min），以提高酒花香味（先苦后香）。

2. 不同酒花量的使用顺序

先加入较多的α－酸，以提高苦味物质利用率，最后一次添加量不宜过大，以避免苦味物质损失和不舒适苦味的产生（先多后少）。

3. 不同多酚物质含量的酒花制品使用顺序

先加多酚物质丰富的酒花制品，后加多酚物质少的酒花制品（现代煮沸系统中，往往蛋白质分离较强烈，要用更多的多酚物质少的酒花制品）。

第四节　糖化（车间）收得率

为了使生产每立方米一定浓度的麦汁所消耗的原料少，或一定投料量生产一定浓度的麦汁产量高，可通过计算糖化收得率来反映原料的利用情况。

一、糖化（车间）收得率的计算

（一）糖化收得率的含义

糖化收得率是指糖化后（即麦汁煮沸后）获得的浸出物的量占原料投料量的百分比。

糖化收得率要求与实验室收得率（原料风干浸出率）之差小于1%。

（二）糖化收得率的计算

1. 糖化收得率的计算公式

$$\text{糖化收得率} = \frac{\text{终了麦汁量(L、kL)} \times \text{密度} \times \text{终了麦汁浓度} \times 0.96 \times 100\%}{\text{投料量(kg、t)}}$$

2. 糖化收得率计算公式的说明

① 终了麦汁量：煮沸终了麦汁的体积测定值。

终了麦汁量一般来说较难测定，受诸多因素的影响。为了保证测定出的麦汁数量的准确性，首先必须对煮沸锅进行标定，较多采用已标定的容器以冷水对煮沸锅进行测量，或安装压力传感器。所标定的测量杆要保管好，以避免变形；在煮沸锅中加入其他部件必须重新标定；在测定麦汁的体积时必须保证液面完全静止，否则产生误差大。最好在测量终了麦汁浓度的同时测量麦汁体积，否则水分会继续蒸发，麦汁浓度会变化。

② 终了麦汁浓度：煮沸终了用糖度计测定的麦汁浓度。

③ 密度：由煮沸终了麦汁的糖度值查表而得。也可根据近似计算公式计算出：

$$密度(近似) = 1 + 0.004 \times 糖度计值$$

④ 投料量：投料量是指所粉碎的麦芽、辅料的质量之和。通常由精确自动秤上读出，为确保称出的原料能真正用于投料，应注意在粉碎之前将秤/粉碎机及料箱之间的物料排放干净，不允许有料粉损失。定期校正自动秤。

二、影响糖化收得率的因素

1. 原料质量

（1）原料水分及浸出率　原料水分含量高，原料浸出率低，在相同投料量的情况下浸出物少，糖化收得率低。

（2）麦芽蛋白质含量　麦芽蛋白质含量越高，则淀粉含量越低，糖化收得率低。

（3）麦芽的溶解　麦芽的溶解差，淀粉的可分解性差，酶活力低，造成糖化过程中被分解的浸出物含量少，糖化收得率低。

2. 粉碎

原料粉碎过粗，糖化时原料与水、酶的接触面小，淀粉吸水慢，淀粉水解不彻底，糖化收得率低；粉碎过细，投料时易结团，糖化收得率低。

3. 糖化

（1）辅料比例及辅料糊化的效果　辅料比例高或辅料糊化的效果差，使淀粉水解不彻底，糖化收得率低。

（2）搅拌　糖化过程中，搅拌可增加原料与水、酶的接触面积，分解彻底，糖化收得率高。

（3）醪液浓度　淀粉水解时采用稀醪，醪液黏度低，酶的渗透性强，有利于淀粉水解酶水解速度加快，有利于淀粉颗粒的糊化，有利于缩短糖化时间，在糖化时间一定时，促进淀粉彻底水解，糖化收得率高。

（4）分醪煮沸　采用部分醪液煮沸措施，醪液的温度高，淀粉水解酶会逐渐失活，但有利于淀粉的糊化，改善淀粉水解效果，可提高糖化收得率。分醪煮沸的次数越多，分醪煮沸的数量越多，分醪煮沸的时间越长，越有利于淀粉水解。也会带来糖化时间长、麦汁色度深、浅色啤酒口味变差等负面影响。

（5）醪液的 pH　在 63～70℃糖化休止时，醪液的 pH 在 5.4～5.6，既适合 β－淀粉酶作用，又适合 α－淀粉酶作用，糖化收得率高。

（6）休止温度及时间　在酶的最适温度范围内，休止时间越长，分解越强烈，糖化收得率高。

4. 麦汁过滤及洗糟

头道麦汁或洗糟麦汁残留量很多时便放洗糟水，洗糟水温低、洗糟水量少、耕糟时麦糟层遭到破坏，均造成麦糟中含有较多的浸出物，糖化收得率低。

第五节　麦汁煮沸时麦汁质量的控制及煮沸过程的控制

一、麦汁煮沸时麦汁质量的控制

1. 苦味质量

在麦汁煮沸过程中添加酒花后能确保麦汁苦味质量好，无后苦味、粗糙苦味，为此应注意以下几点。

（1）选择苦味质量好的酒花品种，并注意 α－酸的组成。

（2）酒花及其制品应在低温、干燥、避光、隔氧的条件下保存。

（3）酒花及其制品储藏时间不宜过长。

（4）满锅麦汁 pH 控制在5.3～5.4，尽管酒花利用率下降，但有利于啤酒苦味质量。

（5）准确按每次酒花添加的时机添加，并且每次添加的酒花量准确，以确保每锅麦汁稳定的酒花平均煮沸时间。

（6）严格按照工艺要求控制好麦汁煮沸时间。

（7）无氧的麦汁煮沸过程。

（8）麦汁处理过程在保证工艺要求的前提下高温时间可能短，避免酒花树脂、多酚物质的氧化。

2. 酒花香味

为了满足某些啤酒对酒花香味的要求，在麦汁煮沸过程中尽可能减少酒花香味物质的损失，所以应注意：应选择质量好的香型酒花；分次添加酒花，在煮沸结束前5～10min 添加香型酒花，或者在回旋沉淀槽中添加香型酒花；在保证麦汁处理效果的前提下，缩短麦汁在高温下的停留时间，或降低麦汁在回旋沉淀槽中的温度，可减少酒花香味的损失。

3. 麦汁色度

由于浅色啤酒的生产量大，大多数啤酒厂要求在麦汁煮沸过程中麦汁色度上升的幅度小。

4. 蛋白质凝聚

蛋白质凝聚好坏是评价麦汁煮沸效果的依据，所以煮沸过程中蛋白质凝聚析出是最重要的变化。要求麦汁煮沸时凝聚析出的蛋白质量多块大，麦汁易澄清，终了麦汁中可凝固性氮的含量应为15～20mg/L（12% 计算），以确保啤酒的非生物稳定性。

5. DMS 的排出

在麦汁煮沸过程中，尽量使 DMS－P 转化为 DMS 并将其挥发。

二、麦汁煮沸过程的控制

1. 满锅麦汁浓度及体积

（1）满锅麦汁浓度的估算

满锅麦汁浓度 = （1 − 煮沸强度 × 煮沸时间） × 终了麦汁浓度

（2）满锅麦汁体积的计算

满锅麦汁体积 = 终了麦汁体积/（1 − 煮沸强度 × 煮沸时间）

（3）总洗糟用水的估算

总洗糟用水 = 满锅麦汁体积 − 头道麦汁体积

（4）控制满锅麦汁浓度的意义

① 满锅麦汁浓度是麦汁过滤结束的依据，所以在洗糟过程中需多次测定麦汁浓度，以确保满锅麦汁浓度达到工艺要求。

② 满锅麦汁浓度控制过低，说明洗槽过度，虽然会使糖化收得率提高，但过度的洗槽，会使麦皮中的不良物质浸出多，不利于啤酒口味、非生物稳定性，导致麦汁色度上升；更不利的后果是导致麦汁煮沸时间延长，麦汁吸氧量增加，苦味质量下降，TBA 上升过大，不利于啤酒口味稳定性，能耗上升，煮沸锅占有时间延长，蛋白质凝聚过度使啤酒泡持性下降。

③ 满锅麦汁浓度控制过高，说明洗糟不足，使糖化收得率低，同时导致麦汁煮沸时间缩短、苦味物质收得率低、啤酒非生物稳定性差。

2. 满锅麦汁的 pH

调酸使满锅麦汁 pH 在 5.3 ~ 5.4，能促进麦汁煮沸时蛋白质凝聚；是有效的非高温促进蛋白质凝聚的手段，并且有利于苦味质量，避免粗糙后苦味；减少多酚物质的浸出及聚合；有利于啤酒色度、口味。

3. 满锅麦汁清亮度

反映麦汁过滤的好坏。要求：满锅麦汁清亮，固形物含量 < 10mg/L，浊度 < 40EBC。

满锅麦汁清亮，有利于啤酒质量，并且煮沸时后糊化程度低，脂肪酸的裂解反应形成的短链脂肪酸、羰基化合物少。

4. 满锅麦汁碘检

满锅麦汁做碘检能反映麦汁过滤及洗槽过程中的后糊化程度，如果麦汁过早预热，会导致 α − 淀粉酶较早失活，难以将洗糟产生的糊精进行后糖化，导致碘值上升，甚至碘检不合格。

5. 麦汁的预热

（1）要求均匀的麦汁预热，蒸汽压力不易过高，要尽量避免局部过热。

（2）快速的麦汁预热过程。

（3）最好能使用废热回收预热至 94 ~ 95℃ 以节约能源。

（4）过早的麦汁预热不仅使 α - 淀粉酶较早失活，影响麦汁的组成，而且由于洗糟过程没有结束，麦汁在高温下停留时间长，导致煮沸前的高温负荷增加，使麦汁的色度上升，TBA 上升幅度大，不利于啤酒的口味稳定性。

（5）过迟的麦汁预热，使煮沸锅的占用时间延长，降低了设备利用率，麦汁吸氧程度上升，也会导致麦汁的色度、苦味增加。

6. 添加酒花

（1）必须按工艺要求的添加时刻添加酒花。

（2）必须按工艺要求酒花添加量添加酒花。

（3）必须按工艺要求酒花制品的类型添加酒花。

添加过早：有利于苦味物质利用率提高，有利于酒花不良气味物质排出；但啤酒太苦，或啤酒的苦味值波动大，消费者或许不喜欢，苦味质量或许下降，色度或许上升，酒花香味或许减少。

添加过迟：酒花利用率下降，不利于蛋白质多酚的结合，会影响啤酒非生物稳定性。

7. 煮沸时间

采用不同煮沸系统、煮沸温度会使麦汁煮沸时间也不同，但在煮沸设备一定、原料质量波动小的情况下，应按工艺控制煮沸时间，这是控制好煮沸过程的重要前提，在煮沸过程中影响煮沸时间的因素如下。

（1）蒸汽压力太低。

（2）洗糟过度，导致满锅麦汁浓度过低。

（3）设备清洗不好导致煮沸强度下降。

（4）煮沸时产生大量的泡沫，不利于水分蒸发。

（5）麦芽质量下降或辅料比例下降，需要通过延长煮沸时间来改善蛋白质凝聚效果。

8. 煮沸终了麦汁的检查

在接近达到所要求的煮沸时间时，多次取样测定麦汁浓度。当麦汁浓度达到所要求的浓度时意味着麦汁煮沸结束。在麦汁煮沸结束时，关掉蒸汽，麦汁表面平静，此时一般还有以下工作要做。

（1）取样检查蛋白质凝聚情况及麦汁的清亮度　取少量麦汁放入透明的小烧杯，拿到至视线高度对着光线观察，判断蛋白质凝固状况，要求块大量多，澄清快，上部麦汁清亮，透明。

（2）碘检　取少许麦汁，并冷却，进行碘检。要求煮沸后的麦汁必须碘检合格。

（3）测量麦汁量　从观察标尺或仪器表上读出麦汁数量（体积），并记录在糖化报告单上。

（4）测量麦汁浓度　除碘检以外，测定麦汁浓度（质量百分比浓度）是一个最重要的检测项目，要求麦汁浓度符合所要求的浓度。

复习思考题

1. 简述酒花树脂、酒花油的特点和作用。
2. 简述影响 α – 酸异构及苦味物质收得率的因素。
3. 热凝固物凝聚的方式有哪些？如何评价蛋白质凝固的效果？
4. 麦汁煮沸时，凝固物的分离有何影响？
5. 简述促进热凝固物形成的因素。
6. 麦汁煮沸过程中热凝固物的形成有何要求？
7. 简述在煮沸时麦汁酸度上升的原因。
8. 煮沸锅的高径比大对麦汁质量有何影响？为什么？
9. 内加热器煮沸锅一般采用什么类型的加热器？内加热器煮沸锅加热器的直径过大有何影响？
10. 在外加热器里产生过压的外加热煮沸锅为何可缩短煮沸时间而不影响煮沸效果？
11. 低压麦汁煮沸设备有何要求？
12. 简述二次蒸汽冷凝的目的及乏汽压缩机工作的前提。
13. 简述麦汁煮沸强度的概念及计算公式。
14. 内加热煮沸何时开始升温？
15. 深色啤酒能否添加太多的酒花？为什么？
16. 酒花的添加量按“g 酒花/hL 麦汁”计算添加是否合理？为什么？
17. 试制定一种三次酒花添加的工艺。
18. 写出糖化收得率的含义及计算公式。
19. 试分析影响糖化收得率的因素。
20. 请具体阐述减少麦汁色度上升的措施。
21. 采取何种措施可减少麦汁酒花香味物质的损失？
22. 请具体阐述保证麦汁苦味质量的措施。
23. 满锅麦汁浓度过低、过高各有何影响？
24. 试分析麦汁煮沸时间对麦汁及啤酒质量的影响。

第五章 麦汁处理

知识目标

1. 掌握麦汁处理的目的、途径及要求。
2. 了解麦汁处理中发生的变化。
3. 掌握冷、热凝固物分离的必要性。
4. 了解影响冷、热凝固物形成数量的因素。
5. 掌握麦汁处理的主要方法和设备。
6. 掌握麦汁冷却的要求、冷却温度及冷却介质的选择。
7. 掌握麦汁通氧的目的、要求及影响麦汁溶解氧的因素。

技能目标

1. 熟练掌握麦汁处理的各项操作。
2. 能对麦汁处理设备的运行状况进行检查并做到预防发生故障。
3. 能预见麦汁处理中出现的质量和设备问题并及时处理。
4. 能对麦汁处理过程进行正确控制。

第一节 麦汁处理的基础知识

煮沸终了的麦汁，还不适合啤酒酵母发酵，需经过处理后方能达到接种麦汁的要求。

一、麦汁处理的目的

1. 分离和析出麦汁中的热、冷凝固物以改善发酵条件和提高啤酒质量

煮沸终了的麦汁中含有大量的热凝固物、酒花糟（酒花糟的数量与添加的酒花类型有关）及其他固形物；同时，在麦汁冷却过程中会析出一些冷凝固物。这些浑浊物如果不除去，啤酒发酵时将有可能附着在啤酒酵母的表面，影响酵母对营养物质的吸收及代谢产物的排除，从而降低酵母的发酵作用、影响啤酒质量。

2. 降低麦汁温度，适应酵母发酵的要求

煮沸终了的麦汁温度很高，只有通过处理后方能达到接种温度。

3. 使麦汁吸收适量的无菌氧气以促进酵母的繁殖

啤酒酵母是兼性微生物，发酵前期需有氧呼吸；通过麦汁处理，提供啤酒酵母繁殖所需的足够氧气。

二、麦汁处理的途径

麦汁处理属于麦汁制备的后工序，主要包括以下工作。

（1）倒麦汁。

（2）彻底地分离出麦汁中的热凝固物。

（3）将麦汁冷却到接种温度。

（4）适当地分离出麦汁中的冷凝固物。

（5）麦汁通风供氧。

（6）加入酵母（实际上属于发酵操作）。

在麦汁处理过程中，前三个步骤的顺序不会变化，后三个步骤根据不同的设备、不同的工艺可以进行相应的改变。

三、麦汁处理过程中发生的变化

麦汁处理的过程主要是一些物理过程，但也会发生一些生物－化学的变化，这些变化会对麦汁（啤酒）质量产生很大的影响。具体表现如下。

（1）麦汁在高温阶段，继续形成类黑素，多酚物质不断溶出并氧化聚合，导致色度上升，口味粗糙、苦味质量下降。

（2）TBA 不断上升，不利于啤酒的气味及口味稳定性。

（3）α－酸继续溶出并异构化，但苦味质量下降。

（4）DMS 不断形成，但通常情况下难以逸出。

（5）酒花油不断挥发，使麦汁（啤酒）的酒花香味减少。

（6）在高温阶段，蛋白质凝聚、蛋白质与多酚结合，继续形成热凝固物。

（7）低温麦汁处理阶段，因温度下降冷凝固物析出。

（8）麦汁浓度、pH 可能发生波动。

四、麦汁处理的要求

1．麦汁经过处理后不应受到啤酒有害菌的污染

麦汁处理是啤酒酿造过程中由高温向低温转变的分界点。因此，要求在低温情况下避免使煮沸过的麦汁染菌，保证纯种发酵。

2．应达到麦汁处理各步骤的工艺要求

3．麦汁处理的成本低

（1）麦汁损失小。

（2）回收热麦汁中的热能，产生 80℃以上的热水多。

（3）能耗低。

（4）水耗低。

4．在保证麦汁处理各步骤工艺要求的前提下，对麦汁质量产生的负面影响小

（1）高温负荷低及 TBA 上升幅度小　高温负荷时间由以下三部分构成：倒麦汁时间、麦汁在回旋沉淀槽中停留的时间、麦汁冷却时间的一半。对于浅色啤酒而言要求三者之和不超过 70min，最好在 60min 以内。

（2）色度上升幅度小。

（3）避免粗糙苦味。

（4）冷麦汁的 DMS 含量低。

（5）酒花香味损失少。

（6）麦汁高温氧化程度低。

（7）麦汁浓度、pH 波动小。

5．麦汁处理过程能满足旺季对麦汁产量的要求

第二节　倒　麦　汁

所谓倒麦汁，即煮沸结束的麦汁，通过泵打入到下一道工序。是否需要倒麦汁过程取决于热凝固物处理的方式、麦汁煮沸锅的类型。

外加热煮沸锅或其他麦汁煮沸系统（如 Merlin）与回旋沉淀槽组合使用，使煮沸锅起到回旋沉淀槽的作用，可省去倒麦汁过程。但为了使麦汁产生回旋的效

果，也需要将麦汁泵循环 3～5min 产生回旋效应。

由于在倒麦汁过程中麦汁还处在高温阶段，会继续发生高温阶段的一系列变化，所以对倒麦汁过程要求如下。

（1）倒麦汁的时间短，最好能省去倒麦汁过程。

（2）不影响热凝固物排除。

（3）麦汁高温吸氧少。

（4）倒麦汁时形成的高温负荷低。

在必须要进行倒麦汁过程的麦汁处理过程中，首先倒麦汁过程不应使热凝固物被打碎或吸入空气，这样便于以后热凝固物的排除。为此通常使用大流量、低扬程的泵，泵的密封性能要好，倒麦汁的管道短、弯头少，这样压力损失小。不仅可缩短倒麦汁时间，还大大降低了倒麦汁过程的高温负荷及高温麦汁氧化对麦汁质量带来的负面影响，而且对热凝固物的破坏小，有利于在回旋沉淀槽中彻底排除热凝固物和酒花糟，静置时间短。倒麦汁的时间最好小于 20min，目前倒麦汁过程能在 10～15min 完成。

将煮沸结束的麦汁首先经过麦汁预冷却器，使麦汁温度降到 88℃左右，然后切线进入到回旋沉淀槽，静置，排除热凝固物，不仅降低了倒麦汁过程的高温负荷，而且大大降低了麦汁处理时的高温负荷、冷麦汁中 DMS 含量、酒花香味损失。如果将打出的麦汁首先经过真空蒸发罐，既有利于不良香味物质（DMS）的排除、降低高温负荷，又能便于回收二次蒸汽。

在倒麦汁过程中还应注意尽可能充分利用高温过程对麦汁质量有利的一面，既把倒麦汁过程当作麦汁煮沸过程的一个部分，也就是在倒麦汁的 10～15min 过程中能一边倒麦汁，还能将麦汁煮沸锅中残留的麦汁进行大约 5min 煮沸，这样倒麦汁时还能促进蛋白质凝聚、蛋白质与多酚物质结合，降低麦汁中的高分子蛋白质分解产物，促进 α－酸的异构化，提高酒花利用率，相当于缩短了煮沸时间，降低了整个麦汁煮沸、麦汁处理时的高温负荷。

在麦汁即将倒完前，需用热水冲洗煮沸锅并将管路中的麦汁顶入下一道工序。顶热水量不得太多，以免影响麦汁浓度。

第三节　热凝固物的分离

一、热凝固物的性质和化学组成

目前啤酒厂都已采用颗粒酒花、酒花浸膏等酒花制品代替全酒花，所以不需要专门的酒花分离器除去酒花糟，残留的少量酒花糟往往可以和热凝固物一起排除。

热凝固物，又称为“煮沸浑浊物”，是在麦汁煮沸过程中，由高分子蛋白质加热变性凝固或者蛋白质和多酚物质凝结形成的。热凝固物的大小一般为30～80μm，相对密度1.2～1.25（无水），1.07（甩干）；数量为400～1400mg/L，生产小麦啤酒时则高达2000mg/L。通常生产$1m^3$ 11%～13%麦汁，可产生的热凝固物2～3kg（含水75%～85%，含酒花糟），0.6～0.8kg（干物质）；折算为原料量（包括辅助原料）为100kg原料可产生热凝固物1.5～3.5kg（含水），0.3～0.7kg（无水）（表5－1）。

表5－1　热凝固物干物质的主要组成

蛋白质	多酚物质	苦味物质	碳水化合物	灰分
50%～60%	20%～30%	15%～20%	1%～10%	3%～10%

二、热凝固物分离的必要性

由于热凝固物中含有高分子蛋白质分解产物、多酚物质、脂肪酸、不溶性酒花等成分，如果不能彻底除去热凝固物，或处理后的麦汁中残留热凝固物过多，会带来以下后果。

（1）容易导致麦汁冷却器的堵塞。

（2）玷污啤酒酵母的表面，降低酵母的发酵作用。

（3）增加了除去冷凝固物的负担。

（4）接种麦汁的澄清度下降，不利于酒液澄清，导致啤酒可滤性下降、啤酒过滤时耗土增加、成本上升，影响啤酒非生物稳定性。

（5）不利于啤酒口味、泡沫、苦味质量、色度、口味稳定性。

三、影响热凝固物形成数量的因素

由于热凝固物干物质中含量最多的是高分子蛋白质，因此，所有会引起可溶性蛋白质，有反应能力的多酚物质数量提高的因素，都决定了可能产生的热凝固物的数量。

1. 大麦品种

大麦的蛋白质含量高、麦皮比例高会导致满锅麦汁中高分子蛋白质分解产物多，多酚物质数量提高，在麦汁煮沸时产生的热凝固物多。

2. 麦芽质量及麦芽的比例

麦芽的蛋白质含量高，麦芽溶解差，麦芽焙焦强度低，辅料的比例低，或采用部分小麦麦芽，会导致满锅麦汁中高分子蛋白质分解产物多，在麦汁煮沸时产生的热凝固物多。

3. 粉碎度

麦芽粉碎过细，在糖化、麦汁过滤时多酚物质析出多，在麦汁煮沸时产生的热凝固物多。

4. 糖化方法

由于煮出糖化过程中有部分醪液煮沸，在醪液煮沸时会发生蛋白质凝聚析出并随麦糟排走，所以分醪煮沸的醪液数量越多、次数越多、时间越长，越有利于醪液煮沸时蛋白质的预析出，使满锅麦汁中高分子蛋白质分解产物少，造成在麦汁煮沸时产生的热凝固物少。反之如果采用浸出糖化工艺进行麦汁生产，那么在麦汁煮沸时产生的热凝固物多。

5. 麦汁过滤及洗糟

过滤及洗糟时间长、洗糟水的 pH 高、最后一次洗糟水量多且温度高都会造成多酚物质的过多浸出；固形物含量多的浑浊过滤麦汁，就意味着含有较多多酚物质、碳水化合物、高分子蛋白质、细小麦皮，在麦汁煮沸时比清亮的过滤麦汁形成的热凝固物多些。

6. 麦汁煮沸及酒花添加

麦汁煮沸时煮沸温度越高、煮沸时间越长、煮沸强度越高、麦汁对流越强烈、加热介质温度越高、满锅麦汁的 pH 越接近 5.2，都有利于煮沸时蛋白质的凝聚析出，形成的热凝固物量多块大、麦汁易澄清。酒花添加量大、酒花添加的时机早、使用多酚物质含量高的酒花制品，往往形成热凝固物多。

7. 所生产的麦汁浓度

在高浓糖化时麦汁浓度高，麦汁中高分子蛋白质分解产物含量高，蛋白质凝聚变性多，又因酒花添加量高，形成的热凝固物和酒花糟多。

四、热凝固物分离的要求

（1）彻底地排除热凝固物　处理后麦汁中残留的热凝固物至少低于 30mg/L。

（2）在保证彻底排除热凝固物的前提下能迅速排除热凝固物　只有时间短，才可能降低排除热凝固物时因高温对啤酒质量带来的负面影响。

（3）麦汁的损失少。

（4）热凝固物阱除的成本低。

（5）麦汁高温氧化程度低。

（6）减少酒花香味的损失。

五、热凝固物分离的方法和设备

热凝固物排除的方法和分离设备主要有以下几种。

（1）回旋沉淀槽。

（2）离心分离设备。

（3）热麦汁过滤设备。

（4）煮沸锅兼作回旋沉淀槽。

目前啤酒厂广泛应用回旋沉淀槽。

（一）回旋沉淀槽法

1960 年 Hudson（赫德松）首次公开报道回旋沉淀槽法，后流行开来。我国 20 世纪 70 年代末开始引进这种方法。此方法广泛应用于热凝固物的分离，与其他方法相比，这种方法最为经济、完美。在生产时，麦汁沿切线方向泵入，形成旋转流动并使热凝固物以锥丘状沉降于槽底中央，清亮的麦汁则从侧面流出。

1. 回旋沉淀槽的结构（图 5－1、图 5－2）

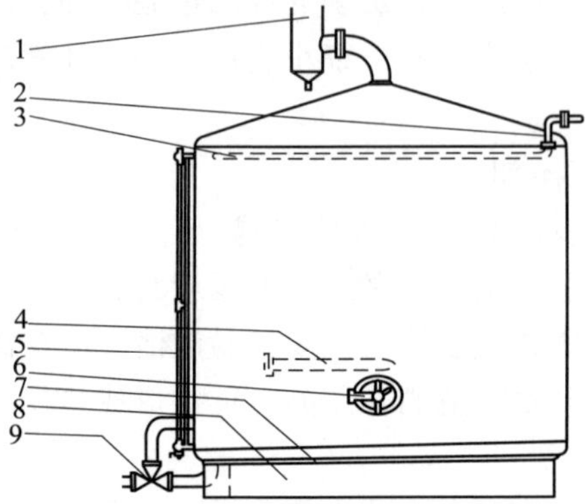

图 5－1　回旋沉淀槽

1—排气筒　2—喷淋水进口　3—环状喷嘴　4—切线进口　5—液位管　6—人孔　7—回旋沉淀槽底部　8—支座　9—三通出口阀

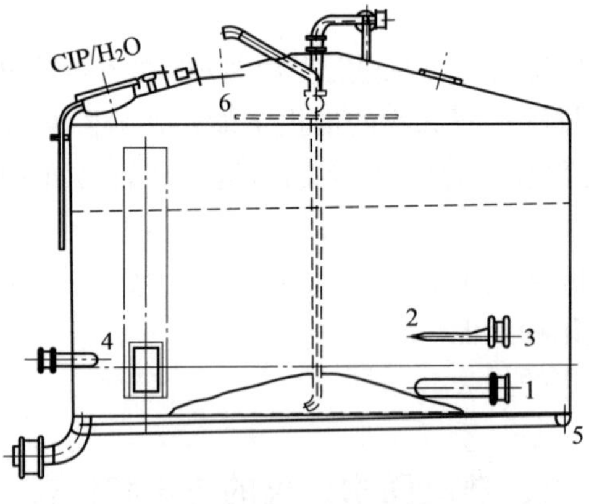

图 5－2　吸氧少的回旋沉淀槽

1—麦汁低位进口　2—传感器　3—麦汁高位进口　4—麦汁出口　5—沟槽　6—CIP 清洗

（1）外形及材料　圆柱形不锈钢容器，槽内壁光滑，边缘平整无棱角，槽内无任何物件，避免破坏已形成的麦汁旋转流动并便于清洗。槽的直径与高度之比为（1.5～3）:1 的比例，使热凝固物的沉降面积大，热凝固物的沉降路径缩短，并能尽量确保回旋沉淀槽的沉淀物负荷小于 2.5～3kg/m^2。麦汁的高度一般小于 3m。

（2）槽底的形式　见图 5－3。

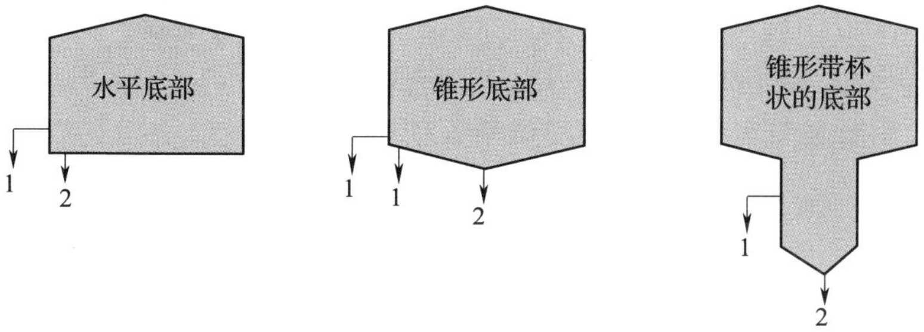

图 5－3　各种类型的回旋沉淀槽底部

1—麦汁出口　2—浑浊物出口

① 平底，向出口处倾斜 1%～2%，底部无热凝固物区域的宽度至少应有 40cm。

② 锥形的底。

③ 带有盛热凝固物的杯形底。

目前啤酒厂主要使用平底的回旋沉淀槽。

（3）麦汁进口管的分布　麦汁进口管呈切线方向进入槽内，上端进口处管径缩小为了避免吸氧，一个进口在槽底，麦汁以 1.5～1.7m/s 速度进入；另一个进口距槽底 1/3 处，麦汁以 7～9m/s 速度进入。麦汁进入，先下后上。

（4）麦汁出口管的分布　为了减少麦汁在回旋沉淀槽中的静置时间，依据麦汁澄清从上部开始的缘故，所以通常安装多个出口（由上至下）。

① 位于麦汁液位高度 2/3 处。

② 距槽底 10～12cm。

③ 槽底。

为了保证处理后麦汁中残留的热凝固物低于 30mg/L，一般情况下静置时间大约 30min 能满足除去热凝固物的要求。采用上述麦汁出口管分布的回旋沉淀槽从上至下排放麦汁，可将静置时间缩短到 15～20min。静置时间短，降低麦汁色度及高温负荷，形成口味老化物质少，酒花香味损失少，有利于啤酒口味稳定性、苦味质量。

注意：下端开启时，可使麦汁流出速度放慢，以免热凝固物流散（图 5－4）。

2. 回旋沉淀槽的原理

麦汁由切线进口泵入回旋沉淀槽，含有热凝固物的热麦汁在沉淀槽中呈旋转运动状态。这时麦汁表面中心下凹，从而形成旋转抛物面。由于热凝固物和酒花槽比麦汁重，所受离心力大，被压向回旋沉淀槽的槽壁，通过离心力的作用，形成由内到外压力上升的“压力坡度”，这种压力差在槽底体现出来，槽底产生了螺旋形的向心流，使热凝固物在槽底中心形成锥形堆积（图5－5），麦汁在旋转运动中，较大的颗粒能够吸附较小的颗粒，使得分离效果得到改善。

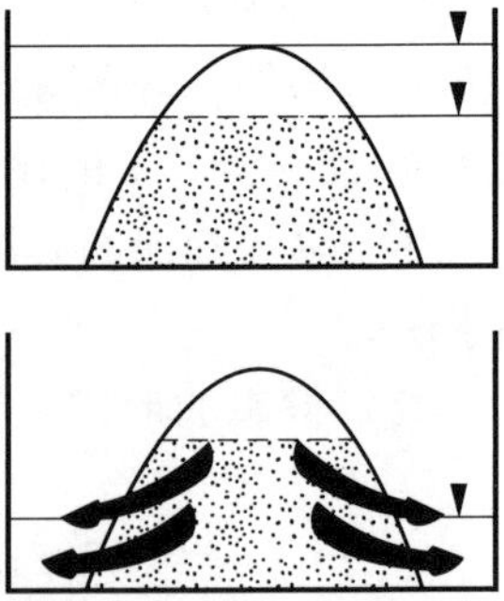

图5－4　麦汁由凝固物丘状体中流出的情况

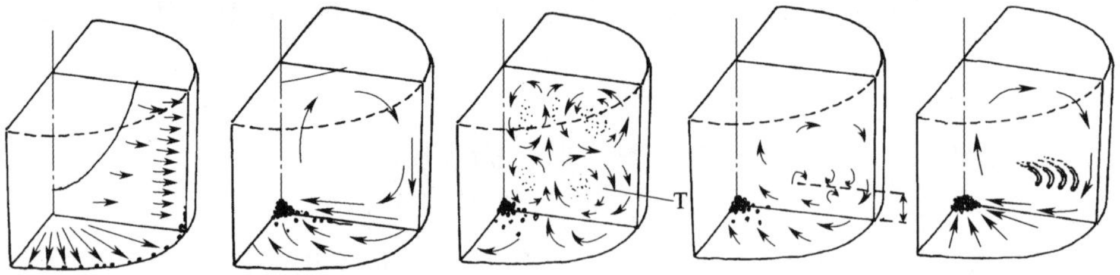

图5－5　回旋沉淀槽的原理图

3. 回旋沉淀槽的操作

麦汁煮沸结束后，用泵将麦汁以1.5～1.7m/s的流速沿切线方向从回旋沉淀槽下端入口泵入。当麦汁的液面达到上端入口所在位置时，先开启上端入口阀，后关闭下端入口阀，流速达7～9m/s。在麦汁即将倒完前，需用热水冲洗煮沸锅并将管路中的麦汁顶入回旋沉淀槽，不能用空气或蒸汽顶，以免破坏回旋效果。达到规定的静置时间后，沉淀物以球体沉积于斜度为1%～2%的槽底。清亮的麦汁则由上至下多个出口依次泵出并开始热麦汁的冷却。麦汁冷却完毕后一般通过回旋沉淀槽中形成的锥丘状凝固物的状态评价回旋沉淀槽的效果。最后排出或回收热凝固物，清洗回旋沉淀槽。

4. 影响回旋沉淀槽分离效果的因素

（1）麦汁流入速度过高，导致过多和持续过长的旋涡。

（2）麦汁流入方向不正确，导致产生涡流。

（3）麦汁泵送结束时用空气或蒸汽进行顶麦汁操作，干扰已形成的旋转运动。

（4）由于不适宜的泵、过多的弯管、管道截面的变化，较长管路和不适宜的喷嘴结构，会使已凝聚的浑浊物被“打碎”，不利于热凝固物的分离。

（5）在泵送麦汁过程中吸入空气，空气泡以细密的形式分布于麦汁中，使回旋沉淀槽中的麦汁不断向上运动，从而影响浑浊物的沉淀分离。

（6）麦汁中的固形物多，会导致麦汁澄清较差。

5. 热凝固物的处理

热凝固物分离结束后，凝固物以浑浊麦汁的形式被截留下来。浑浊麦汁是由75% 的麦汁和25% 的热凝固物组成的泥状混合物（图5－6）。

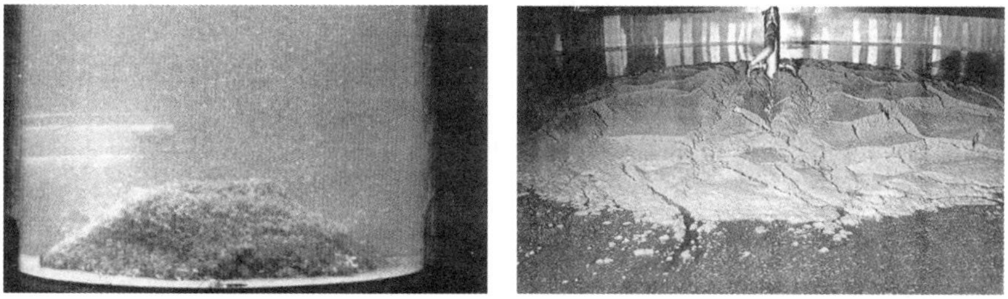

图5－6 热凝固物组成的泥状混合物

由于热凝固物中含有大量的营养成分，因此，为了降低废水的污染程度，不能直接将热凝固物排入下水道，必须对其进行处理。目前，对热凝固物进行处理的方法很多。如采用过滤机或离心机进行麦汁和热凝固物的分离以及重新泵入下次麦汁过滤的方法等。从应用情况来看，越来越多的啤酒厂采用了重新泵入下次麦汁过滤的方法。一般在过滤槽最后一次洗糟时将热凝固物加入。

（二）煮沸锅兼回旋沉淀槽法

煮沸锅兼回旋沉淀槽适用于外加热式煮沸锅。此设备是回旋沉淀槽的一种特殊形式。麦汁煮沸结束后直接在此锅中进行回旋沉淀，因此节省了倒麦汁时间，避免了麦汁吸氧量的上升。

（三）离心分离法

通过离心分离机（优先采用自排式碟式离心分离机）能较快分离热麦汁中的热凝固物。其优点是以连续工作的方式除去热凝固物，效果好，占地面积少，麦汁损失低。但是设备投入较大、操作复杂，还必须要求麦汁中热凝固物呈均匀悬浮的状态，否则除去热凝固物效果下降。如果产生的剪切力打碎浑浊颗粒，会导致啤酒口味的改变。目前很少使用离心分离设备除去热凝固物。但有不少啤酒厂使用离心分离设备回收酵母中的残酒。

1. 离心机的工作原理

由于凝固物比麦汁相对密度稍大一些，如果时间充足，凝固物可自然沉降。但沉降时间越长，需要的沉降容器就越多，同时温度的下降会增加杂菌感染的危险。离心分离机是以较高的离心加速度来取代自然重力沉降速度，因而可以在短时间内将一定大小的热凝固物进行分离。如在转速为6000r/min时，可使浑浊物的重力增加为原来的10000倍。

2. 影响离心分离效果的因素

（1）颗粒直径　浑浊物直径越大，离心分离的效果越好。

（2）密度的差别　麦汁与浑浊物的密度差别越大，离心分离的效果越好。

（3）液体的黏度　麦汁的黏度越小，离心分离的效果越好。

（4）离心机的转速　离心机的转速越大，离心分离的效果越好。

3. 离心分离设备

离心机类型：室式离心机、碟式离心机。啤酒厂一般都用碟式离心机。

（1）室式离心机　麦汁流经一室或多室，每室都被当作一只管状转筒。麦汁在以4000r/min高速旋转的转筒中由于离心力而与浑浊物分离。浑浊物沉积于转筒的壁上，麦汁则通过分离盘而流出（图5－7）。

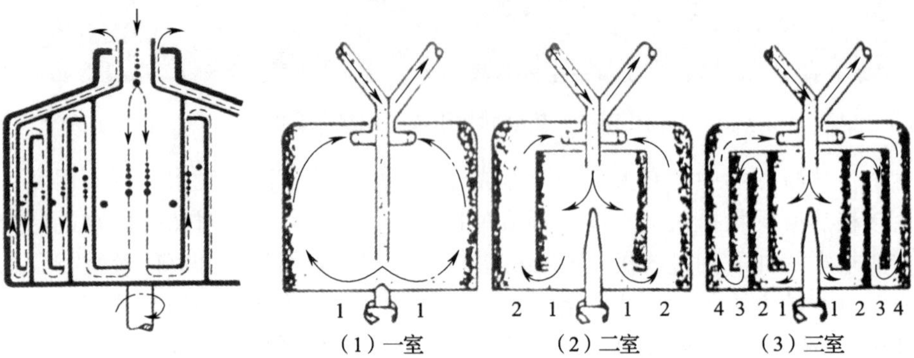

图5－7　室式离心机工作原理图

（2）碟式离心机　碟式离心机见图5－8。

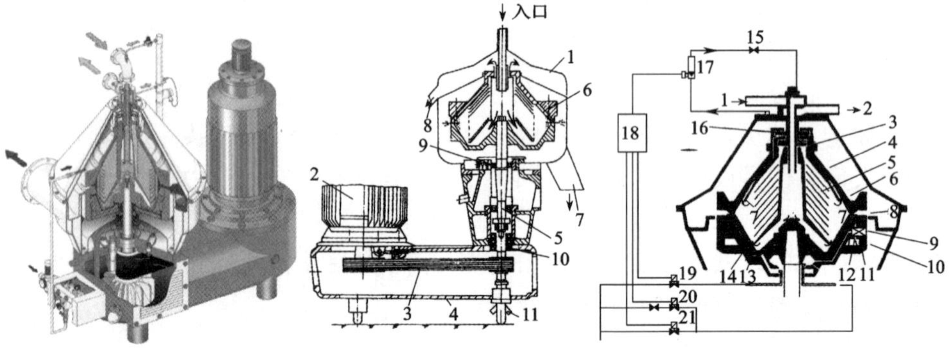

图5－8　碟式离心机

1—进口　2—出口　3—抓手　4—带液体探头的澄清碟片　5—碟片　6—带液体探头的分离碟片　7—固体物质　8—固体物出口　9—环阀　10—排出喷头　11—储存室　12—喷头　13—柱塞滑板　14—封闭室　15—调节阀　16—控制抓手　17—流量监控器　18—控制器　19—封闭水阀　20—用于预选排空量的控制水阀　21—打开水阀

① 主要部件

a. 转筒：通过电机带动其高速旋转，从而产生离心力。

b. 碟形部件：此部件由许多锥形圆碟叠加构成，碟与碟之间存在 0.3 ~ 2mm 的间隙，使麦汁分成许多薄层（图 5 - 9），从而使凝固物的分离路径大大缩短，使固、液很快得以分离。

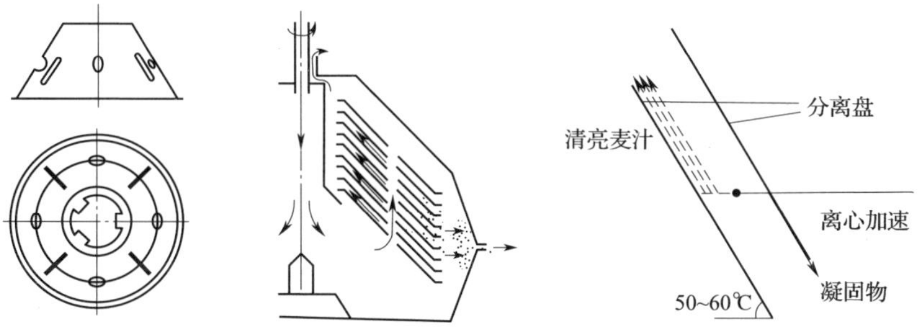

图 5 - 9　碟式离心机主要部件及工作原理图

c. 固形物沉积室：位于碟片底部，转筒的内侧，收集离心分离出的沉积物（图 5 - 9）。

d. 排渣口：位于转筒的四周，固形物沉积室的外围。当沉积室收集到足够的沉积物时，通过排渣控制装置打开，沉积物由于离心力的作用而被抛出转筒。排渣口的开、关均在离心机处于最大转速时进行。

② 排渣动作的控制装置

a. 时间继电器（时间控制、定时开关）：在固定的间隔时间内，排渣口打开，排出沉积物。

定时开关针对流入离心机麦汁的固形物含量保持恒定效果较好，否则离心机就会造成麦汁浑浊或麦汁损失。因此在离心机前需设置一带保温层、有搅拌器的暂存罐（图 5 - 10）。由于在此罐中并不指望浑浊物沉淀，因而在麦汁向该罐泵送的同时即可向离心机输送麦汁。

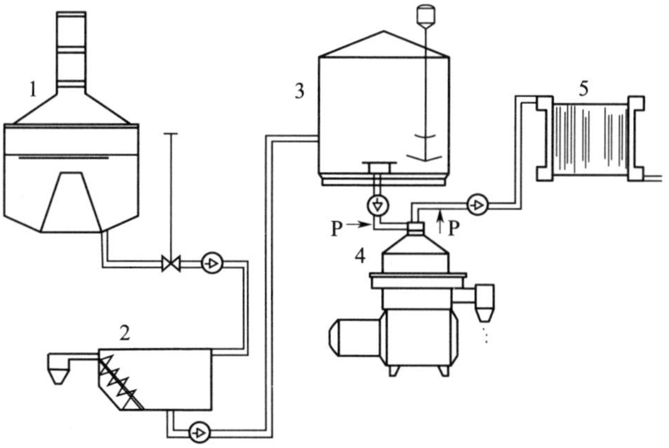

图 5 - 10　带有麦汁暂存罐的离心过程

1—煮沸锅　2—酒花分离器　3—带有搅拌器的暂存罐　4—离心机　5—薄板冷却器

b. 光电传感器监视麦汁的清亮度：以使澄清麦汁的浊度不发生变化为标准。当沉积室收集到足够的沉积物时，浊度上升，通过光电控制打开排渣口；随着固形物的排出，麦汁的浊度下降，通过光电控制关闭排渣口。

c. 探头对沉积室扫描：通过探头对沉积室的填充程度进行扫描来控制，当沉积物即将充满沉积室时，打开排渣口；当沉积物即将排完时，关闭排渣口。这种方法的优点是麦汁尚未出现浑浊之前即已进行了排渣。

③ 排渣的方式

a. 部分排放：通常在麦汁离心处理期间进行。这种方式使麦汁的进入不至于中断而使沉积物定时排出。

b. 全部排放：此种方法麦汁的进入将中断，因此只有在分离过程结束之后才能进行。在此期间以水对转筒进行喷洗，然后与沉积物一起流出。

第四节　麦汁的冷却

在分离热凝固物之后，要尽快将麦汁冷却至接种温度，便于通风和添加啤酒酵母。

麦汁冷却设备可与回旋沉淀槽一起安装于单独的“麦汁冷却间”。目前，有许多啤酒厂将回旋沉淀槽与糖化、过滤、煮沸设备安装于“糖化间”，将麦汁冷却设备安装于“发酵间”。

一、麦汁冷却的要求

从传统的观点来看麦汁冷却纯粹是个物理过程，但由于麦汁冷却是麦汁处理过程中麦汁高温和低温阶段的分界线，有必要克服高温和低温对麦汁质量的负面影响，因此对麦汁冷却的要求如下。

（1）确保麦汁冷却后无菌程度高。

（2）确保麦汁冷却时麦汁的损失小。

（3）冷却后的麦汁浓度、pH 波动尽可能小。

（4）不允许冷媒、清洗剂混入到冷却的麦汁中。

（5）能确保冷却的麦汁温度达到工艺的要求，在冷却过程中麦汁的温度波动小。

（6）在保证冷却的麦汁温度达到工艺要求的前提下，麦汁冷却的时间小于60min 或更低。

（7）麦汁冷却时产生的热水温度最好 >80℃，且热水的数量能满足糖化投料、洗糟，可降低麦汁生产时的能源消耗。

（8）麦汁冷却系统中用于冷媒的电耗低。

（9）能自动控制麦汁冷却过程。

二、麦汁冷却温度选择的依据

针对下面发酵来说，麦汁冷却温度一般控制到7～9℃。麦汁冷却温度低，酵母起发慢，发酵时间长，但发酵比较稳定，酵母沉淀好，制成的啤酒口味淡爽、柔和、泡沫性能好；反之，麦汁冷却温度高，发酵速度快，发酵时间短，但会产生较多的代谢副产物（高级醇、酯等），影响啤酒的口味。

针对同一品牌的啤酒，为了保持质量均衡性，一般情况下麦汁冷却温度要求保持相对稳定。

麦汁冷却温度可参照以下情况决定。

1. 生产季节（产量）

生产旺季，要求发酵时间短、产量高，冷却温度可高些，控制到8～10℃。

2. 酵母性能、添加量

酵母使用代数高、性能差、添加量少，冷却温度可高些。

3. 麦汁的组成

α－氮低，可发酵性糖含量低，冷却温度可低些，6～8℃（低温发酵缓慢平稳，代谢产物产生少）；麦汁浓度高（高浓发酵），冷却温度高，8～10℃。

4. 发酵工艺

（1）发酵周期　发酵周期长，冷却温度低，6～8℃；发酵周期短，冷却温度高，8～10℃。

（2）发酵温度　高温发酵，冷却温度高；低温发酵，冷却温度低。

5. 多锅麦汁进一罐冷却的温度要求

锥罐发酵，一般接种温度比主发酵最高温度低2～4℃。对于分批进罐且添加了啤酒酵母的冷麦汁温度控制来说，每批次冷却温度控制不同，第一锅接种麦汁冷却温度最低，后批次麦汁比前批次麦汁冷却温度逐步略有增加，以便与刚起发了的麦汁温度相协调（以免影响酵母性能或酵母遇冷刺激早期沉淀）。一般每次增加的幅度为0.5℃。

例，四锅满罐，满罐温度为9℃：

第1锅	第2锅	第3锅	第4锅
7.5℃	8.0℃	8.5℃	9.0℃

三、麦汁冷却设备——薄板冷却器

1. 麦汁冷却器的基本要求

（1）麦汁和冷却介质通道易于清洗，无菌程度高，不易堵塞。

(2) 密封性能好，避免冷却介质（冷媒）、麦汁的渗漏及互串。

(3) 冷却器的冷却面积足够，冷却效率高，冷却时间短。

2. 薄板冷却器的结构

薄板冷却器（图 5－11）由于具有压力损失小，冷却效率高，热交换面积大，冷却时间短，占地面积小，不易堵塞，清洗、灭菌比较简单，易与 CIP 系统连接，能保证麦汁不易受污染等优点而广泛应用。

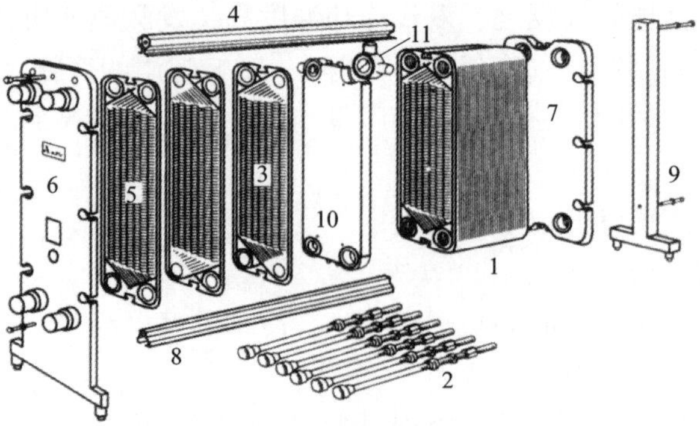

图 5－11 薄板冷却器结构

1—换热薄板组 2—拉紧螺母和螺栓 3—换热薄板和垫片 4—上支撑架 5—尾板 6—固定板 7—活动板 8—下支撑架 9—梁架 10—中间板 11—边接管

薄板冷却器由很多安装在一起具有凹凸波纹的不锈钢薄板、带张紧装置的支架以及连接板等部件组成。每块薄板悬挂在支撑架上，薄板上的四角各有一个孔，分别构成麦汁和冷却介质的进、出口（图 5－12）。薄板四周及角孔周围均粘有橡胶密封圈，过去采用粘接式密封圈，需要粘胶，粘接过程严格、费时，成本高，新型 Clip 密封圈采用凹槽式结构，更换简单、密封效果好（图 5－13）。橡胶密封圈要求定期更换。橡胶密封圈一方面保证压紧后薄板之间相互密封；另一方面在两块薄板之间形成很小的间隙即流体通道，便于快速进行热交换。角孔周围橡胶密封圈的开孔形式不同，因而 4 个孔中只有两个孔可与薄板一侧的流道相通，另两个孔则与薄板另一侧的流道相通。麦汁和冷却介质交替以湍流的形式流过这些薄板，它们分别在每块板的两个面上流过进行热交换，两块板构成一个基本单元（图 5－14）。整个设备通过两端的活动板和固定板压紧，达到密封的目的（图 5－15）。拆卸时，只需松开压紧装置，薄板向上摆动一定角度，便能取出薄板，进行清洗或更换密封圈。

各冷却薄板可按串联、并联或并联与串联的混合形式使用。串联的形式，麦汁经过多次冷却［图 5－16（1）］；并联的形式，麦汁只经过一次冷却［图 5－16（2）］，并联形式安装时进口和出口都在支撑板上，这样打开设备时无需拆卸管道；并联与串联的混合形式，如图 5－16（3）所示，前、后两段各自为并联的形式，而前段与后段通过换向板以串联形式组合，考虑到冷却时间、冷却量、温度差等因素，啤酒厂一般采用并联与串联的混合形式。

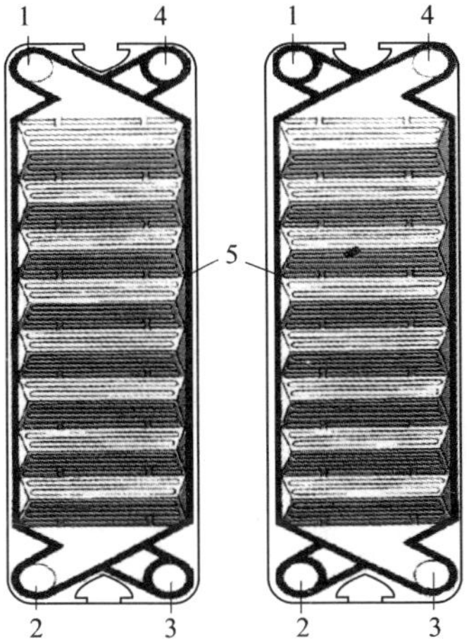

图 5－12　薄板的结构

1—麦汁入口　2—麦汁出口　3—冰水入口

4—冰水出口　5—密封圈

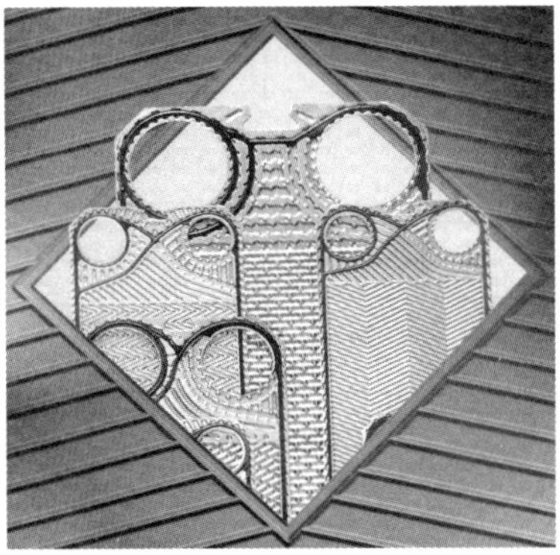

图 5－13　凹槽式 Clip 密封圈

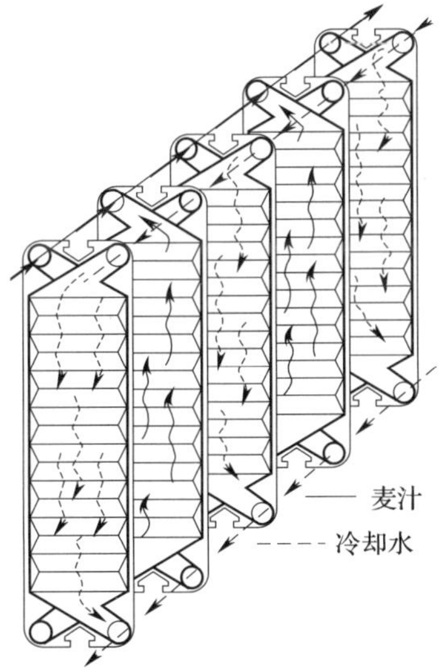

图 5－14　薄板冷却器中的热交换

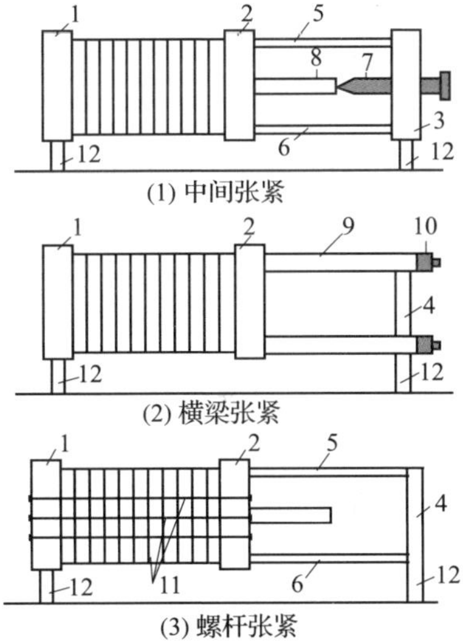

图 5－15　薄板冷却器的压紧装置

1—底板（固定板）　2—压板（活动板）　3—后撑架

4—横梁架　5—支撑架　6—下支撑架　7—中心螺杆

8—中间块（间隔块）　9—张紧轴承　10—压紧螺杆

11—拉紧螺杆　12—支脚

3．薄板冷却器的特点

（1）使用很薄的金属板　很薄的金属板使麦汁与冷却介质之间热交换快。

（2）使用能形成涡流的波纹板　薄板上波纹不仅有利于薄板的坚固性、抗压强度大，而且能确保介质在流动时不断改变方向，保证流体在较低的流速下形成湍流，提高热交换效率，同时热交换面积大。

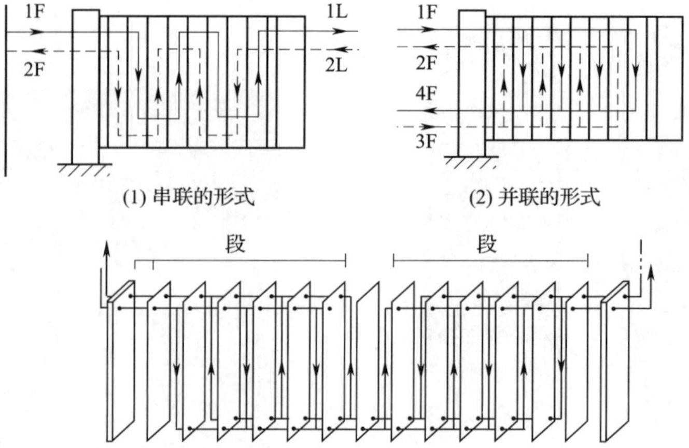

(3) 并联与串联的混合形式

图 5－16　冷却薄板连接形式

波纹形式：斜纹形、人字形、平直形、锯齿形（图 5－17）。

（3）板与板之间的间距小　板与板之间的间距小，使麦汁与冷却介质在薄板上以薄层流动，缩短热交换时间。

（4）麦汁与冷却介质的流向相反　麦汁与冷却介质的流向相反，使麦汁与冷却介质在热交换薄板的任意一点都有温差，提高换热效率。

图 5－17　不同的波纹形式

（5）冷却效率高　冷却效率高，可缩短麦汁在高温状态下停留的时间，从而降低麦汁的氧化程度。

四、冷 却 介 质

1. 酿造冷水

仅在二段冷却预冷却段使用。

2. 冰水

冰水温度一般为 1～2℃，最高不超过 4℃。可在二段冷却后冷却段作为冷却介质，也可在一段冷却中作为冷却介质。但在一段冷却使用时，冰水必须符合酿造用水的质量要求，以便换热后用于麦汁生产。

3. 酒精溶液

仅在一段冷却后冷却段使用。温度一般为 －8℃左右，浓度 25%～30%。由于酒精易挥发，要求经常测其浓度并及时补充，避免影响制冷效果。

4. 乙二醇溶液

乙二醇溶液的使用及要求与酒精溶液相同，但乙二醇溶液不易挥发。

五、麦汁冷却方法

1. 二段麦汁冷却

二段麦汁冷却通常是指在一个换热器中由一个较大面积的预冷却段和较小面积的后冷却段构成（图 5－18）。热麦汁进入预冷却段被酿造冷水冷却到 30～40℃（最高不超过 50℃，具体温度取决于酿造冷水的温度），而酿造冷水的温度上升到 80～85℃并送入糖化热水箱作为糖化用水和洗糟用水。要求用于冷却的酿造用水量与麦汁量之比为（1.05～1.1）∶1，才能满足糖化用水、洗糟用水、清洗筛板、预热过滤槽及排空对热水的要求，从而降低麦汁生产的能耗。

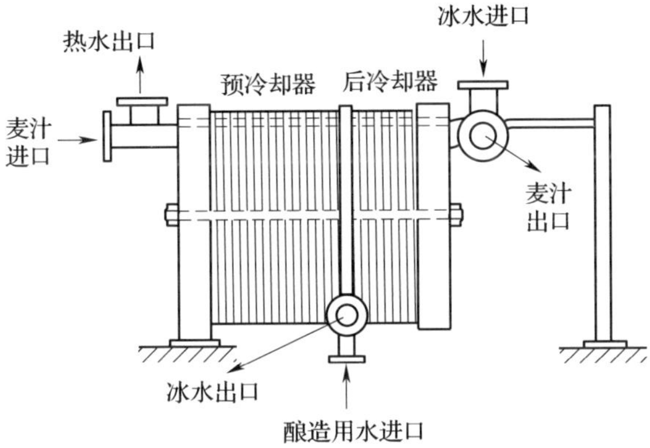

图 5－18 二段麦汁冷却器

预冷却后的麦汁进入后冷却段被 1～2℃的冰水或乙二醇溶液或酒精溶液等低温冷却介质继续冷却，达到指定的发酵温度（图 5－19）。

考虑到浑浊物会堵塞部分流体通道，导致热交换效率下降，二段麦汁冷却需增加 20%～30% 换热面积。

二段麦汁冷却适合日糖化次数小于 8 锅次的小型啤酒厂。由于酿造冷水夏季温度较高、冷却介质酒精易挥发，且两段冷却可能会出现制冷的能耗高，产生热水的温度低，不能满足麦汁生产需求，还会出现一个很明显的用电峰值。因此，目前新建或扩建的啤酒厂很少使用二段麦汁冷却。

2. 一段麦汁冷却

热麦汁被泵送至事先已经清洗杀菌好的薄板冷却器中（图 5－20）。一段麦汁冷却全部使用由处理后的酿造用水制成的冰水，先将处理后的酿造用水在蒸发罐中冷却至 1～2℃，放入冰水罐中备用。然后用 1～2℃的冰水将麦汁冷却至接种温度，冰水本身升温到 80℃以上，送入糖化热水箱作为糖化用水和洗糟用水（图 5－21）。由于热麦汁仅用一种冷媒，故称为一段麦汁冷却。

一段麦汁冷却的优点如下。

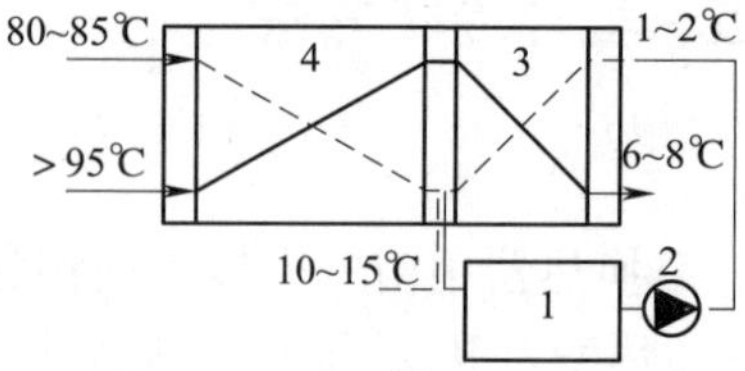

(1)

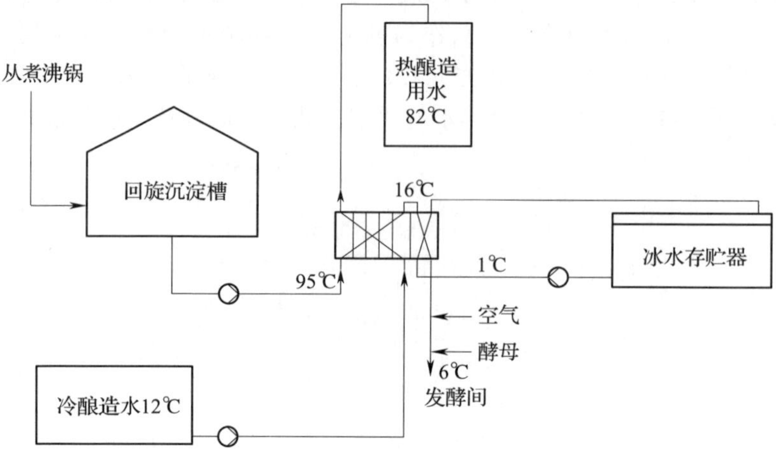

(2)

图 5－19　二段麦汁冷却流程

1—冰水贮罐　2—冰水泵　3—后冷却区　4—预冷却区

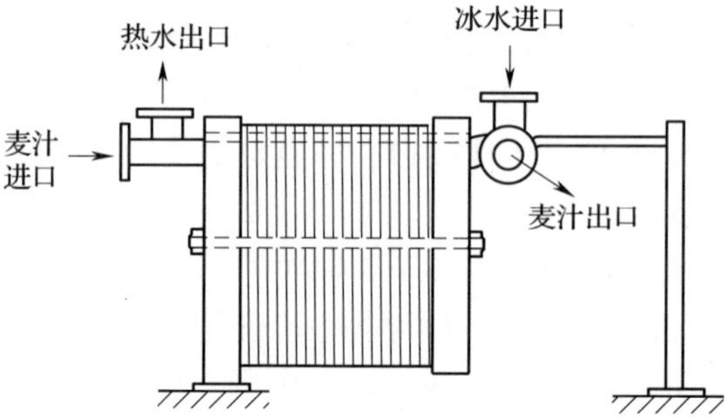

图 5－20　一段麦汁冷却器

（1）降低用于制冷的电耗。

（2）可以最大限度地回收热麦汁中的热能；因冷却而产生的热水温度、数量能满足麦汁生产的需要，不需用蒸汽加热产生热水，降低煤耗；杜绝温水的浪费，降低水耗。

（3）冷却介质是水，大大节省了冷却介质的投资费用。

（4）操作稳定，冷耗负荷均匀，降低了用电峰值。

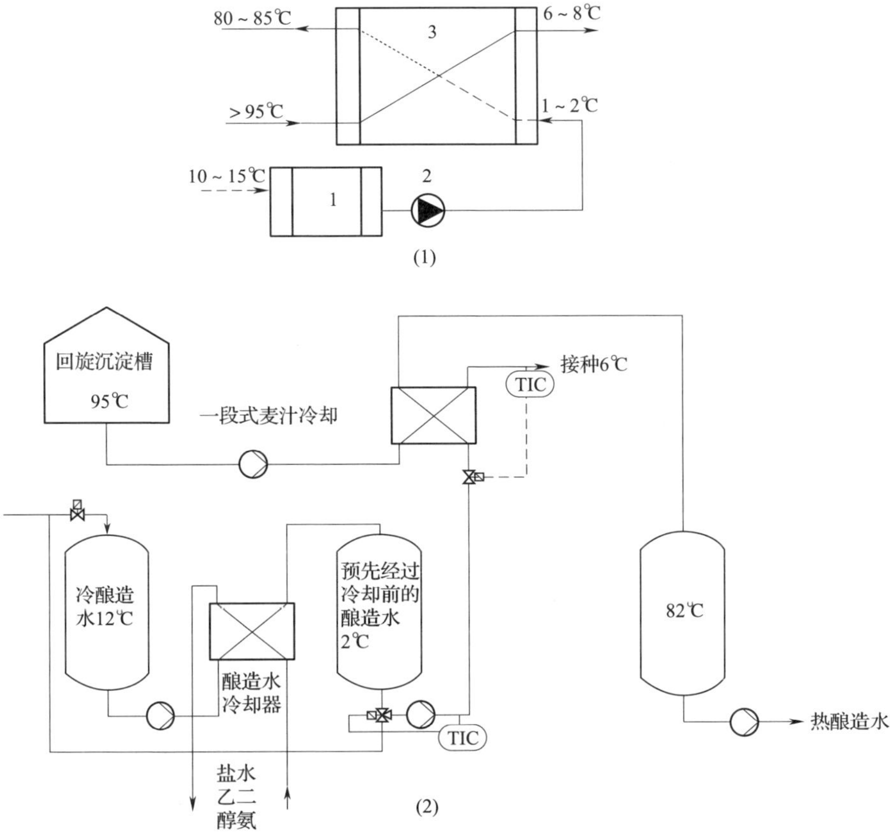

图 5－21　一段麦汁冷却流程

1—冰水贮罐　2—冰水泵　3—薄板冷却器

(5) 适合于日糖化锅次高的麦汁生产。

基于以上优点，目前一段麦汁冷却的方法被啤酒厂广泛采用。

六、麦汁冷却的操作要点

(1) 在麦汁进行冷却之前接好管路并检查确定无菌空气管路已杀菌。

(2) 在麦汁冷却之前必须检查冷媒的温度、数量，确保麦汁能在 60min 内冷却完毕。

(3) 在麦汁冷却之前必须用麦汁顶走薄板冷却器以及管道中的水，并及时转换，保证麦汁浓度、质量不受影响，又使麦汁损失少。

(4) 冷却时，首先需调节麦汁、冷却介质的流量，使冷却温度达到工艺要求，不要忽高忽低（麦汁出口温度高时，首先将冷却介质流量加大，若仍达不到要求时可将麦汁流量减小）。

（5）麦汁冷却到一半时（冷却30min左右时）取样，送化验室进行冷麦汁分析。

（6）冷却完毕用水顶走麦汁，并及时转换。

（7）薄板冷却器的清洗和灭菌　每次使用完毕，先用水冲洗5～10min，再用高于80℃的热水清洗，走水20～30min，使冷却系统灭菌，并可检查有无泄漏现象；每天进行一次碱清洗；每周在碱清洗中间加一次酸清洗。

第五节　冷凝固物的分离

一、冷凝固物

在麦汁冷却的过程中，当麦汁温度降至80℃时，原来清亮的麦汁开始出现浑浊，这些浑浊物由直径0.5～1μm的微粒组成，人们称它们为冷凝固物，又称为凉凝固物、细凝固物。冷凝固物是以蛋白质和多酚物质为主的复合物，温度越低，析出冷凝固物越多。麦汁快速冷却，伴随着强烈的麦汁对流，有利于蓬松状的冷凝固物析出，缓慢冷却形成的冷凝固物，往往导致酒液澄清缓慢，啤酒可滤性差。

1．冷凝固物的物理性质

冷凝固物是一种不定形物质，相对密度1.06～1.1，颗粒直径0.5～1μm。

麦汁温度降低，冷凝固物析出；麦汁温度越低，冷凝固物析出量越大；麦汁温度升高，冷凝固物又逐渐溶解。

2．冷凝固物的化学组成

冷凝固物干物质的主要组成见表5－2。

表5－2　冷凝固物干物质的主要组成

蛋白质	多酚物质	碳水化合物	苦味物质、灰分
50%～70%	13%～25%	21%～40%	5%～10%

蛋白质来源于大麦中的主要为组织蛋白，碳水化合物主要是麦胶物质（β－葡聚糖）。

3．冷凝固物的数量

冷凝固物的数量一般为150～300mg/L麦汁，0.03～0.07kg/100kg原料，小麦麦汁500～1500mg/L麦汁，为热凝固物量的20%～30%。

4．冷凝固物分离的必要性

由于冷凝固物颗粒非常细小，沉降十分困难，并且具有附着在其他颗粒物质表面的特点。若冷凝固物附着在酵母细胞的表面，则会减少酵母的表面接触面积，影响发酵速度；另外，冷凝固物可以赋予啤酒口味醇厚性、提高啤酒的泡沫性能，彻底分离冷凝固物会导致啤酒口味淡薄、泡沫性能差。因此，麦汁在进入旺盛发酵之前，应除去一定量的冷凝固物，以确保发酵过程顺利进行，有利于啤酒的澄清、回收酵母质量，减少啤酒过滤负荷，提高啤酒非生物稳定性，同时又不影响啤酒的泡沫性能和口味。对于广泛采用锥形大罐啤酒发酵工艺而言，最好能除去总量50%左右的冷凝固物，麦汁中残留的冷凝固物为小于100mg/L麦汁（60～100mg/L）。

除去冷凝固物不可能一次完成，随着发酵时酒液pH、温度下降，又会析出部分冷凝固物，啤酒中残留的冷凝固物过多，在一定条件下会导致啤酒冷浑浊并转化为永久浑浊，直接影响啤酒非生物稳定性。过于强烈、彻底地去除冷凝固物，并不利于啤酒的泡沫性能及口味。

二、影响冷凝固物形成的因素

1. 大麦

大麦的蛋白质含量高、麦皮比例高，会导致终了麦汁中的高分子蛋白质分解产物、多酚物质含量高，冷凝固物形成多。

2. 麦芽的溶解及麦芽的比例

麦芽的溶解差、辅料的比例低，会导致终了麦汁中高分子蛋白质分解产物、β-葡聚糖的含量高，产生的热冷凝固物多。

麦芽的粗细粉差越高，冷凝固物的析出量越多（表5-3）。

表5-3 麦芽质量与冷凝固物的析出量

麦芽粗细粉差/%	4.7	2.1	1.3
冷凝固物析出量/（mg/L）	309	273	221

3. 糖化方法

浸出糖化工艺中没有分醪煮沸，没有蛋白质预析出，形成冷凝固物多；带辅料糖化的麦汁生产，形成的冷凝固物少；分醪煮沸的次数越多，冷凝固物的析出量越少（表5-4）。

表5-4 糖化方法与冷凝固物的析出量

糖化方法	一次煮出糖化法	二次煮出糖化法	浸出法
冷凝固物析出量/（mg/L）	203	189	228

4. 过滤及洗糟

与多酚物质的浸出有关。

5. 麦汁煮沸

麦汁煮沸时煮沸温度越高、在一定范围内煮沸时间越长、煮沸强度越高、麦汁对流越强烈、加热介质温度越高、满锅麦汁的 pH 越接近 5.2，都有利于煮沸时蛋白质的凝聚析出，形成的热凝固物量多，残留在终了麦汁中的蛋白质和多酚物质减少，造成形成的冷凝固物少。

6. 酒花添加

酒花添加得越迟、酒花含多酚物质越丰富、酒花添加量越多，造成终了麦汁中的多酚物质含量高，则冷凝固物的析出量越多。

7. 麦汁冷却温度

麦汁冷却温度越低，冷凝固物析出量越多（表 5－5）。

表 5－5　麦汁冷却温度与冷凝固物的析出量

冷却温度/℃	80	60	40	30	20	10	5	0
冷凝固物的析出量/（mg/L）	30	46	87	107	150	189	249	289

三、冷凝固物分离的方法

冷凝固物分离的方法有酵母增殖槽法、冷沉淀法、离心分离法、冷麦汁过滤法、锥形发酵罐分离法（排锥底法）及浮选法等。酵母增殖槽法、冷沉淀法目前已经淘汰。在采用锥形大罐进行发酵时，采用最广泛的是锥形发酵罐分离法（排锥底）去除冷凝固物。

1. 锥形发酵罐分离法（排锥底法）

锥形发酵罐满罐后，静置 12～24h，冷凝固物由于密度的原因，沉淀在锥罐的底部，打开锥底阀门，排出冷凝固物，需缓慢排放，否则麦汁损失较大或分离不完全。必要时过 12h 或 24h 再分离一次。分离效率：30%～40%。

锥形发酵罐分离法分离冷凝固物是在酵母增殖槽法分离冷凝固物的基础上发展起来的，其最大优点是：减少了一次中间环节，污染机会下降；减少了酵母增殖槽的设备投资；操作简单，比较有效；不倒罐；可多次排放冷凝固物；分离冷凝固物的同时部分死啤酒酵母也得以分离。目前由于使用的辅料比例高，酒花浸膏使用的比例高，酒花的添加量低，形成的冷凝固物相对少，减轻了排除冷凝固物的负担。

锥形发酵罐分离冷凝固物的效果往往会受过高的满罐温度、过高的酵母添加量、过早的酵母添加、过高的锥形发酵罐、过早或过迟的排放影响，导致去除冷凝固物效果下降。另外，排放次数过多也会带来过高的麦汁损失。目前不少啤酒厂控制较低的满罐温度，适当的满罐酵母数，有利于冷凝固物的分离。

2. 浮选法

浮选法（图 5－22）此法是基于冷凝固物聚积于超量通入的空气气泡表面上的原理而设计的。

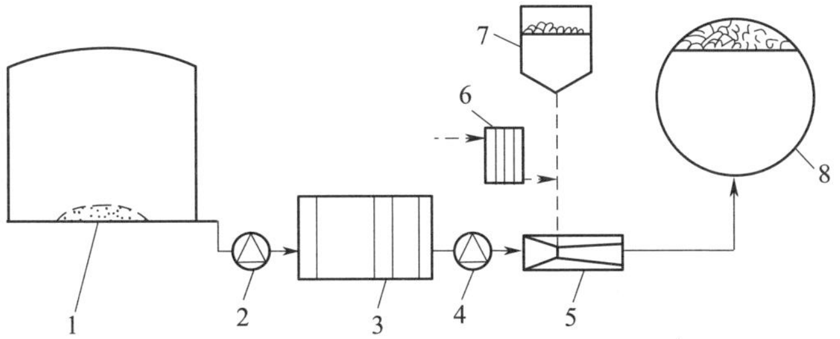

图 5 - 22　浮选法排除冷麦汁中冷凝固物的流程

1—回旋沉淀槽　2—热麦汁泵　3—薄板冷却器　4—冷麦汁增压泵　5—文丘里管
6—空气过滤器　7—酵母罐　8—浮选罐

经过彻底分离热凝固物的热麦汁从回旋沉淀槽被泵送至薄板冷却器，冷却后经泵送至浮选罐。经过文丘里管时，被充入无菌压缩空气（通风量 20 ~ 60L/hL 麦汁）以及添加啤酒酵母。含有酵母的呈乳浊状的麦汁在浮选罐中停留 4 ~ 8h，在此过程中，麦汁中的冷凝固物会随着细小的气泡而缓慢上升，浮在麦汁表面，最后形成一层厚实的深色冷凝固物泡盖；然后，将麦汁泵送至发酵罐，冷凝固物随着泡盖留在浮选罐里，从而达到了分离的目的。由于泡盖造成的麦汁损失仅为 0. 2% ~ 0. 4% 。

在麦汁进入浮选罐前，必须先给浮选罐备压 0. 05 ~ 0. 10MPa。备压太大，麦汁进入慢，泡沫太少；备压太小，所起泡沫太多，逸气过多。麦汁泵完后，备压应缓慢下降，泡沫层也随之下降。浮选罐的空留空间应为 30% ~ 50% ，防止麦汁损失。

一般浮选法分离效率：50% ~ 65% 。

浮选法分离冷凝固物的效果与麦汁热凝固物的分离有直接关系，热凝固物分离得越彻底，冷凝固物分离的效果越好。

浮选法分离冷凝固物的优点如下。

（1）在进行冷麦汁通风的同时，添加啤酒酵母，分离冷凝固物，不仅麦汁通风效果好，而且有利于酵母在麦汁中均匀分布，有利于酵母活化以及快速起发。

（2）不仅去除冷凝固物效果好，而且加快碳水化合物与冷凝固物结合，降低了麦汁中 β - 葡聚糖含量，改善啤酒口味、啤酒非生物稳定性，有利于酒液澄清以及啤酒过滤，有利于快速发酵工艺的应用。

采用浮选法除去冷凝固物也会带来不足，毕竟经过倒罐后污染机会上升，其次由于过于强烈的通风，发酵时形成高级醇多，对于采用高温快速发酵的啤酒生产而言，会直接影响啤酒饮用性。我国啤酒厂使用浮选罐较少，另外或多或少导致冷麦汁氧化，又不利于啤酒口味稳定性。

3. 冷麦汁过滤法

采用冷麦汁过滤法可分离出 80% ~90% 的冷凝固物，消耗硅藻土 60 ~80g/hL，一般只过滤 2/3 的麦汁，然后与没有进入过滤的 1/3 麦汁混合使用，否则冷凝固物去除过于彻底，也会带来负面效果。其次必须保证在无菌条件下进行冷麦汁过滤，所以最好采用水平叶片式硅藻土过滤机，并热水预涂，既能有利于保证无菌，又能减少麦汁损失，但由于操作复杂、成本高、也可能导致麦汁染菌，所以冷麦汁过滤法除出冷凝固物应用很少。

第六节　麦汁的通风（供氧）

一、麦汁通风（供氧）的目的

啤酒酵母属于兼性微生物，既能在有氧条件下呼吸，又能在厌氧环境下进行酒精发酵。由于生产中添加到麦汁中的酵母量仅为（12 ~20）$\times 10^6$ 个/mL，为了保证旺盛发酵，要求主酵期间最高的酵母数为（50 ~75）$\times 10^6$ 个/mL，显然这是接种麦汁中酵母数的 3 ~4 倍，所以啤酒酵母需要在冷麦汁中进行良好的繁殖过程。酵母繁殖的好坏除了受到麦汁中可同化氮、Zn^{2+}、温度、麦汁浓度等因素的影响外，还与麦汁中的溶解氧有关。冷麦汁通风供氧使啤酒酵母能进行有氧呼吸，满足繁殖时对能量 ATP 的需求，提高 α - 氨基酸的同化率，从而对啤酒酵母繁殖有利。因此，为了促进酵母的繁殖，必须给酵母提供足够的氧气（以无菌压缩空气的形式）。如果麦汁中的溶解氧量少，会影响酵母细胞的繁殖、发酵及双乙酰还原。

二、麦汁通氧的要求

1. 通入空气的要求

通入的空气必须绝对无菌。这是保证麦汁进行纯粹的啤酒酵母发酵的前提。要求所通入的空气应达到无尘、无菌、低温、干燥、无油。为此制备压缩空气时选好进风口至关重要。经压缩后的空气还必须经过多级处理才能制备高质量的无菌空气，在冷却间通常还安装了空气预过滤器、终端过滤器、用于专门对空气过滤器杀菌的蒸汽管及蒸汽过滤器，所有的管道、阀门、接头的安装应无死角，有必要定期清洗、杀菌。

2. 通风后麦汁中的氧含量

通风后麦汁中的氧含量：7 ~9mg/L，理论上相当于 3L 空气/hL 麦汁。由于通入冷麦汁的氧不可能完全溶入麦汁中，通风量往往高些，所以实际上相当于 6 ~

10L 空气/hL 麦汁。

通风量是否能满足麦汁溶解氧的要求，一般可通过视镜观察，如果麦汁呈乳白色，说明麦汁通风充足。越来越多的啤酒厂通过在线测氧仪或取样检查冷麦汁溶解氧进行控制，但必须与麦汁通风的时间联系起来。

如果冷麦汁通风供氧不足，则首先影响啤酒酵母繁殖，啤酒发酵不旺盛，降糖速度慢，也不利于双乙酰还原，发酵周期延长，影响成品啤酒发酵度，也不利于啤酒生物稳定性，发酵时酵母自溶的可能性大，影响啤酒口味、口味稳定性，回收酵母的活力低。

如果冷麦汁通风过度，在发酵时形成的代谢副产物（高级醇）多，影响啤酒风味和饮用性，α－乙酰乳酸产生多，还原双乙酰的时间长，并导致还原物质损失大。

3. 空气在麦汁中的要求

空气在麦汁中必须尽可能地呈细泡状且分布均匀。空气气泡越小，与麦汁混合越剧烈，达到饱和越快，溶解在麦汁中就越多。空气在麦汁中分布得越均匀，逸出的氧就越少。

三、麦汁与氧气的结合形式

1. 物理的结合

在冷麦汁情况下（40℃以下），氧气与其产生物理的结合，即溶解在麦汁中。麦汁充氧为物理的结合。

在啤酒酿造过程中，麦汁通风是唯一一次给酵母提供氧气的机会。酵母可在几小时之内消耗掉提供的氧气，对麦汁质量无害。

2. 化学的结合

仅发生在热麦汁情况下，使麦汁氧化导致质量下降。

四、影响麦汁溶解氧的因素

1. 麦汁的温度

常压下，麦汁温度越低，在麦汁中氧的饱和溶解度越高，麦汁的溶氧量也越高（表5－6）。45℃比85℃时溶解氧高出5～10倍。

表5－6 不同温度下的麦汁溶解氧

温度/℃	0	5	10	15	20
溶解氧/（mg/L水）	14.5	12.7	11.2	10	9.9
溶解氧/（mg/L麦汁）	11.6	10.4	9.3	8.3	7.4

2. 麦汁的浓度

麦汁的浓度越低，溶氧量越大（表5－7）。

表5－7 不同浓度下的麦汁溶解氧

麦汁浓度/%	12	14	16	18	20	22	24	26
通空气的饱和氧含量/（mg/L）	9.3	8.6	8.1	7.8	7.5	7.1	6.9	6.4
通纯氧的饱和含氧量/（mg/L）	33.2	32.4	31.8	30.5	29.3	27.8	26.0	24.7

高浓麦汁发酵时要求麦汁的溶解氧含量高。而麦汁浓度越高，氧的饱和溶解度低，不利于氧的溶解，如果高浓麦汁供氧不足，则会影响酵母繁殖、发酵过程，影响发酵时代谢产物的形成，并导致成品啤酒发酵度低，所以需要加强高浓麦汁的通风效果，多次通风或多次通纯氧可大大改善高浓麦汁的溶氧效果。

3. 通入麦汁的压缩空气的压力

冷麦汁通风必须使用一定压力的无菌压缩空气，并以很细的状态压入到麦汁中，然后在管道中或设备中的麦汁压力缓慢下降，有利于氧的溶解。在一定范围内，压缩空气的压力越大，溶氧量越大，过高的压力会使空气很快逸出，不利于氧的溶解。但空气压力至少比麦汁压力高0.05～0.1MPa，否则麦汁会反压进压缩空气管道，导致麦汁损失和污染。一般通风时，压缩空气的压力为0.2～0.4MPa。

4. 通风的时间

麦汁与空气接触时间越长，麦汁溶氧量越大。

5. 空气气泡的大小

空气气泡越细小，麦汁与空气的接触面积就越大，溶氧量也越大。在通氧设备中，应使空气在麦汁中细密均匀地分布，从而扩大了麦汁与空气的接触面积，使麦汁的吸氧量增大。

6. 麦汁的流动

麦汁流动时比静止时通风，溶氧量大。麦汁在流动中，流速越快，溶氧量越大。

五、麦汁通风的方法及设备

1. 多孔陶瓷或金属合金（钛）制成的通风管

一般采用孔径5μm的陶瓷棒或烧结金属棒（钛棒），无菌压缩空气从底部通过通风管的细孔喷入流动的麦汁中，形成细小的气泡，有利于氧均匀地分布、溶于麦汁中。通风管应安装在麦汁冷却器的出口处，与麦汁流向相同方向安装。麦汁的管道高于通风装置，以避免空气逸出，这是一种简单、有效的溶解方法。

另外，还可串入一个空气混合泵，使空气在麦汁中乳化，可避免空气逸出，使麦汁吸氧有了可靠的保证。为防止污染，通风管应定期拆洗。

2. 带文丘里管的通风设备

文丘里管的工作原理见图 5－23。

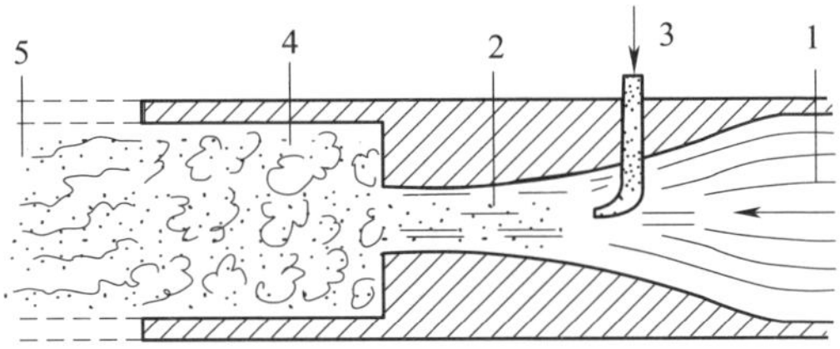

图 5－23 文丘里管的工作原理

1—分层流体 2—管径紧缩段，借此提高流速 3—无菌空气喷嘴 4—涡流流体 5—视镜

这是一种使用最为广泛的通氧方式。在一定的压力下（0.5MPa），由于麦汁管变窄，使麦汁流速较高，因此在空气管处形成低压区。由于压差的作用，空气被吸入麦汁中，接着在管径增宽段形成涡流，使空气与麦汁充分混合。

3. 离心混合器

离心混合器见图 5－24。

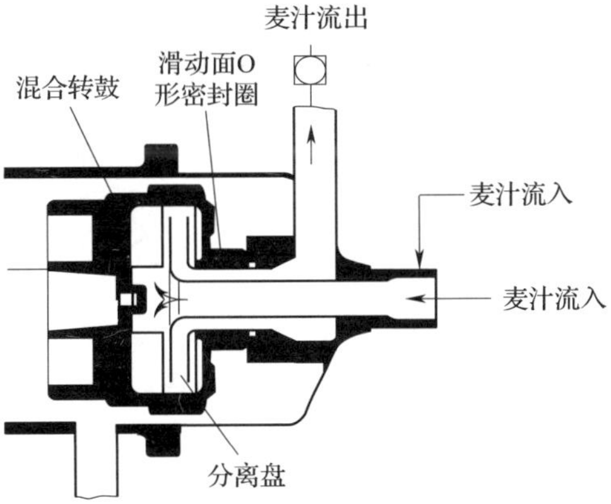

图 5－24 离心混合器

这种通风装置通入的是无菌压缩空气，麦汁进入一个可旋转的圆筒内。筒内装有固定起搅拌作用的金属板，麦汁在高速旋转中不断被搅动而与通入的空气实现混合，使无菌压缩空气能很好地溶入麦汁中。但离心混合器耗能较大，可能会产生剪切力，不利于啤酒可滤性，一般很少应用。

4. 带双物喷头的通风设备

双物喷头（图 5－25、图 5－26）的结构和文丘里管类似。无菌压缩空气通过已变小的管壁上的细喷头，能以更细小的气泡喷入，与麦汁接触面积大，然后氧、麦汁又进入到更小的管中，压力继续下降，有利于麦汁与氧的混合，供氧的效果非常好。

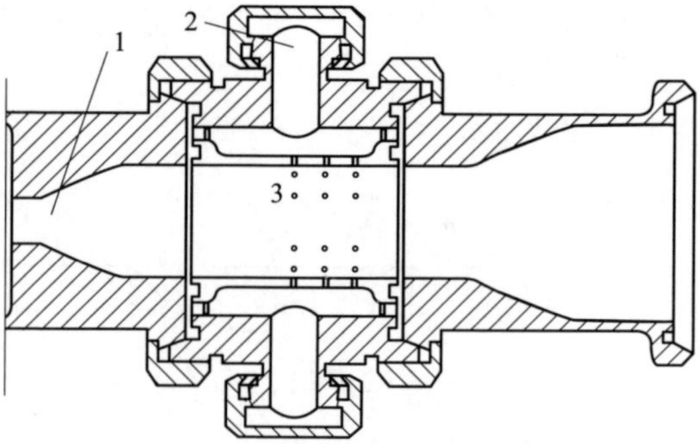

图 5－25　带双物喷头的通风设备

1—管径变小、流速提高、压力下降，相当于文丘里管　2—空气进入

3—细小的喷嘴、有利于空气以细小的形式进入

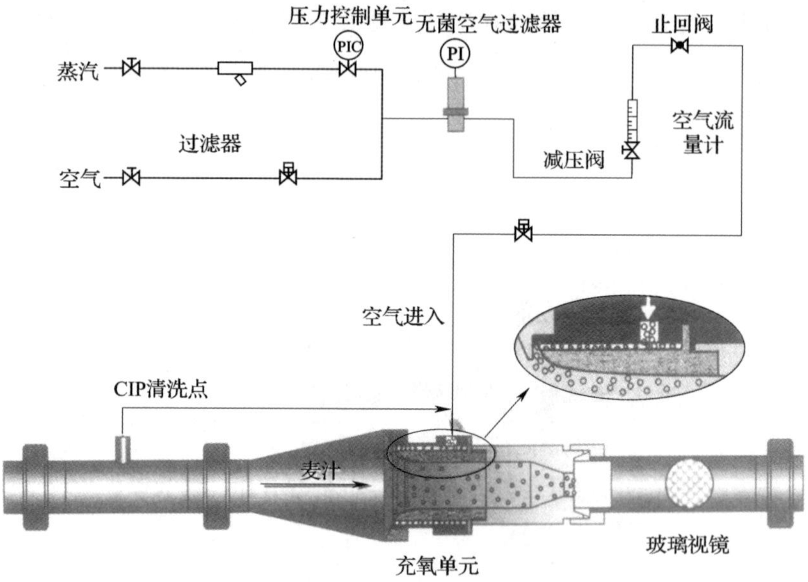

图 5－26　Huppmann 公司的带双物喷头的通风设备流程

5．带静止混合器的通风设备

静止混合器的结构见图 5－27。

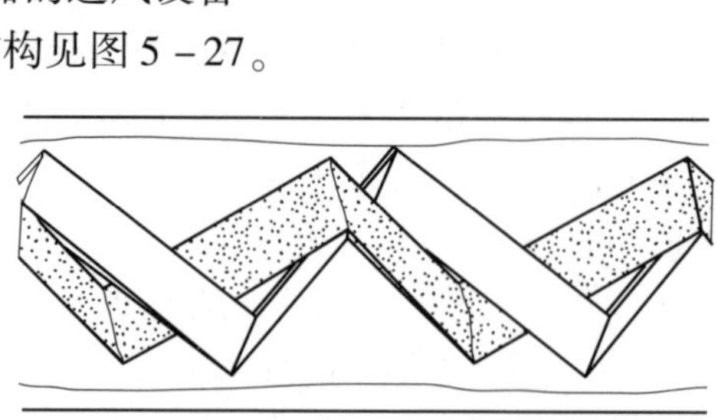

图 5－27　静止混合器的结构

通过静止混合器中一段安有弯曲混合带的反应段，使无菌压缩空气和麦汁均匀混合。众多的转角促使麦汁不断改变流动方向，从而产生涡流，加强了无菌压缩空气和麦汁均匀混合，以使无菌压缩空气能很好地溶解在麦汁中。

复习思考题

1. 写出麦汁处理的目的及要求。
2. 热凝固物分离的必要性是什么？
3. 回旋沉淀槽麦汁进口管是如何分布的？有何特点？
4. 回旋沉淀槽的三根麦汁出口管是如何分布的？
5. 简述离心机的工作原理。
6. 影响离心分离效果的因素有哪些？
7. 碟式离心机排渣动作的控制方式有哪几种？怎样控制？各有何优缺点？
8. 多锅麦汁满一罐，麦汁冷却温度如何控制？为什么？
9. 写出薄板冷却器的特点。
10. 试画出麦汁两段冷却的示意简图。
11. 写出麦汁冷却的操作要点。
12. 冷凝固物为什么要求不能全部除去？
13. 试分析影响冷凝固物形成的因素。
14. 浮选法如何分离冷凝固物？
15. 写出排锥底的操作过程。
16. 写出麦汁通氧的目的和要求。
17. 画出文丘里管的结构图。
18. 哪些因素影响麦汁中的溶解氧？

第六章 麦汁制备中的要求

知识目标

1. 掌握接种麦汁的质量要求。
2. 掌握糖化车间各设备的清洗和杀菌方案。
3. 理解糖化设备不用杀菌的原因。
4. 熟记糖化车间的安全规范。

技能目标

1. 能列举接种麦汁的质量分析指标。
2. 能制订糖化车间各个设备的清洗杀菌方案。
3. 能根据方案对设备进行清洗和杀菌。
4. 设备出现一般性故障时，能进行应急处置。

第一节 接种麦汁的质量要求（以12%全麦芽麦汁为例）

一、外观质量要求

1. 清亮、透明度

清亮、透明、有光泽、有少量凝固物。

2. 气味

酒花香、麦芽香、甜香。浓色麦汁有焦糖香味。

3. 口味

麦芽的香甜味，饮后有苦味。

二、理化质量要求

1. 麦汁的浓度

GB 4927—2008 规定：啤酒原麦汁浓度不小于 10.0%，允许的负偏差为“-0.3”。12% 全麦芽麦汁的浓度不低于 11.7%。

2. pH

麦汁在 20℃时的 pH，一般控制在 5.2～5.6。

总酸：1.2～1.7mL（0.1mol/LNaOH）/100mL 麦汁。

3. 色度

浅色麦汁：5～10EBC；

深色麦汁：10～20EBC。

4. 溶解氧

在充无菌空气时，溶解氧为 7～9mg/L。

三、麦汁的化学组成质量要求

1. 碳水化合物

煮沸终了麦汁必须达到碘检合格，碘值小于 0.25；麦汁的最终发酵度大于 80%；麦汁中可发酵性糖的和不可发酵性糊精的比例合理（表 6-1）。

表 6-1 麦汁中可发酵性糖的组成和不可发酵性糖

糖类型		组成比例
可发酵性糖	葡萄糖	8%～9%
	果糖	1%～2%
	蔗糖	2%～3%
	麦芽糖	43%～46%
	麦芽三糖	11%～13%
不可发酵性糖	低分子糊精	7%～10%
	高分子糊精	19%～22%

定型麦汁的黏度：1.7～2.0mPa·s。

β-葡聚糖：<250mg/L。

2. 含氮化合物

麦汁总氮：750～1150mg/L（全麦芽麦汁）；600～800mg/L（带辅料的麦汁）。

高、中、低分子氮比例：20%，20%，60%。

FAN 含量：220 ~ 240mg/L（全麦芽麦汁）；> 180mg/L（带辅料的麦汁）。
可凝固性氮：15 ~ 20mg/L。
3. 多酚物质
总多酚物质：180 ~ 280mg/L（加辅料啤酒低约 30%）。
花色苷：70 ~ 140mg/L。
单宁（PVP 吸附）：60 ~ 100mg/L。
聚合指数：2.5 ~ 3。
4. 苦味物质
苦味值：20 ~ 65BU（取决于啤酒类型和消费者习惯）。
α - 酸：3 ~ 20mg/L。
异 α - 酸：15 ~ 55mg/L。
5. 气味物质
酒花油：1 ~ 2mg/L。
游离 DMS 和 DMS 前驱体：< 0.1 ~ 0.12mg/L。
TBSF：15 ~ 25mg/L。
6. 矿物质
钙离子含量：20 ~ 60mg/L。
锌离子含量：0.15 ~ 0.20mg/L。
7. 维生素
维生素 B_1：330 ~ 690μg/L。
维生素 B_2：280 ~ 600μg/L。
维生素 B_6：580 ~ 1050μg/L。
维生素 H：8.5 ~ 11.5μg/L。

第二节　麦汁制备中的清洗与灭菌

麦汁制备中的清洗、灭菌与发酵、过滤、啤酒灌酒机来说简单些，但也不能忽视。由于醪液和麦汁富含营养物质，所以每批次生产完毕，必须清洗干净，避免导致异味形成及杂菌污染。麦汁制备中的清洗主要包括粉碎机、糊化糖化锅、麦汁过滤设备、麦汁煮沸锅、回旋沉淀槽、麦汁冷却器与管路的清洗。

一、糖化车间的清洗

糖化车间一般只清洗不杀菌，清洗时要做到湿对湿，以防结垢。
1. 糖化车间的日常清洗

(1) 每个生产步骤结束后，应及时冲洗干净，减少浸出物损失。湿法粉碎、糖化糊化、煮沸结束后必须立即用水冲洗并倒入下一道工序。

(2) 对于过滤槽来说，每次排糟后应立即利用清洗喷头对筛板及筛板与槽底之间的空间进行清洗，能保证每次麦汁过滤时筛板通透性能好，有利于麦汁过滤。

2. 糖化车间的大清洗

(1) 每周按工艺要求彻底清洗糖化锅、糊化锅。通过锅内喷头进行 CIP 循环清洗，保证锅内壁及加热面上干净、无污垢，避免影响加热、升温效果。

糖化车间主要采用碱性清洗剂除去残留的有机脏物，在碱液清洗剂中应添加能减少表面张力的表面活性剂、平衡水中硬度的稳定剂等。在碱循环时应保持清洗温度，避免碱液温度下降。可定期采用 1% ~1.5% HNO_3进行酸洗，有利于设备表面钝化，除去垢层。至于清洗频率、每次清洗时间、浓度、温度、清洗方法等取决于很多因素。

(2) 定期（大约每周一次）将分块式过滤筛板拿出，人工刷洗，除去筛板中的脏物，有利于麦汁过滤。对于压滤机来说，应注意碱液中的添加剂是否适合滤布清洗，避免影响滤布使用寿命。

(3) 煮沸锅每周（生产量大时 3 ~4d），应采用3% ~5% 碱液（可添加最高 1% 的 H_2O_2）煮 20 ~30min，不仅可保证煮沸时煮沸强度，而且使清洗变得容易，否则形成的顽垢更难以清洗，影响煮沸过程。在进行煮沸锅清洗时，可安排过滤槽刷洗过滤筛板并相应推迟糖化投料。

(4) 在设备和管路清洗完后，通过感官检查是否保持干净、保持生产过程顺利、稳定地进行。

二、麦汁处理过程中的清洗及灭菌

(1) 回旋沉淀槽每次使用前后，均用清水冲洗；每次煮沸锅煮碱完毕，打入少量碱液至回旋沉淀槽，以除去管道中的污垢。

(2) 薄板冷却器和冷麦汁管路，每次使用完毕后，先用水冲洗 5 ~10min，再用高于 80℃的热水清洗，走水 20 ~30min；每天需用热碱水冲洗一次；每周用 1% ~1.5% HNO_3进行酸洗一次；生产间隙应定期拆卸薄板冷却器，清除脏物和水垢，以保持良好的热传递效果，并保证垫圈的密封性。

(3) 冷麦汁通氧装置应安装专门的蒸汽管及蒸汽过滤器，定期对空气过滤器进行杀菌。

所有设备短时间停产再用时，应使用热碱和热水进行彻底清洗；经过大修或长时间停产再用时，除了用热碱和热水进行彻底清洗外，还须走酒花水一次，以清除异杂味。

第三节　麦汁制备中的安全规范

一、员工的安全职责

（1）严格遵守安全规程，确保不违章作业，冒险蛮干。

（2）遵守有关设备维修保养制度中员工应做到的条款，为设备安全正常运转尽到责任。

（3）遵守厂的各项劳动纪律以及各种规章制度。

（4）认真执行交接班制度，发现问题及时处理。

（5）正确使用劳动保护用品。

（6）有责任劝阻、纠正他人的违章作业、冒险蛮干。

（7）有权拒绝各级领导的违章指挥。

（8）自觉参加安全生产知识的学习，经常关心自己周围的安全生产情况，向有关领导或部门提出合理化建议。

二、麦汁制备中的安全规范

（1）严格按照生产操作规程及安全规则进行操作，不违章作业，冒险蛮干。对有故障的设备、工具等，要排除故障后方能使用。

（2）不动自己不熟悉的机器设备。

（3）非电工不得从事电工的相关工作；不准擅自动各种配电柜（箱）和仪表柜。

（4）不准用水冲洗电器设备、设施和线路。

（5）严禁人工直接用酸、碱液清洗地面和设备外壁；使用酸或碱时必须穿戴必要的防护用具（面具、眼镜、衣服、胶鞋等）；在稀释酸或碱时，必须先加水，后加酸或碱。

（6）在机器、电器设备发生故障或调整、检查机器、电器设备时，要先停电关机，挂停电警示牌并派专人监护，其他人员严禁擅自开机。如生产不允许停机时，应在安全规程许可范围内，采取规范的安全措施才能进行。

（7）工作现场组织合理，原料、辅料、各种添加剂，必须分类、分区隔开存放并挂上醒目的警示牌。生产现场及仓库严禁吸烟或有其他明火。

（8）认真做好工艺及环境卫生，防止设备及地面打滑。

（9）高空作业（2m 以上）必须系好安全带并设置 1 ~3 名监护人。

（10）工作期间不准饮酒，严禁酒后上班。

（11）电机、泵等传动部分的联轴杆处须设置安全防护罩。

复习思考题

1. 列举 12% 全麦芽麦汁的质量指标及标准值。
2. 设计一套糖化设备的大清洗方案。
3. 糖化设备为什么只清洗不杀菌？
4. 如何对麦汁冷却设备进行清洗和杀菌？
5. 在机器设备出现故障时，作为操作人员应如何应对？

参考文献

[1] 湖北轻工职业技术学院翻译组. 啤酒工艺实用技术（第八版）. 北京：中国轻工业出版社，2008.
[2] 黄亚东. 啤酒生产技术. 北京：中国轻工业出版社，2010.
[3] 周广田. 现代啤酒工艺技术. 北京：化学工业出版社，2007.
[4] 路德维希·纳尔蔡斯. 啤酒厂麦芽汁制备工艺技术. 北京：中国轻工业出版社，1991.